Arbeitsbuch Stochastik

Norbert Henze

Arbeitsbuch Stochastik

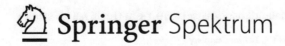

Norbert Henze
Karlsruher Institut für Technologie (KIT)
Karlsruhe, Deutschland

ISBN 978-3-662-59721-7   ISBN 978-3-662-59722-4 (eBook)
https://doi.org/10.1007/978-3-662-59722-4

Die Deutsche Nationalbibliothek verzeichnet diese Publikation in der Deutschen Nationalbibliografie; detaillierte bibliografische Daten sind im Internet über http://dnb.d-nb.de abrufbar.

Springer Spektrum

Planung und Lektorat: Andreas Rüdinger

Springer Spektrum ist ein Imprint der eingetragenen Gesellschaft Springer-Verlag GmbH, DE und ist ein Teil von Springer Nature.
Die Anschrift der Gesellschaft ist: Heidelberger Platz 3, 14197 Berlin, Germany

Vorbemerkungen

Dieses Arbeitsbuch enthält die Aufgaben, Hinweise, Lösungen und Lösungswege der Kapitel 2 bis 8 des Lehrbuchs *Stochastik: Eine Einführung mit Grundzügen der Maßtheorie* des Autors Norbert Henze.

Die Aufgaben gliedern sich in drei Kategorien: Anhand der Verständnisfragen können Sie prüfen, ob Sie die Begriffe und zentralen Aussagen verstanden haben, mit den Rechenaufgaben üben Sie Ihre technischen Fertigkeiten und die Beweisaufgaben geben Ihnen Gelegenheit, zu lernen, wie man Beweise findet und führt.

Ein Punktesystem unterscheidet leichte •, mittelschwere •• und anspruchsvolle ••• Aufgaben:

- • einfache Aufgaben mit wenigen Rechenschritten
- •• mittelschwere Aufgaben, die etwas Denkarbeit und unter Umständen die Kombination verschiedener Konzepte erfordern
- ••• anspruchsvolle Aufgaben, die fortgeschrittene Konzepte (unter Umständen auch aus späteren Kapiteln) oder eigene mathematische Modellbildung benötigen.

Gelegentlich enthalten die Aufgaben mehr Angaben, als für die Lösung erforderlich sind. Bei einigen anderen dagegen werden Daten aus dem Allgemeinwissen, aus anderen Quellen oder sinnvolle Schätzungen benötigt. Die Lösungshinweise helfen Ihnen, falls Sie bei einer Aufgabe partout nicht weiterkommen. Für einen optimalen Lernerfolg schlagen Sie die Lösungen und Lösungswege bitte erst nach, wenn Sie selber zu einer Lösung gekommen sind.

Etwaige Verweise auf Formeln, Boxen, Literatur, Abschnitte und Kapitel beziehen sich auf das Buch *Stochastik: Eine Einführung mit Grundzügen der Maßtheorie* von Norbert Henze.

Wir wünschen Ihnen viel Freude und Spaß mit diesem Arbeitsbuch und in Ihrem Studium.

Der Verlag und der Autor

Inhaltsverzeichnis

Kapitel 7: Grundlagen der Mathematischen Statistik – vom Schätzen und Testen . . 91

Kapitel 8: Grundzüge der Maß- und Integrationstheorie – vom Messen und Mitteln 115

Kapitel 2: Wahrscheinlichkeitsräume – Modelle für stochastische Vorgänge

Aufgaben

Verständnisfragen

2.1 • In einer Schachtel liegen fünf von 1 bis 5 nummerierte Kugeln. Geben Sie einen Grundraum für die Ergebnisse eines stochastischen Vorgangs an, der darin besteht, rein zufällig zwei Kugeln mit einem Griff zu ziehen.

2.2 • Geben Sie jeweils einen geeigneten Grundraum für folgende stochastischen Vorgänge an:

a) Drei nicht unterscheidbare 1-€-Münzen werden gleichzeitig geworfen.
b) Eine 1-€-Münze wird dreimal hintereinander geworfen.
c) Eine 1-Cent-Münze und eine 1-€-Münze werden gleichzeitig geworfen.

2.3 • Eine technische Anlage bestehe aus einem Generator, drei Kesseln und zwei Turbinen. Jede dieser sechs Komponenten kann während eines gewissen, definierten Zeitraums ausfallen oder intakt bleiben. Geben Sie einen Grundraum an, dessen Elemente einen Gesamtüberblick über den Zustand der Komponenten am Ende des Zeitraums liefern.

2.4 • Es seien A, B, C, D Ereignisse in einem Grundraum Ω. Drücken Sie das verbal beschriebene Ereignis E: *Von den Ereignissen A, B, C, D treten höchstens zwei ein* durch A, B, C und D aus.

2.5 • In der Situation von Aufgabe 2.3 sei die Anlage arbeitsfähig (Ereignis A), wenn der Generator, mindestens ein Kessel und mindestens eine Turbine intakt sind. Die Arbeitsfähigkeit des Generators, des i-ten Kessels und der j-ten Turbine seien durch die Ereignisse G, K_i und T_j ($i = 1, 2, 3$; $j = 1, 2$) beschrieben. Drücken Sie A und A^c durch G, K_1, K_2, K_3 und T_1, T_2 aus.

2.6 •• In einem Stromkreis befinden sich vier nummerierte Bauteile, die jedes für sich innerhalb eines gewissen Zeitraums intakt bleiben oder ausfallen können. Im letzteren Fall ist der Stromfluss durch das betreffende Bauteil unterbrochen. Es bezeichnen A_j das Ereignis, dass das j-te Bauteil intakt bleibt ($j = 1, 2, 3, 4$) und A das Ereignis, dass der Stromfluss nicht unterbrochen ist. Drücken Sie für jedes der vier Schaltbilder das Ereignis A durch A_1, A_2, A_3, A_4 aus.

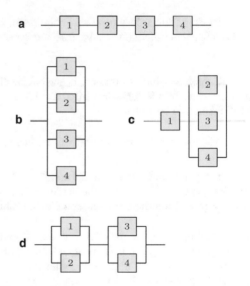

Schaltbilder zu Stromkreisen

2.7 • Ein Versuch mit den möglichen Ergebnissen *Treffer* (1) und *Niete* (0) werde $2n$-mal durchgeführt. Die ersten (bzw. zweiten) n Versuche bilden die sog. erste (bzw. zweite) Versuchsreihe. Beschreiben Sie folgende Ereignisse mithilfe geeigneter Zählvariablen:

a) In der zweiten Versuchsreihe treten mindestens zwei Treffer auf,
b) bei beiden Versuchsreihen treten unterschiedlich viele Treffer auf,
c) die zweite Versuchsreihe liefert weniger Treffer als die erste,
d) in jeder Versuchsreihe gibt es mindestens einen Treffer.

© Springer-Verlag GmbH Deutschland, ein Teil von Springer Nature 2019
N. Henze, *Arbeitsbuch Stochastik*, https://doi.org/10.1007/978-3-662-59722-4_1

2.8 •• Ein Würfel wird höchstens dreimal geworfen. Erscheint eine Sechs zum ersten Mal im j-ten Wurf ($j = 1, 2, 3$), so erhält eine Person a_j €, und das Spiel ist beendet. Hierbei sei $a_1 = 100$, $a_2 = 50$ und $a_3 = 10$. Erscheint auch im dritten Wurf noch keine Sechs, so sind 30 € an die Bank zu zahlen, und das Spiel ist ebenfalls beendet. Beschreiben Sie den Spielgewinn mithilfe einer Zufallsvariablen auf einem geeigneten Grundraum.

2.9 • Das gleichzeitige Eintreten der Ereignisse A und B ziehe das Eintreten des Ereignisses C nach sich. Zeigen Sie, dass dann gilt:

$$\mathbb{P}(C) \geq \mathbb{P}(A) + \mathbb{P}(B) - 1.$$

2.10 •• Es sei $c \in (0, \infty)$ eine beliebige (noch so große) Zahl. Gibt es Ereignisse A, B in einem geeigneten Wahrscheinlichkeitsraum, sodass

$$\mathbb{P}(A \cap B) \geq c \cdot \mathbb{P}(A) \cdot \mathbb{P}(B)$$

gilt?

2.11 • Ist es möglich, dass von drei Ereignissen, von denen jedes die Wahrscheinlichkeit 0.7 besitzt, nur genau eines eintritt?

2.12 • Zeigen Sie, dass es unter acht paarweise disjunkten Ereignissen stets mindestens drei gibt, die höchstens die Wahrscheinlichkeit 1/6 besitzen.

2.13 • Mit welcher Wahrscheinlichkeit ist beim Lotto 6 aus 49

a) die zweite gezogene Zahl kleiner als die erste?
b) die dritte gezogene Zahl kleiner als die beiden ersten Zahlen?
c) die letzte gezogene Zahl die größte aller 6 Gewinnzahlen?

2.14 •• Auf einem $m \times n$-Gitter mit den Koordinaten (i, j), $0 \leq i \leq m$, $0 \leq j \leq n$ (s. nachstehende Abbildung für den Fall $m = 8$, $n = 6$) startet ein Roboter links unten im Punkt $(0, 0)$. Er kann wie abgebildet pro Schritt nur nach rechts oder nach oben gehen.

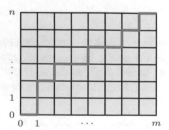

a) Auf wie viele Weisen kann er den Punkt (m, n) rechts oben erreichen?
b) Wie viele Wege von $(0, 0)$ nach (m, n) gibt es, die durch den Punkt (a, b) verlaufen?

2.15 • Wie viele Möglichkeiten gibt es, k verschiedene Teilchen so auf n Fächer zu verteilen, dass im j-ten Fach k_j Teilchen liegen ($j = 1, \ldots, n$, $k_1, \ldots, k_n \in \mathbb{N}_0$, $k_1 + \cdots + k_n = k$)?

2.16 • Es sei f eine auf einer offenen Teilmenge des $\mathbb{R}^n$ definierte stetig differenzierbare reellwertige Funktion. Wie viele verschiedene partielle Ableitungen k-ter Ordnung besitzt f?

2.17 • Aus sieben Männern und sieben Frauen werden sieben Personen rein zufällig ausgewählt. Mit welcher Wahrscheinlichkeit enthält die Stichprobe höchstens drei Frauen? Ist das Ergebnis ohne Rechnung einzusehen?

Rechenaufgaben

2.18 • Im Lotto 6 aus 49 ergab sich nach 5047 Ausspielungen die nachstehende Tabelle der Gewinnhäufigkeiten der einzelnen Zahlen.

1	2	3	4	5	6	7
616	624	638	626	607	649	617

8	9	10	11	12	13	14
598	636	605	623	600	561	610

15	16	17	18	19	20	21
588	623	615	618	610	585	594

22	23	24	25	26	27	28
627	611	619	652	659	648	577

29	30	31	32	33	34	35
593	602	649	629	643	615	615

36	37	38	39	40	41	42
618	610	658	617	616	639	623

43	44	45	46	47	48	49
663	612	570	592	621	612	649

a) Wie groß sind die relativen Gewinnhäufigkeiten der Zahlen 13, 19 und 43?
b) Wie groß wäre die relative Gewinnhäufigkeit, wenn jede Zahl gleich oft gezogen worden wäre?

2.19 • Zeigen Sie, dass durch die Werte $p_k := 1/(k(k+1))$, $k \geq 1$, eine Wahrscheinlichkeitsverteilung auf der Menge $\mathbb{N}$ der natürlichen Zahlen definiert wird.

2.20 • Bei einer Qualitätskontrolle können Werkstücke zwei Arten von Fehlern aufweisen, den Fehler A und den Fehler B. Aus Erfahrung sei bekannt, dass ein zufällig herausgegriffenes Werkstück mit Wahrscheinlichkeit

- 0.04 den Fehler A hat,
- 0.005 beide Fehler aufweist,
- 0.01 nur den Fehler B hat.

a) Mit welcher Wahrscheinlichkeit weist das Werkstück den Fehler B auf?
b) Mit welcher Wahrscheinlichkeit ist das Werkstück fehlerhaft bzw. fehlerfrei?
c) Mit welcher Wahrscheinlichkeit besitzt das Werkstück genau einen der beiden Fehler?

2.21 • Beim Zahlenlotto 6 *aus* 49 beobachtet man häufig, dass sich unter den sechs Gewinnzahlen mindestens ein *Zwilling*, d. h. mindestens ein Paar $(i, i + 1)$ benachbarter Zahlen, befindet. Wie wahrscheinlich ist dies?

2.22 • Sollte man beim Spiel mit einem fairen Würfel eher auf das Eintreten mindestens einer Sechs in vier Würfen oder beim Spiel mit zwei echten Würfeln auf das Eintreten mindestens einer Doppelsechs (Sechser-Pasch) in 24 Würfen setzen? (Frage des Antoine Gombault Chevalier de Meré (1607–1684))

2.23 • Bei der ersten Ziehung der *Glücksspirale* 1971 wurden für die Ermittlung einer 7-stelligen Gewinnzahl aus einer Trommel, die Kugeln mit den Ziffern $0, 1, \ldots, 9$ je 7mal enthält, nacheinander rein zufällig 7 Kugeln ohne Zurücklegen gezogen.

a) Welche 7-stelligen Gewinnzahlen hatten hierbei die größte und die kleinste Ziehungswahrscheinlichkeit, und wie groß sind diese Wahrscheinlichkeiten?
b) Bestimmen Sie die Gewinnwahrscheinlichkeit für die Zahl 3 143 643.
c) Wie würden Sie den Ziehungsmodus abändern, um allen Gewinnzahlen die gleiche Ziehungswahrscheinlichkeit zu sichern?

2.24 •• Bei der Auslosung der 32 Spiele der ersten Hauptrunde des DFB-Pokals 1986 gab es einen Eklat, als der Loszettel der Stuttgarter Kickers unbemerkt buchstäblich unter den Tisch gefallen und schließlich unter Auslosung des Heimrechts der zuletzt im Lostopf verbliebenen Mannschaft Tennis Borussia Berlin zugeordnet worden war. Auf einen Einspruch der Stuttgarter Kickers hin wurde die gesamte Auslosung der ersten Hauptrunde neu angesetzt. Kurioserweise ergab sich dabei wiederum die Begegnung Tennis Borussia Berlin – Stuttgarter Kickers.

a) Zeigen Sie, dass aus stochastischen Gründen kein Einwand gegen die erste Auslosung besteht.
b) Wie groß ist die Wahrscheinlichkeit, dass sich in der zweiten Auslosung erneut die Begegnung Tennis Borussia Berlin – Stuttgarter Kickers ergibt?

2.25 •• Die Zufallsvariable X_k bezeichne die k-kleinste der 6 Gewinnzahlen beim Lotto 6 aus 49. Welche Verteilung besitzt X_k unter einem Laplace-Modell?

2.26 •• Drei Personen A, B, C spielen Skat. Berechnen Sie unter einem Laplace-Modell die Wahrscheinlichkeiten

a) Person A erhält alle vier Buben,
b) irgendeine Person erhält alle Buben,
c) Person A erhält mindestens ein Ass,
d) es liegen ein Bube und ein Ass im Skat.

2.27 • Eine Warenlieferung enthalte 20 intakte und 5 defekte Stücke. Wie groß ist die Wahrscheinlichkeit, dass eine Stichprobe vom Umfang 5

a) genau zwei defekte Stücke enthält?
b) mindestens zwei defekte Stücke enthält?

Beweisaufgaben

2.28 •• Es sei $\Omega = \sum_{n=1}^{\infty} A_n$ eine Zerlegung des Grundraums Ω in paarweise disjunkte Mengen $A_1, A_2, \ldots$. Zeigen Sie, dass das System

$$\mathcal{A} = \left\{ B \subseteq \Omega \mid \exists T \subseteq \mathbb{N} \text{ mit } B = \sum_{n \in T} A_n \right\}$$

eine σ-Algebra über Ω ist.

Man mache sich klar, dass $\mathcal{A}$ nur dann gleich der vollen Potenzmenge von Ω ist, wenn jedes A_j einelementig (und somit Ω insbesondere abzählbar) ist.

2.29 • Es seien A und B Ereignisse in einem Grundraum Ω. Zeigen Sie:

a) $\mathbb{1}_{A \cap B} = \mathbb{1}_A \cdot \mathbb{1}_B$,
b) $\mathbb{1}_{A \cup B} = \mathbb{1}_A + \mathbb{1}_B - \mathbb{1}_{A \cap B}$,
c) $\mathbb{1}_{A+B} = \mathbb{1}_A + \mathbb{1}_B$,
d) $\mathbb{1}_{A^c} = 1 - \mathbb{1}_A$,
e) $A \subseteq B \iff \mathbb{1}_A \leq \mathbb{1}_B$.

2.30 • Es seien $(\Omega, \mathcal{A}, \mathbb{P})$ ein Wahrscheinlichkeitsraum und (A_n) eine Folge in $\mathcal{A}$ mit $A_n \downarrow A$. Zeigen Sie:

$$\mathbb{P}(A) = \lim_{n \to \infty} \mathbb{P}(A_n).$$

2.31 • Es seien $(\Omega, \mathcal{A})$ ein Messraum und $\mathbb{P} : \mathcal{A} \to [0, 1]$ eine Funktion mit

- $\mathbb{P}(A + B) = \mathbb{P}(A) + \mathbb{P}(B)$, falls $A, B \in \mathcal{A}$ mit $A \cap B = \emptyset$,
- $\mathbb{P}(B) = \lim_{n \to \infty} \mathbb{P}(B_n)$ für jede Folge (B_n) aus $\mathcal{A}$ mit $B_n \uparrow B$.

Zeigen Sie, dass $\mathbb{P}$ σ-additiv ist.

2.32 ••• Beweisen Sie die Formel des Ein- und Ausschließens durch Induktion über n.

2.33 •• In einer geordneten Reihe zweier verschiedener Symbole a und b heißt jede aus gleichen Symbolen bestehende Teilfolge maximaler Länge ein *Run*. Als Beispiel betrachten wir die Anordnung $b\,b\,a\,a\,a\,b\,a$, die mit einem b-Run der Länge 2 beginnt. Danach folgen ein a-Run der Länge 3 und jeweils ein b- und ein a-Run der Länge 1. Es mögen nun allgemein m Symbole a und n Symbole b vorliegen, wobei alle $\binom{m+n}{m}$ Anordnungen im Sinne von Auswahlen von m der $m + n$ Komponenten in einem Tupel für die a's (die übrigen Komponenten sind dann die b's) gleich wahrscheinlich seien. Die Zufallsvariable X bezeichne die Gesamtanzahl der Runs. Zeigen Sie:

$$\mathbb{P}(X = 2s) = \frac{2\binom{m-1}{s-1}\binom{n-1}{s-1}}{\binom{m+n}{m}}, \quad 1 \le s \le \min(m, n),$$

$$\mathbb{P}(X = 2s + 1) = \frac{\binom{n-1}{s}\binom{m-1}{s-1} + \binom{n-1}{s-1}\binom{m-1}{s}}{\binom{m+n}{m}},$$

$1 \le s < \min(m, n)$.

2.34 •• Es seien M_1 eine k-elementige und M_2 eine n-elementige Menge, wobei $n \ge k$ gelte. Wie viele surjektive Abbildungen $f : M_1 \to M_2$ gibt es?

2.35 •• Es seien $A_1, \ldots, A_n$ die in (2.35) definierten Ereignisse. Zeigen Sie:

$$\mathbb{P}(A_i \cap A_j) = \frac{r \cdot (r - 1)}{(r + s) \cdot (r + s - 1)} \quad (1 \le i \neq j \le n).$$

2.36 ••• Es fallen rein zufällig der Reihe nach Teilchen in eines von n Fächern. Die Zufallsvariable X_n bezeichne die Anzahl der Teilchen, die nötig sind, damit zum ersten Mal ein Teilchen in ein Fach fällt, das bereits belegt ist. Zeigen Sie:

a) $1 - \exp\left(-\frac{k(k-1)}{2n}\right) \le \mathbb{P}(X_n \le k)$,

b) $\mathbb{P}(X_n \le k) \le 1 - \exp\left(-\frac{k(k-1)}{2(n-k+1)}\right)$,

c) für jedes $t > 0$ gilt

$$\lim_{n \to \infty} \mathbb{P}\left(\frac{X_n}{\sqrt{n}} \le t\right) = 1 - \exp\left(-\frac{t^2}{2}\right).$$

Hinweise

Verständnisfragen

2.1 –

2.2 –

2.3 –

2.4 –

2.5 –

2.6 –

2.7 –

2.8 –

2.9 –

2.10 Wählen Sie $\Omega := \{1, \ldots, n\}$ und ein Laplace-Modell.

2.11 Betrachten Sie einen Laplace-Raum der Ordnung 10.

2.12 –

2.13 Stellen Sie Symmetriebetrachtungen an.

2.14 –

2.15 –

2.16 Es kommt nur darauf an, wie oft nach jeder einzelnen Variablen differenziert wird.

2.17 –

Rechenaufgaben

2.18 –

2.19 –

2.20 –

2.21 Man betrachte das komplementäre Ereignis.

2.22 –

2.23 Unterscheiden Sie gedanklich die 7 gleichen Exemplare jeder Ziffer.

2.24 Nummeriert man alle Mannschaften gedanklich von 1 bis 64 durch, so ist das Ergebnis einer regulären Auslosung ein 64-Tupel $(a_1, \ldots, a_{64})$, wobei Mannschaft a_{2i-1} gegen Mannschaft a_{2i} Heimrecht hat $(i = 1, \ldots, 32)$.

2.25 –

2.26 –

2.27 –

Beweisaufgaben

2.28 –

2.29 –

2.30 –

2.31 –

2.32 –

2.33 Um die Längen der a-Runs festzulegen, muss man bei den in einer Reihe angeordneten m a's Trennstriche anbringen.

2.34 Formel des Ein- und Ausschließens!

2.35 –

2.36 Starten Sie mit (2.41).

Lösungen

Verständnisfragen

2.1 –

2.2 –

2.3 –

2.4 –

2.5 $A = G \cap (K_1 \cup K_2 \cup K_3) \cap (T_1 \cup T_2),$
$A^c = G^c \cup (K_1^c \cap K_2^c \cap K_3^c) \cup (T_1^c \cap T_2^c).$

2.6

a) $A = A_1 \cap A_2 \cap A_3 \cap A_4$
b) $A = A_1 \cup A_2 \cup A_3 \cup A_4$
c) $A = A_1 \cap (A_2 \cup A_3 \cup A_4)$
d) $A = (A_1 \cup A_2) \cap (A_3 \cup A_4).$

2.7 –

2.8 –

2.9 –

2.10 –

2.11 –

2.12 –

2.13 –

2.14 –

2.15 –

2.16 $\binom{n+k-1}{k}.$

2.17 $1/2.$

Rechenaufgaben

2.18 –

2.19 –

2.20 –

2.21 –

2.22 –

2.23 –

Kapitel 2

2.24 –

2.25 –

2.26 –

2.27 –

Beweisaufgaben

2.28 –

2.29 –

2.30 –

2.31 –

2.32 –

2.33 –

2.34 $\sum_{r=0}^{n-1}(-1)^r\binom{n}{r}(n-r)^k$

2.35 –

2.36 –

Lösungswege

Verständnisfragen

2.1 Da nur festgestellt werden kann, welche Zweier-Teilmenge der 5 Kugeln gezogen wurde, ist

$$\Omega := \{\{1,2\},\{1,3\},\{1,4\},\{1,5\},\{2,3\},\{2,4\},$$
$$\{2,5\},\{3,4\},\{3,5\},\{4,5\}\}$$
$$= \{M \subseteq \{1,2,3,4,5\} \mid |M| = 2\}$$

ein angemessener Grundraum.

2.2 a) Da nur festgestellt werden kann, *wie oft* Wappen oder Zahl fällt, ist $\Omega := \{0,1,2,3\}$ ein möglicher Ergebnisraum. Dabei stehe $j \in \Omega$ für das Ergebnis, dass j mal Wappen und $3-j$ mal Zahl auftritt.

b) In diesem Fall besitzt man die vollständige Information über die Ergebnisse Wappen (W) oder Zahl (Z) in jedem der drei Würfe. Ein angemessener Grundraum ist somit

$$\Omega := \{(W,W.W),(W,W,Z),(W,Z,W),(W,Z,Z),$$
$$(Z,W,W),(Z,W,Z),(Z,Z,W),(Z,Z,Z)\}$$
$$= \{Z,W\}^3.$$

Natürlich kann man die Ergebnisse Z und W auch als 1 bzw. 0 notieren.

c) *Ein* möglicher Grundraum ist

$$\Omega := \{(E,W),(E,Z),(Z,W),(Z,Z)\}.$$

Dabei stehe E für *Eichenblatt*, und die erste Komponente bezeichne das Ergebnis der 1-Cent-Münze.

2.3 Nummerieren wir zwecks Identifizierung die Kessel von 1 bis 3 und die Turbinen von 1 bis 2, so ist die Menge

$$\Omega := \{(a_1,\dots,a_6) \mid a_j \in \{0,1\} \text{ für } j = 1,\dots,6\}$$

ein möglicher Grundraum. Dabei stehe eine 1 (0) für intaktes Verhalten (Ausfall); a_1 beschreibe den Zustand des Generators, a_{j+1} den des j-ten Kessels ($j = 1,2,3$) und a_{j+4} denjenigen der j-ten Turbine ($j = 1,2$).

2.4 „Am elegantesten" ist es, die Indikatorsumme $X := \mathbb{1}_A + \mathbb{1}_B + \mathbb{1}_C + \mathbb{1}_D$ zu definieren. Das gesuchte Ereignis ist dann $E = \{X \le 2\}$. Eine andere Möglichkeit besteht darin, das Ereignis E in die Ereignisse E_j aufzuspalten, dass genau j der vier Ereignisse eintreten ($j = 0,1,2$), also $E = E_0 + E_1 + E_2$ zu setzen. Hierbei gilt

$$E_0 = A^c B^c C^c D^c,$$
$$E_1 = AB^c C^c D^c + A^c BC^c D^c + A^c B^c CD^c + A^c B^c C^c D,$$
$$E_2 = ABC^c D^c + AB^c CD^c + A^c BCD^c + AB^c C^c D$$
$$+ A^c BC^c D + A^c B^c CD.$$

Man beachte, dass $E_j = \{X = j\}$ gilt ($j = 0,1,2$).

2.5 Die Darstellung für A ergibt sich aus der Bedingung, dass der Generator *und mindestens einer* der Kessel *und mindestens eine* der Turbinen arbeiten muss sowie der Tatsache, dass das logische *und* dem Durchschnittszeichen und das nicht ausschließende logische *oder* dem Vereinigungszeichen entspricht. Die Darstellung für A^c folgt aus der de Morganschen Regel.

2.6 a) Es muss jedes der Ereignisse eintreten. b) Es muss mindestens eines der Ereignisse eintreten. c) Es muss A_1 und dazu noch mindestens eines der anderen Ereignisse eintreten. d) Es müssen mindestens eines der Ereignisse A_1, A_2 und mindestens eines der Ereignisse A_3, A_4 eintreten.

2.7 Es sei $\Omega := \{0,1\}^{2n}$. Für $j = 1,\ldots,n$ bezeichne $A_j := \{(a_1,\ldots,a_{2n}) \in \Omega \,|\, a_j = 1\}$ das Ereignis, dass der j-te Versuch einen Treffer ergibt. Dann beschreiben die Zufallsvariablen $X := \sum_{j=1}^{n} \mathbb{1}\{A_j\}$ und $Y := \sum_{j=n+1}^{2n} \mathbb{1}\{A_j\}$ die Trefferanzahlen in der ersten bzw. zweiten Versuchsreihe. Hiermit nehmen die verbal beschriebenen Ereignisse formal folgende Gestalt an: a) $\{Y \geq 2\}$, b) $\{X \neq Y\}$, c) $\{Y < X\}$, d) $\{X \geq 1\} \cap \{Y \geq 1\}$.

2.8 Wie bei Modellierungsproblemen üblich gibt es auch hier mehrere Möglichkeiten. Eine besteht darin, den Grundraum $\Omega := \{1,2,3,4,5,6\}^3$ zu wählen, also gedanklich auch für den Fall, dass im ersten oder zweiten Wurf eine Sechs fällt, weiterzuwürfeln. Hierbei steht im Tripel $\omega = (a_1, a_2, a_3)$ die Komponente a_j für das Ergebnis des j-ten Wurfs. Der Spielgewinn wird dann auf diesem Grundraum durch die Zufallsvariable $X : \Omega \to \mathbb{R}$ mit

$$
X(\omega) := \begin{cases} 100, & \text{falls } a_1 = 6 \\ 50, & \text{falls } a_1 \leq 5 \text{ und } a_2 = 6, \\ 10, & \text{falls } \max(a_1, a_2) \leq 5 \text{ und } a_3 = 6, \\ -30, & \text{sonst,} \end{cases}
$$

($\omega = (a_1, a_2, a_3) \in \Omega$) beschrieben. Dabei bedeutet der negative Wert -30 einen Verlust. Eine andere Möglichkeit besteht darin, den auf den ersten Blick attraktiven, weil einfachen Grundraum $\widetilde{\Omega} := \{0,1,2,3\}$ zu wählen. Hier modelliert $j \in \{1,2,3\}$ das Ergebnis *die erste Sechs tritt im j-ten Wurf auf*, und 0 bedeutet, dass keiner der drei Würfe eine Sechs ergibt. In diesem Fall beschreibt die durch $\widetilde{X}(0) := -30$, $\widetilde{X}(1) = 100$, $\widetilde{X}(2) = 50$ und $\widetilde{X}(3) = 10$ definierte Zufallsvariable $\widetilde{X} : \widetilde{\Omega} \to \mathbb{R}$ den Spielgewinn. Der Vorteil des ersten Raumes offenbart sich, wenn wir etwa die Wahrscheinlichkeit dafür angeben wollen, dass das Spiel mit einer Zahlung an die Bank endet oder die Frage stellen, ob das Spiel für den Spieler vorteilhaft ist. Die Ergebnisse $\omega \in \Omega$ würde man unter der Annahme, dass der Würfel exakt gefertigt ist, als gleich wahrscheinlich ansehen. Für die Ergebnisse im Grundraum $\widetilde{\Omega}$ trifft dies nicht zu.

2.9 Die verbal beschriebene Voraussetzung besagt $A \cap B \subseteq C$, und somit folgt $\mathbb{P}(A \cap B) \leq \mathbb{P}(C)$. Weiter gilt

$$
\begin{aligned}
\mathbb{P}(A \cap B) &= 1 - \mathbb{P}((A \cap B)^c) = 1 - \mathbb{P}(A^c \cup B^c) \\
&\geq 1 - \mathbb{P}(A^c) - \mathbb{P}(B^c) \\
&= 1 - (1 - \mathbb{P}(A)) - (1 - \mathbb{P}(B)) \\
&= \mathbb{P}(A) + \mathbb{P}(B) - 1.
\end{aligned}
$$

Zusammen folgt die Behauptung.

2.10 Mit der obigen Wahl von Ω und $\mathbb{P}$ als Gleichverteilung auf Ω sei $A := \{1, 2, \ldots, k\}$ und $B := \{2, 3, \ldots, k+1\}$ gesetzt, wobei $k \leq n - 1$. Dann gilt

$$
\mathbb{P}(A) = \mathbb{P}(B) = \frac{k}{n}, \qquad \mathbb{P}(A \cap B) = \frac{k-1}{n}
$$

und somit

$$
\frac{\mathbb{P}(A \cap B)}{\mathbb{P}(A) \cdot \mathbb{P}(B)} = \frac{(k-1)n}{k^2}.
$$

Wählt man jetzt zu gegebenem c die Zahl m als kleinste natürliche Zahl, die größer oder gleich $c + 1$ ist sowie $n := m^2$, $k := m$, so geht obige Gleichung in

$$
\frac{\mathbb{P}(A \cap B)}{\mathbb{P}(A) \cdot \mathbb{P}(B)} = \frac{(m-1)m^2}{m^2} = m - 1 \geq c
$$

über, was zu zeigen war.

2.11 Ja. Ein Beispiel ist der Grundraum $\Omega := \{0, 1, 2, 3, 4, 5, 6, 7, 8, 9\}$ mit der Gleichverteilung $\mathbb{P}$. Für die Ereignisse $A := \{1, 2, 3, 4, 5, 6, 7\}$, $B := \{3, 4, 5, 6, 7, 8, 9\}$, $C := \{0, 2, 3, 4, 5, 6, 7\}$ gilt $\mathbb{P}(A) = \mathbb{P}(B) = \mathbb{P}(C) = 0.7$ sowie $\mathbb{P}(A \cap B^c \cap C^c) = \mathbb{P}(\{1\}) = 0.1$, $\mathbb{P}(A^c \cap B \cap C^c) = \mathbb{P}(\{8, 9\}) = 0.2$, $\mathbb{P}(A^c \cap B^c \cap C) = \mathbb{P}(\{0\}) = 0.1$.

2.12 Würde etwa nur $\mathbb{P}(A_1) \leq 1/6$ und $\mathbb{P}(A_2) \leq 1/6$ gelten, so wäre $\mathbb{P}(A_j) > 1/6$ für $j = 3, \ldots, 8$. Da sich die Ereignisse paarweise ausschließen, wäre dann $\mathbb{P}(A_3 \cup \ldots \cup A_8) = \mathbb{P}(A_3) + \ldots + \mathbb{P}(A_8) > 6 \cdot 1/6 = 1$, was ein Widerspruch zu $\mathbb{P}(A) \leq 1$, $A \in \mathcal{A}$, wäre.

2.13 a) Für die beiden ersten Zahlen gibt es genauso viele Paare (i, j) mit $i < j$ wie es Paare mit $i > j$ gibt. Die Wahrscheinlichkeit ist somit $1/2$.

b) Eine der drei ersten Zahlen ist die kleinste. Aus Symmetriegründen ist die Antwort $1/3$.

c) Eine der 6 gezogenen Zahlen ist die größte aller 6 Zahlen. Die Antwort ist ebenfalls aus Symmetriegründen $1/6$.

2.14 a) Da von insgesamt $m + n$ Schritten m für „rechts" zu wählen sind, gibt es $\binom{m+n}{m}$ Möglichkeiten.

b) Mit a) und der Multiplikationsregel ist die Anzahl gleich $\binom{a+b}{a} \cdot \binom{m-a}{n-b}$.

2.15 Es gibt

$$
\binom{k}{k_1, \ldots, k_n} = \frac{k!}{k_1! \cdot \ldots \cdot k_n!}
$$

Möglichkeiten, nämlich $\binom{k}{k_1}$ Möglichkeiten, k_1 Teilchen in Fach 1 zu legen, dann $\binom{k-k_1}{k_2}$ Möglichkeiten, von den restlichen Teilchen k_2 für Fach 2 auszuwählen usw. (vgl. die Herleitung des Multinomialkoeffizienten im Beispiel vor Abschn. 2.7).

2.16 Es handelt sich um k-Kombinationen aus n Objekten (den Variablen) mit Wiederholung.

2.17 Die zufällige Anzahl X der Frauen in der Stichprobe besitzt die hypergeometrische Verteilung $\mathrm{Hyp}(n, r, s)$ mit $n = r = s = 7$. Es folgt

$$\mathbb{P}(X \le 3) = \sum_{k=0}^{3} \mathbb{P}(X = k) = \sum_{k=0}^{3} \frac{\binom{7}{k}\binom{7}{7-k}}{\binom{14}{7}}$$

$$= \frac{1^2 + 7^2 + 21^2 + 35^2}{3432} = \frac{1}{2}.$$

Dieses Ergebnis ist auch aus Symmetriegründen klar, da es genauso viele Frauen wie Männer gibt und das zu $\{X \le 3\}$ komplementäre Ereignis $\{X \ge 4\}$ gleichbedeutend damit ist, dass die Stichprobe höchstens drei Männer enthält.

Rechenaufgaben

2.18 a) Die relativen Häufigkeiten der Zahlen 13, 19 und 43 sind

- $561/5047 \approx 0.111$,
- $610/5047 \approx 0.121$,
- $663/5047 \approx 0.131$.

Dabei wurde auf drei Nachkommastellen gerundet.

b) Wenn jede Zahl nach 5047 Ausspielungen k mal gezogen wurde, gilt $k \cdot 49 = 6 \cdot 5047$ und somit $k = 618$. Die relative Häufigkeit ist dann $618/5047 = 6/49 \approx 0.122$.

2.19 Wegen $p_k \ge 0$ ist nur die Normierungsbedingung $\sum_{k=1}^{\infty} p_k = 1$ zu zeigen. Wegen

$$\frac{1}{k(k+1)} = \frac{1}{k} - \frac{1}{k+1}$$

gilt unter Ausnutzung eines Teleskopeffektes $\sum_{k=1}^{n} p_k = 1 - 1/n$, woraus die Behauptung folgt. Diese Verteilung entsteht im Zusammenhang mit einem Urnenmodell, wenn auf das erstmalige Auftreten einer roten Kugel gewartet wird.

2.20 Es sei A bzw. B das Ereignis, dass das Werkstück den Fehler A bzw. den Fehler B aufweist. Aus der Aufgabenstellung sind bekannt: $\mathbb{P}(A) = 0.04$, $\mathbb{P}(A \cap B) = 0.005$, $\mathbb{P}(B \cap A^c) = 0.01$.

a) Wegen der endlichen Additivität eines Wahrscheinlichkeitsmaßes gilt $\mathbb{P}(B) = \mathbb{P}(A \cap B) + \mathbb{P}(A^c \cap B) = 0.005 + 0.01 = 0.015$.

b) Nach dem Additionsgesetz für Wahrscheinlichkeiten ergibt sich $\mathbb{P}(A \cup B) = \mathbb{P}(A) + \mathbb{P}(B) - \mathbb{P}(A \cap B) = 0.04 + 0.015 -$

$0.005 = 0.05$. Ein Werkstück ist also mit Wahrscheinlichkeit 0.05 fehlerhaft und somit (komplementäre Wahrscheinlichkeit) mit Wahrscheinlichkeit 0.95 fehlerfrei.

c) Es ist $\mathbb{P}(A \cap B^c) + \mathbb{P}(B \cap A^c) = \mathbb{P}(A \cup B) - \mathbb{P}(A \cap B) = 0.05 - 0.005 = 0.045$.

2.21 Jede 6-Kombination

$$1 \le b_1 < \ldots < b_6 \le 49$$

ohne Zwilling lässt sich gemäß

$$a_j := b_j - j + 1, \quad j = 1, \ldots, 6,$$

zu einer 6-Kombination $1 \le a_1 \ldots < a_6 \le 44$ aus $\mathrm{Kom}_6^{44}(oW)$ „zusammenziehen" und umgekehrt. Die gesuchte Wahrscheinlichkeit ist somit $1 - \binom{44}{6}/\binom{49}{6} = 0.495\ldots$

2.22 Die Wahrscheinlichkeit, mindestens eine Sechs in vier Würfen zu werfen, ist durch Übergang zum komplementären Ereignis gleich $1 - (5/6)^4 \approx 0.518$. Die Wahrscheinlichkeit, mindestens eine Doppelsechs in 24 Doppelwürfen zu werfen, berechnet sich analog zu $1 - (35/36)^{24} \approx 0.491$. Man sollte also eher auf das Eintreten von mindestens einer Sechs in vier Würfen wetten.

2.23

a) 7-stellige Gewinnzahlen mit lauter verschiedenen (gleichen) Ziffern hatten die größte (kleinste) Wahrscheinlichkeit, gezogen zu werden. Als Grundraum Ω kann die Menge der 7-Permutationen ohne Wiederholung aus $\{0_1, 0_2, \ldots, 0_7, 1_1, 1_2, \ldots, 1_7, \ldots, 9_1, 9_2, \ldots, 9_7\}$ gewählt werden, wenn man jede Ziffer gedanklich von 1 bis 7 nummeriert. Bei Annahme eines Laplace-Modells besitzt jede Zahl mit lauter verschiedenen (bzw. gleichen) Ziffern die gleiche Wahrscheinlichkeit $7^7/(70)_7$ (bzw. $7!/(70)_7$). Der Quotient von größter zu kleinster Ziehungswahrscheinlichkeit ist $7^7/7! \approx 163.4$.

b) $7 \cdot 7 \cdot 7 \cdot 6 \cdot 7 \cdot 6 \cdot 5/(70)_7 \approx 7.153 \cdot 10^{-8}$

c) Jede Ziffer der Gewinnzahl wird aus einer *separaten* Trommel, welche die Ziffern $0, 1, \ldots, 9$ je einmal enthält, gezogen. Gleichwertig hiermit ist das 7-fache Ziehen mit Zurücklegen aus einer Trommel, die jede der Ziffern $0, 1, \ldots, 9$ einmal enthält.

2.24 a) Seien $\Omega = \mathrm{Per}_{64}^{64}(oW)$ die Menge aller regulären Auslosungen mit der am Ende des Hinweises gemachten Interpretation sowie $\mathbb{P}$ die Gleichverteilung auf Ω. Ohne Beschränkung der Allgemeinheit sei 1 die Nummer der Stuttgarter Kickers und 2 die von Tennis Borussia Berlin. Das Ereignis „Mannschaft j hat gegen Mannschaft k Heimrecht" ist formal durch $A_{jk} := \{(a_1, \ldots, a_{64}) \in \Omega \mid a_{2i-1} = j \text{ und } a_{2i} = k \text{ für ein } i \in \{1, \ldots, 32\}\}$ gegeben. Wegen $|\Omega| = 64!$ und $|A_{jk}| = 32 \cdot 1 \cdot 62!$ gilt nach der Multiplikationsregel $\mathbb{P}(A_{jk}) = |A_{jk}|/|\Omega| = 1/126$, $1 \le j \ne k \le 64$, also insbesondere

$\mathbb{P}(A_{21}) = 1/126$. Dieses Ergebnis kann auch so eingesehen werden: Für Mannschaft 1 gibt es 63 gleichwahrscheinliche Gegner, wobei nach Auswahl des Gegners noch 2 Möglichkeiten für das Heimrecht vorhanden sind.

Die Menge der möglichen Paarungen der „nicht regulären" ersten Auslosung ist $\Omega_0 := \{(a_1, \ldots, a_{64}) \in \Omega \mid 1 \in \{a_{63}, a_{64}\}\}$. Dabei sei im Folgenden $\mathbb{P}_0$ die Gleichverteilung auf Ω_0. Setzen wir für $j \neq 1, k \neq 1, j \neq k$ $A_{jk}^0 := \{(a_1, \ldots, a_{64}) \in \Omega_0 \mid a_{2i-1} = j$ und $a_{2i} = k$ für ein $i = 1, \ldots, 31\}$, so liefert die Multiplikationsregel $\mathbb{P}_0(A_{jk}^0) = |A_{jk}^0|/|\Omega_0| = 31 \cdot 1 \cdot 2 \cdot 61!/(2 \cdot 63!) = 1/126 = \mathbb{P}(A_{jk})$. Mit $A_{1k}^0 := \{(a_1, \ldots, a_{64}) \in \Omega_0 \mid a_{63} = 1, a_{64} = k\}$ und $A_{k1}^0 := \{(a_1, \ldots, a_{64}) \in \Omega_0 \mid a_{63} = k, a_{64} = 1\}$ $(k \neq 1)$ ergibt sich ebenso $\mathbb{P}_0(A_{1k}^0) = 62!/(2 \cdot 63!) = 1/126 = \mathbb{P}_0(A_{k1}^0)$.

b) $1/126$.

2.25 Das Ereignis $\{X_k = j\}$ tritt genau dann ein, wenn $k - 1$ der Lottozahlen kleiner als j, die k-kleinste gleich j und $6 - k$ Lottozahlen größer als j sind. Mit der Multiplikationsregel und der Anzahlformel für Kombinationen ohne Wiederholung folgt

$$\mathbb{P}(X_k = j) = \frac{\binom{j-1}{k-1} \cdot \binom{49-j}{6-k}}{\binom{49}{6}}, \quad j = k, k+1, \ldots, k+43.$$

2.26 Wir verwenden wie im vorletzten Beispiel von Abschn. 2.6 den Grundraum

$$\Omega := \{(A, B, C) \mid A + B + C \subseteq K, |A + B + C| = 30\}$$

mit der Gleichverteilung $\mathbb{P}$ auf Ω. Die Teilmengen S, Bu und As bezeichnen den Skat, die vier Buben bzw. die vier Asse.

a) Das beschriebene Ereignis ist $D_1 := \{(A, B, C) \subseteq \Omega \mid Bu \subseteq A\}$. Wegen $Bu \subseteq A$ stehen zur Bildung der Teilmenge der Karten für A nur 28 Karten zur Verfügung. Nach der Multiplikationsregel folgt

$$\mathbb{P}(D_1) = \frac{|D_1|}{|\Omega|} = \frac{\binom{28}{6}\binom{22}{10}\binom{12}{10}}{\frac{32!}{10!^3 \cdot 2!}} = \frac{21}{3596} \approx 0.00584.$$

b) Das beschriebene Ereignis D_2 ist die Vereinigung der drei paarweise disjunkten Ereignisse, dass entweder A oder B oder C alle vier Buben erhalten. Mit a) folgt aus Symmetriegründen

$$\mathbb{P}(D_2) = 3 \cdot \mathbb{P}(D_1) = \frac{63}{3596} \approx 0.0175.$$

c) Gefragt ist nach $\mathbb{P}(D_3)$, wobei $D_3 := \{(A, B, C) \in \Omega \mid A \cap As \neq \emptyset\}$. Das komplementäre Ereignis D_3^c bedeutet, dass Person A kein Ass erhält, also ihre 10 Karten aus den 28 Nicht-Assen ausgewählt werden. Nach der Multiplikationsregel folgt

$$\mathbb{P}(D_3) = 1 - \mathbb{P}(D_3^c) = 1 - \frac{\binom{28}{10}\binom{22}{10}\binom{12}{10}}{\frac{32!}{10!^3 \cdot 2!}} = 1 - \frac{1463}{7192} \approx 0.797.$$

d) Das beschriebene Ereignis ist $D_4 := \{(A, B, C) \subseteq \Omega \mid |Bu \cap S| = 1 = |As \cap S|\}$. Die günstigen Fälle hierfür sind, dass zunächst sowohl von den vier Buben als auch von den vier Assen je eine Karte für den Skat ausgewählt werden, wofür es 16 Möglichkeiten gibt. Danach kann man die restlichen 30 Karten beliebig auf die drei Personen verteilen. Nach der Multiplikationsformel ergibt sich

$$\mathbb{P}(D_4) = \frac{|D_4|}{|\Omega|} = \frac{16 \cdot \binom{30}{10}\binom{20}{10}\binom{10}{10}}{\frac{32!}{10!^3 \cdot 2!}} = \frac{1}{31} \approx 0.0323.$$

2.27 Wir interpretieren die defekten Exemplare als rote und die intakten Exemplare als schwarze Kugeln und unterstellen Ziehen ohne Zurücklegen. Dann besitzt die Anzahl X der defekten Exemplare in einer rein zufälligen Stichprobe die hypergeometrische Verteilung $\text{Hyp}(n, r, s)$ mit $n = 5$, $r = 5$, $s = 20$. Es folgt

$$\mathbb{P}(X = k) = \frac{\binom{5}{k}\binom{20}{5-k}}{\binom{25}{5}}, \quad k = 0, 1, \ldots, 5,$$

und somit auf drei Nachkommastellen genau

$$\mathbb{P}(X = 0) = 0.292, \ \mathbb{P}(X = 1) = 0.328, \ \mathbb{P}(X = 2) = 0.215.$$

Es folgt a) $\mathbb{P}(X = 2) = 0.215$ und b) $\mathbb{P}(X \geq 2) = 1 - \mathbb{P}(X \leq 1) = 1 - 0.292 - 0.328 = 0.380$.

Beweisaufgaben

2.28 Setzt man $T = \mathbb{N}$, so folgt $\Omega \in \mathcal{A}$. Ist $B = \sum_{n \in T} A_n \in \mathcal{A}$, so stellt sich mit $S := \mathbb{N} \setminus T$ das Komplement von B in der Form $B^c = \sum_{n \in S} A_n$ dar. Also gilt $B^c \in \mathcal{A}$. Sind $B_1, B_2, \ldots \in \mathcal{A}$ paarweise disjunkt, so gibt es paarweise disjunkte Mengen $T_1, T_2, \ldots \subseteq \mathbb{N}$ mit $B_j = \sum_{n \in T_j} A_n \in \mathcal{A}$ für jedes $j \geq 1$. Mit $T := \sum_{j=1}^{\infty} T_j$ gilt dann

$$\sum_{j=1}^{\infty} B_j = \sum_{j=1}^{\infty} \sum_{n \in T_j} A_n = \sum_{n \in T} A_n$$

und somit $\sum_{j=1}^{\infty} B_j \in \mathcal{A}$.

2.29 a) ergibt sich, indem man für $\omega \in \Omega$ die Fälle $\omega \in A \cap B$ und $\omega \notin A \cap B$ unterscheidet. Im ersten Fall sind beide Seiten der zu beweisenden Identität gleich eins, im zweiten gleich null. Zum Nachweis von b) betrachtet man wegen $\Omega = AB^c + AB + BA^c + A^c B^c$ die vier Fälle $\omega \in AB^c$, $\omega \in AB$, $\omega \in BA^c$ und $\omega \in A^c B^c$. In jedem der ersten drei Fälle nehmen beide Seiten der zu zeigenden Gleichheit den Wert eins an, im letzten Fall den Wert null. Gleichung c) folgt wegen $A \cap B = \emptyset$ und $\mathbb{1}_\emptyset \equiv 0$ aus b). Gleichung d) folgt aus c) mit $B = A^c$, da $\mathbb{1}_\Omega \equiv 1$. Gilt $A \subseteq B$, so folgt für jedes $\omega \in \Omega$ durch Unterscheiden der beiden Fälle $\omega \in A$ und $\omega \in A^c$ die Ungleichung $\mathbb{1}_A(\omega) \leq \mathbb{1}_B(\omega)$. Gilt umgekehrt die letzte Ungleichung für jedes $\omega \in \Omega$, so gilt sie insbesondere für jedes $\omega \in A$, was $A \subseteq B$ und somit e) beweist.

2.30 Wir verwenden, dass $\mathbb{P}$ als Wahrscheinlichkeitsmaß stetig von unten ist und setzen $B_n := A_n^c$, $n \geq 1$, sowie $B := A^c$. Aus $A_n \downarrow A$ folgt dann $B_n \uparrow B$ und somit nach Teil c) und Teil h) der oben zitierten Folgerung

$$1 - \mathbb{P}(A) = \mathbb{P}(B) = \lim_{n\to\infty} \mathbb{P}(B_n)$$
$$= \lim_{n\to\infty} (1 - \mathbb{P}(A_n))$$
$$= 1 - \lim_{n\to\infty} \mathbb{P}(A_n).$$

Hieraus folgt die Behauptung.

2.31 Es seien $A_1, A_2, \ldots$ paarweise disjunkte Mengen aus $\mathcal{A}$ sowie $B_n := A_1 + \ldots + A_n$, $n \geq 1$. Dann gilt wegen der endlichen Additivität

$$\mathbb{P}(B_n) = \sum_{j=1}^{n} \mathbb{P}(A_j),$$

und die Stetigkeit von unten liefert

$$\lim_{n\to\infty} \mathbb{P}(B_n) = \mathbb{P}\left(\sum_{j=1}^{\infty} A_j\right).$$

Es gilt also

$$\mathbb{P}\left(\sum_{j=1}^{\infty} A_j\right) = \sum_{j=1}^{\infty} \mathbb{P}(A_j),$$

was zu zeigen war.

2.32 Der Induktionsanfang $n = 2$ ist mit (2.17) erbracht, und die Beweisidee für den Induktionsschluss von n auf $n+1$ ist die Gleiche wie bei der Herleitung von (2.19) aus (2.17): Sind $A_1, \ldots, A_{n+1}$ Ereignisse, so setzen wir kurz $B_n := A_1 \cup \ldots \cup A_n$ und erhalten mit (2.17)

$$\mathbb{P}\left(\bigcup_{j=1}^{n+1} A_j\right) = \mathbb{P}(B_n \cup A_{n+1})$$
$$= \mathbb{P}(B_n) + \mathbb{P}(A_{n+1}) - \mathbb{P}(B_n \cap A_{n+1}).$$

Hier stehen mit $B_n = A_1 \cup \ldots \cup A_n$ und $B_n \cap A_{n+1} = \bigcup_{j=1}^{n}(A_j \cap A_{n+1})$ Vereinigungen von jeweils n Ereignissen, sodass wir zweimal die Induktionsvoraussetzung anwenden können. Mit S_r wie in (2.20) und

$$\widetilde{S}_r := \sum_{1 \leq i_1 < \ldots < i_r \leq n} \mathbb{P}\left(A_{i_1} \cap \ldots \cap A_{i_r} \cap A_{n+1}\right)$$

ergibt sich

$$\mathbb{P}\left(\bigcup_{j=1}^{n+1} A_j\right) = \sum_{r=1}^{n} (-1)^{r-1} \cdot S_r + \mathbb{P}(A_{n+1})$$
$$- \sum_{r=1}^{n} (-1)^{r-1} \cdot \widetilde{S}_r$$
$$= S_1 + \mathbb{P}(A_{n+1}) + (-1)^n \cdot \widetilde{S}_n$$
$$+ \sum_{r=2}^{n} (-1)^{r-1}(S_r + \widetilde{S}_{r-1}).$$

Es bleibt zu zeigen, dass die rechte Seite die Gestalt $\sum_{r=1}^{n+1} (-1)^{r-1} S_{n+1,r}$ mit

$$S_{n+1,r} = \sum_{1 \leq i_1 < \ldots < i_r \leq n+1} \mathbb{P}(A_{i_1} \cap \ldots \cap A_{i_r})$$

annimmt. Zerlegt man diese Summe danach, ob $i_r \leq n$ oder $i_r = n + 1$ gilt, so folgt

$$S_{n+1,1} = S_1 + \mathbb{P}(A_{n+1}),$$
$$S_{n+1,r} = S_r + \widetilde{S}_{r-1}, \quad 2 \leq r \leq n,$$
$$S_{n+1,n+1} = \widetilde{S}_n \ (= \mathbb{P}(A_1 A_2 \ldots A_{n+1})),$$

was zu zeigen war.

2.33 Im Fall einer geraden Anzahl $2s$ von Runs gibt es jeweils s a-Runs und s b-Runs, die sich abwechseln. Um die Länge der s a-Runs festzulegen, gibt es genau $\binom{m-1}{s-1}$ Möglichkeiten, denn man muss hierzu nur $s - 1$ der $m - 1$ Lücken zwischen den in eine Reihe gelegt gedachten m a's auswählen und dort Trennstriche anbringen. In gleicher Weise ist $\binom{n-1}{s-1}$ die Anzahl der Möglichkeiten, die Längen der s b-Runs festzulegen. Der Faktor 2 im Zähler rührt daher, dass der erste Run ein a-Run oder auch ein b-Run sein kann. Der Fall einer ungeraden Anzahl von Runs folgt ohne neue Überlegung. Hier hat man entweder $s + 1$ b-Runs und s a-Runs oder s b-Runs und $s + 1$ a-Runs.

2.34 Die Formel des Ein- und Ausschließens gilt offenbar auch für die Funktion $M \mapsto |M|$, die endlichen Mengen deren Elementanzahl zuordnet, denn diese Funktion tritt ja in Laplace-Modellen bei der Definition der Wahrscheinlichkeit gemäß $\mathbb{P}(A) = |A|/|\Omega|$ auf. Im Folgenden nehmen wir o.B.d.A. den Fall $M_1 = \{1, 2, \ldots, k\}$ und $M_2 = \{1, 2, \ldots, n\}$ an. Bezeichnet A_j die Menge derjenigen Funktionen $f : M_1 \to M_2$, die das Element j nicht annehmen, für die also $f(i) \neq j$, $i \in M_1$, gilt, so ist die Menge der *nicht surjektiven* Abbildungen gleich $\bigcup_{j=1}^{n} A_j$. Mit

$$S_r := \sum_{1 \leq i_1 < \ldots < i_r \leq n} |A_{i_1} \cap \ldots \cap A_{i_r}|$$

gilt nach der Formel des Ein- und Ausschließens

$$\left| \bigcup_{j=1}^{n} A_j \right| = \sum_{r=1}^{n} (-1)^{r-1} S_r.$$

Offenbar gilt $A_1 \cap \ldots \cap A_n = \emptyset$, denn irgendeinen Wert muss ja eine Funktion von M_1 nach M_2 annehmen. Für $r < n$ ist $A_{i_1} \cap \ldots \cap A_{i_r}$ die Menge derjenigen Funktionen $f : M_1 \to M_2$, die jeden der r Werte $i_1, \ldots, i_r$ auslässt. Für jedes $i \in M_1$ gibt es also nur $n-r$ mögliche Funktionswerte. Nach der Anzahlformel für Permutationen mit Wiederholung gilt dann $|A_{i_1} \cap \ldots \cap A_{i_r}| = (n-r)^k$, und es folgt

$$\left| \bigcup_{j=1}^{n} A_j \right| = \sum_{r=1}^{n-1} (-1)^{r-1} \binom{n}{r} (n-r)^k.$$

Die Anzahl der surjektiven Abbildungen ist somit

$$n^k - \sum_{r=1}^{n-1} (-1)^{r-1} \binom{n}{r} (n-r)^k = \sum_{r=0}^{n-1} (-1)^r \binom{n}{r} (n-r)^k.$$

2.35 Analog zur Herleitung von $|A_j|$ in (2.43) besetzen wir zur Bestimmung von $|A_i \cap A_j|$ zuerst die i-te, danach die j-te Stelle und danach die restlichen Stellen des Tupels $(a_1, \ldots, a_n)$ (z. B. von links nach rechts). Diese Vorgehensweise liefert

$$|A_i \cap A_j| = r \cdot (r-1) \cdot (r+s-2)_{n-2}$$

und somit

$$\mathbb{P}(A_i \cap A_j) = \frac{|A_i \cap A_j|}{(r+s)_n} = \frac{r(r-1)}{(r+s)(r+s-1)}.$$

2.36 a) Mit der Ungleichung $\log t \le t - 1, t > 0$, folgt

$$\sum_{j=1}^{k-1} \log \left(1 - \frac{j}{n}\right) \le - \sum_{j=1}^{k-1} \frac{j}{n} = -\frac{(k-1)k}{2n},$$

sodass Darstellung (2.41) die Behauptung liefert.

b) Wir verwenden jetzt die nach Ersetzen von t durch $1/t$ in obiger Logarithmus-Ungleichung folgende Abschätzung $\log t \ge 1 - 1/t, t > 0$. Hiermit ergibt sich

$$\sum_{j=1}^{k-1} \log \left(1 - \frac{j}{n}\right) \ge - \sum_{j=1}^{k-1} \left(1 - \left(1 - \frac{j}{n}\right)^{-1}\right)$$

$$= -\frac{1}{n} \sum_{j=1}^{k-1} \frac{j}{1 - j/n}$$

$$\ge -\frac{1}{n} \sum_{j=1}^{k-1} \frac{j}{1 - (k-1)/n}$$

$$= -\frac{(k-1)k}{2n(n-k+1)}$$

und daraus b).

c) Zu vorgegebenem $t > 0$ existiert für jede genügend große Zahl n eine natürliche Zahl k_n mit $k_n \le \sqrt{n}t \le k_n + 1$, und es folgt

$$\mathbb{P}(X_n \le k_n) \le \mathbb{P}(X_n \le \sqrt{n}t)$$
$$\le \mathbb{P}(X_n \le k_n + 1).$$

Wegen

$$\lim_{n\to\infty} \frac{(k_n - 1)k_n}{2n} = \lim_{n\to\infty} \frac{(k_n - 1)k_n}{2(n - k_n + 1)} = t^2$$

liefern die in a) und b) erhaltenen Schranken beim Grenzübergang $n \to \infty$

$$\limsup_{n\to\infty} \mathbb{P}(X_n \le \sqrt{n}t) \le \exp\left(-\frac{t^2}{2}\right),$$

$$\liminf_{n\to\infty} \mathbb{P}(X_n \le \sqrt{n}t) \ge \exp\left(-\frac{t^2}{2}\right),$$

was zu zeigen war.

Kapitel 2

Kapitel 3: Bedingte Wahrscheinlichkeit und Unabhängigkeit – Meister Zufall hängt (oft) ab

Aufgaben

Verständnisfragen

3.1 •• (Drei-Kasten-Problem von Joseph Bertrand (1822–1900)) Drei Kästen haben je zwei Schubladen. In jeder Schublade liegt eine Münze, und zwar in Kasten 1 je eine Gold- und in Kasten 2 je eine Silbermünze. In Kasten 3 befindet sich in einer Schublade eine Gold- und in der anderen eine Silbermünze. Es wird rein zufällig ein Kasten und danach aufs Geratewohl eine Schublade gewählt, in der sich eine Goldmünze befinde. Mit welcher bedingten Wahrscheinlichkeit ist dann auch in der anderen Schublade des gewählten Kastens eine Goldmünze?

3.2 •• Es seien A, B und C Ereignisse in einem Wahrscheinlichkeitsraum $(\Omega, \mathcal{A}, \mathbb{P})$.

a) A und B sowie A und C seien stochastisch unabhängig. Zeigen Sie an einem Beispiel, dass nicht unbedingt auch A und $B \cap C$ unabhängig sein müssen.
b) A und B sowie B und C seien stochastisch unabhängig. Zeigen Sie anhand eines Beispiels, dass A und C nicht notwendig unabhängig sein müssen. Der Unabhängigkeitsbegriff ist also nicht transitiv!

3.3 • Es bezeichne X_n, $n \geq 1$, die Anzahl roter Kugeln nach dem n-ten Zug im Pólyaschen Urnenmodell von Abschn. 3.2 mit $c > 0$. Zeigen Sie: Mit der Festsetzung $X_0 := r$ ist $(X_n)_{n \geq 0}$ eine nicht homogene Markov-Kette.

3.4 • Es sei $(X_n)_{n \geq 0}$ eine Markov-Kette mit Zustandsraum S. Ein Zustand $i \in S$ heißt **wesentlich**, falls gilt:

$$\forall j \in S : i \to j \implies j \to i.$$

Andernfalls heißt i **unwesentlich**. Ein wesentlicher Zustand führt also nur zu Zuständen, die mit ihm kommunizieren. Zeigen Sie: Jede Kommunikationsklasse hat entweder nur wesentliche oder nur unwesentliche Zustände.

Rechenaufgaben

3.5 • Zeigen Sie, dass für eine Zufallsvariable X mit der in (3.13) definierten Pólya-Verteilung $\mathrm{Pol}(n, r, s, c)$ gilt:

$$\lim_{c \to \infty} \mathbb{P}_c(X = 0) = \frac{s}{r + s},$$
$$\lim_{c \to \infty} \mathbb{P}_c(X = n) = \frac{r}{r + s}.$$

Dabei haben wir die betrachtete Abhängigkeit der Verteilung von c durch einen Index hervorgehoben.

3.6 •• Eine Schokoladenfabrik stellt Pralinen her, die jeweils eine Kirsche enthalten. Die benötigten Kirschen werden an zwei Maschinen entkernt. Maschine A liefert 70 % dieser Kirschen, wobei 8 % der von A gelieferten Kirschen den Kern noch enthalten. Maschine B produziert 30 % der benötigten Kirschen, wobei 5 % der von B gelieferten Kirschen den Kern noch enthalten. Bei einer abschließenden Gewichtskontrolle werden 95 % der Pralinen, in denen ein Kirschkern enthalten ist, aussortiert, aber auch 2 % der Pralinen ohne Kern.

a) Modellieren Sie diesen mehrstufigen Vorgang geeignet. Wie groß ist die Wahrscheinlichkeit, dass eine Praline mit Kirschkern in den Verkauf gelangt?
b) Ein Kunde kauft eine Packung mit 100 Pralinen. Wie groß ist die Wahrscheinlichkeit, dass nur gute Pralinen, also Pralinen ohne Kirschkern, in der Packung sind?

3.7 •• Ein homogenes Glücksrad mit den Ziffern 1, 2, 3 wird gedreht. Tritt das Ergebnis 1 auf, so wird das Rad noch zweimal gedreht, andernfalls noch einmal.

a) Modellieren Sie diesen zweistufigen Vorgang.
b) Das Ergebnis im zweiten Teilexperiment sei die Ziffer bzw. die Summe der Ziffern. Mit welcher Wahrscheinlichkeit tritt das Ergebnis j auf, $j = 1, \ldots, 6$?
c) Mit welcher Wahrscheinlichkeit ergab die erste Drehung eine 1, wenn beim zweiten Teilexperiment das Ergebnis 3 auftritt?

3.8 •• Beim *Skatspiel* werden 32 Karten rein zufällig an drei Spieler 1, 2 und 3 verteilt, wobei jeder 10 Karten erhält; zwei Karten werden verdeckt als *Skat* auf den Tisch gelegt. Spieler 1 gewinnt das Reizen, nimmt den Skat auf und will mit Karo-Buben und Herz-Buben einen *Grand* spielen. Mit welcher Wahrscheinlichkeit besitzt

a) jeder der Gegenspieler einen Buben?

b) jeder der Gegenspieler einen Buben, wenn Spieler 1 bei Spieler 2 den Kreuz-Buben (aber sonst keine weitere Karte) sieht?

c) jeder der Gegenspieler einen Buben, wenn Spieler 1 bei Spieler 2 einen (schwarzen) Buben erspäht (er ist sich jedoch völlig unschlüssig, ob es sich um den Pik-Buben oder den Kreuz-Buben handelt)?

3.9 • Zeigen Sie, dass im Beispiel von Laplace (1783) in Abschn. 3.2 die A-posteriori-Wahrscheinlichkeiten $\mathbb{P}(A_k|B)$ für jede Wahl von A-priori-Wahrscheinlichkeiten $\mathbb{P}(A_j)$ für $n \to \infty$ gegen die gleichen Werte null (für $k \le 2$) und eins (für $k = 3$) konvergieren.

3.10 •• Drei-Türen-Problem, Ziegenproblem

In der Spielshow *Let's make a deal!* befindet sich hinter einer von drei rein zufällig ausgewählten Türen ein Auto, hinter den beiden anderen jeweils eine Ziege. Ein Kandidat wählt eine der Türen aufs Geratewohl aus; diese bleibt aber vorerst verschlossen. Der Spielleiter öffnet daraufhin eine der beiden anderen Türen, und es zeigt sich eine Ziege. Der Kandidat kann nun bei seiner ursprünglichen Wahl bleiben oder die andere verschlossene Tür wählen. Er erhält dann den Preis hinter der von ihm zuletzt gewählten Tür. Mit welcher Wahrscheinlichkeit gewinnt der Kandidat bei einem Wechsel zur verbleibenden verschlossenen Tür das Auto, wenn wir unterstellen, dass

a) der Spielleiter weiß, hinter welcher Tür das Auto steht, diese Tür nicht öffnen darf und für den Fall, dass er eine Wahlmöglichkeit hat, mit gleicher Wahrscheinlichkeit eine der beiden verbleibenden Türen wählt?

b) der Spielleiter aufs Geratewohl eine der beiden verbleibenden Türen öffnet, und zwar auch auf die Gefahr hin, dass das Auto offenbart wird?

3.11 •• Eine Mutter zweier Kinder sagt:

a) „Mindestens eines meiner beiden Kinder ist ein Junge."

b) „Das älteste meiner beiden Kinder ist ein Junge."

Wie schätzen Sie jeweils die Chance ein, dass auch das andere Kind ein Junge ist?

3.12 • 95 % der in einer Radarstation eintreffenden Signale sind mit einer Störung überlagerte Nutzsignale, und 5 % sind reine Störungen. Wird ein gestörtes Nutzsignal empfangen, so zeigt die Anlage mit Wahrscheinlichkeit 0.98 die Ankunft eines Nutzsignals an. Beim Empfang einer reinen Störung wird mit Wahrscheinlichkeit 0.1 fälschlicherweise ein Nutzsignals angezeigt. Mit welcher Wahrscheinlichkeit ist ein als Nutzsignal angezeigtes Signal wirklich ein (störungsüberlagertes) Nutzsignal?

3.13 •• Es bezeichne $a_k \in \{m, j\}$ das Geschlecht des k-jüngsten Kindes in einer Familie mit $n \ge 2$ Kindern (j = Junge, m = Mädchen, $k = 1, \ldots, n$). $\mathbb{P}$ sei die Gleichverteilung auf der Menge $\Omega = \{m, j\}^n$ aller Tupel $(a_1, \ldots, a_n)$. Weiter sei

$$A = \{(a_1, \ldots, a_n) \in \Omega \mid |\{a_1, \ldots, a_n\} \cap \{j, m\}| = 2\}$$
$$= \{\text{„die Familie hat Kinder beiderlei Geschlechts"}\},$$
$$B = \{(a_1, \ldots, a_n) \in \Omega \mid |\{j : 1 \le j \le n, \, a_j = m\}| \le 1\}$$
$$= \{\text{„die Familie hat höchstens ein Mädchen"}\}.$$

Beweisen oder widerlegen Sie: A und B sind stochastisch unabhängig $\iff n = 3$.

3.14 •• Zwei Spieler A und B drehen in unabhängiger Folge abwechselnd ein Glücksrad mit den Sektoren A und B. Das Glücksrad bleibt mit Wahrscheinlichkeit p im Sektor A stehen. Gewonnen hat derjenige Spieler, welcher als Erster erreicht, dass das Glücksrad in *seinem* Sektor stehen bleibt. Spieler A beginnt. Zeigen Sie:

Gilt $p = (3 - \sqrt{5})/2 \approx 0.382$, so ist das Spiel fair, d. h., beide Spieler haben die gleiche Gewinnchance.

3.15 • Eine Urne enthalte eine rote und eine schwarze Kugel. Es wird rein zufällig eine Kugel gezogen. Ist diese rot, ist das Experiment beendet. Andernfalls werden die schwarze Kugel sowie eine weitere schwarze Kugel in die Urne gelegt und der Urneninhalt gut gemischt. Dieser Vorgang wird so lange wiederholt, bis die (eine) rote Kugel gezogen wird. Die Zufallsvariable X bezeichne die Anzahl der dazu benötigten Züge. Zeigen Sie:

$$\mathbb{P}(X = k) = \frac{1}{k(k+1)}, \qquad k \ge 1.$$

3.16 •• In der Situation des Beispiels zur Interpretation der Ergebnisse medizinischer Tests in Abschn. 3.2 habe sich eine Person r-mal einem ELISA-Test unterzogen. Wir nehmen an, dass die einzelnen Testergebnisse – unabhängig davon, ob eine Infektion vorliegt oder nicht – als stochastisch unabhängige Ereignisse angesehen werden können. Zeigen Sie: Die bedingte Wahrscheinlichkeit, dass die Person infiziert ist, wenn alle r Tests positiv ausfallen, ist in Verallgemeinerung von (3.23) durch

$$\frac{q \cdot p_{se}^r}{q \cdot p_{se}^r + (1-q) \cdot (1 - p_{sp})^r}$$

gegeben. Was ergibt sich speziell für $q = 0.0001$, $p_{se} = 0.999$, $p_{sp} = 0.998$ und $r = 1, 2, 3$?

3.17 • Von einem regulären Tetraeder seien drei der vier Flächen mit jeweils einer der Farben 1, 2 und 3 gefärbt; auf der vierten Fläche sei jede dieser drei Farben sichtbar. Es sei A_j das Ereignis, dass nach einem Wurf des Tetraeders die unten liegende Seite die Farbe j enthält ($j = 1, 2, 3$). Zeigen Sie:

a) Je zwei der Ereignisse A_1, A_2 und A_3 sind unabhängig.

b) A_1, A_2, A_3 sind nicht unabhängig.

3.18 •• Es sei $(\Omega, \mathcal{P}(\Omega), \mathbb{P})$ ein Laplacescher Wahrscheinlichkeitsraum mit

a) $|\Omega| = 6$ (echter Würfel),
b) $|\Omega| = 7$.

Wie viele Paare (A, B) unabhängiger Ereignisse mit $0 < \mathbb{P}(A) \leq \mathbb{P}(B) < 1$ gibt es jeweils?

3.19 • Ein kompliziertes technisches Gerät bestehe aus n Einzelteilen, die innerhalb eines festen Zeitraumes unabhängig voneinander mit derselben Wahrscheinlichkeit p ausfallen. Das Gerät ist nur funktionstüchtig, wenn jedes Einzelteil funktionstüchtig ist.

a) Welche Ausfallwahrscheinlichkeit besitzt das Gerät?
b) Durch Parallelschaltung identischer Bauelemente zu jedem der n Einzelteile soll die Ausfallsicherheit erhöht werden. Bei Ausfall eines Bauelements übernimmt dann eines der noch funktionierenden Parallel-Elemente dessen Aufgabe. Zeigen Sie: Ist jedes Einzelteil k-fach parallel geschaltet, und sind alle Ausfälle voneinander unabhängig, so ist die Ausfallwahrscheinlichkeit des Gerätes gleich $1 - (1 - p^k)^n$.
c) Welche Ausfallwahrscheinlichkeiten ergeben sich für $n = 200$, $p = 0.0015$ und die Fälle $k = 1$, $k = 2$ und $k = 3$?

3.20 • Zeigen Sie durch Nachweis der Markov-Eigenschaft, dass Partialsummen unabhängiger $\mathbb{Z}$-wertiger Zufallsvariablen (erstes Beispiel in Abschn. 3.5) eine Markov-Kette bilden.

3.21 • Es seien $Y_0, Y_1, \ldots$ unabhängige und je $\text{Bin}(1, p)$ verteilte Zufallsvariablen, wobei $0 < p < 1$. Die Folge $(X_n)_{n \geq 0}$ sei rekursiv durch $X_n := 2Y_n + Y_{n+1}$, $n \geq 0$, definiert. Zeigen Sie, dass (X_n) eine Markov-Kette bildet, und bestimmen Sie deren Übergangsmatrix.

3.22 •• Es sei $X_0, X_1, \ldots$ eine Markov-Kette mit Zustandsraum S. Zeigen Sie, dass für alle k, m, n mit $0 \leq k < m < n$ und alle $h, j \in S$ die sog. *Chapman-Kolmogorov-Gleichung*

$$\mathbb{P}(X_n = j \mid X_k = h)$$
$$= \sum_{i \in S} \mathbb{P}(X_m = i \mid X_k = h) \cdot \mathbb{P}(X_n = j \mid X_m = i)$$

gilt.

3.23 • Leiten Sie im Fall des Bediensystems mit drei Zuständen (vgl. Abb. 3.7) die invariante Verteilung $\alpha = (\alpha_0, \alpha_1, \alpha_2)$ her. Warum sind die Voraussetzungen des Ergodensatzes erfüllt?

3.24 •• Beim *diskreten Diffusionsmodell von Bernoulli-Laplace* für den Fluss zweier inkompressibler Flüssigkeiten befinden sich in zwei Behältern A und B jeweils m Kugeln. Von den insgesamt $2m$ Kugeln seien m weiß und m schwarz. Das System sei im Zustand j, $j \in S := \{0, 1, \ldots, m\}$, wenn sich im Behälter A genau j weiße Kugeln befinden. Aus jedem Behälter wird unabhängig voneinander je eine Kugel rein zufällig entnommen und in den jeweils anderen Behälter gelegt. Dieser Vorgang wird in unabhängiger Folge wiederholt. Die Zufallsvariable X_n beschreibe den Zustand des Systems nach n solchen Ziehungsvorgängen, $n \geq 0$. Leiten Sie die Übergangsmatrix der Markov-Kette $(X_n)_{n \geq 0}$ her und zeigen Sie, dass die invariante Verteilung eine hypergeometrische Verteilung ist.

Beweisaufgaben

3.25 •• Es seien $(\Omega, \mathcal{A}, \mathbb{P})$ ein Wahrscheinlichkeitsraum und $C_1, C_2, \ldots$ endlich oder abzählbar-unendlich viele paarweise disjunkte Ereignisse mit positiven Wahrscheinlichkeiten sowie $C := \sum_{j \geq 1} C_j$. Besitzt $A \in \mathcal{A}$ die Eigenschaft, dass $\mathbb{P}(A \mid C_j)$ nicht von j abhängt, so gilt

$$\mathbb{P}(A \mid C) = \mathbb{P}(A \mid C_1).$$

3.26 •• Im Pólyaschen Urnenmodell von Abschn. 3.1 sei

$$A_j := \{(a_1, \ldots, a_n) \in \Omega \mid a_j = 1\}$$

das Ereignis, im j-ten Zug eine rote Kugel zu erhalten ($j = 1, \ldots, n$). Zeigen Sie: Für jedes $k = 1, \ldots, n$ und jede Wahl von $i_1, \ldots, i_k$ mit $1 \leq i_1 < \ldots < i_k \leq n$ gilt

$$\mathbb{P}(A_{i_1} \cap \ldots \cap A_{i_k}) = \mathbb{P}(A_1 \cap \ldots \cap A_k) = \prod_{j=0}^{k-1} \frac{r + jc}{r + s + jc}.$$

3.27 • Es seien $(\Omega, \mathcal{A}, \mathbb{P})$ ein Wahrscheinlichkeitsraum und $A, B \in \mathcal{A}$. Beweisen oder widerlegen Sie:

a) A und $\emptyset$ sowie A und Ω sind unabhängig.
b) A und A sind genau dann stochastisch unabhängig, wenn gilt: $\mathbb{P}(A) \in \{0, 1\}$.
c) Gilt $A \subseteq B$, so sind A und B genau dann unabhängig, wenn $\mathbb{P}(B) = 1$ gilt.
d) $A \cap B = \emptyset \Rightarrow A$ und B sind stochastisch unabhängig.
e) Es gelte $0 < \mathbb{P}(B) < 1$ und $A \cap B = \emptyset$. Dann folgt: $\mathbb{P}(A^c \mid B) = \mathbb{P}(A \mid B^c) \Longleftrightarrow \mathbb{P}(A) + \mathbb{P}(B) = 1$.

3.28 •• Es sei $\Omega := \text{Per}_n^n = \{(a_1, \ldots, a_n) \mid 1 \leq a_j \leq n, \ j = 1, \ldots, n; \ a_i \neq a_j \text{ für } i \neq j\}$ die Menge der Permutationen der Zahlen $1, \ldots, n$. Für $k = 1, \ldots, n$ bezeichne

$$A_k := \{(a_1, \ldots, a_n) \in \Omega \mid a_k = \max(a_1, \ldots, a_k)\}$$

das Ereignis, dass an der Stelle k ein „Rekord" auftritt. Zeigen Sie: Unter einem Laplace-Modell gilt:

a) $\mathbb{P}(A_j) = 1/j$, $j = 1, \ldots, n$.
b) $A_1, \ldots, A_n$ sind stochastisch unabhängig.

3.29 ••• Es sei $\Omega := \{\omega = (a_1,\ldots,a_n) \mid a_j \in \{0,1\}$ für $1 \leq j \leq n\} = \{0,1\}^n$, $n \geq 3$, und $p : \Omega \to [0,1]$ durch

$$p(\omega) := \begin{cases} 2^{-n+1}, & \text{falls } \sum_{j=1}^{n} a_j \text{ ungerade,} \\ 0, & \text{sonst,} \end{cases}$$

definiert. Ferner sei

$$A_j := \{(a_1,\ldots,a_n) \in \Omega \mid a_j = 1\}, \quad 1 \leq j \leq n.$$

Zeigen Sie:

a) Durch $\mathbb{P}(A) := \sum_{\omega \in A} p(\omega)$, $A \subseteq \Omega$, wird ein Wahrscheinlichkeitsmaß auf $\mathcal{P}(\Omega)$ definiert.
b) Je $n-1$ der Ereignisse $A_1,\ldots,A_n$ sind unabhängig.
c) $A_1,\ldots,A_n$ sind nicht unabhängig.

3.30 •• Es seien $A_1,\ldots,A_n$ Ereignisse in einem Wahrscheinlichkeitsraum $(\Omega,\mathcal{A},\mathbb{P})$. Zeigen Sie, dass $A_1,\ldots,A_n$ genau dann unabhängig sind, wenn die Indikatorfunktionen $\mathbb{1}\{A_1\},\ldots,\mathbb{1}\{A_n\}$ unabhängig sind.

3.31 •• Beweisen Sie die Identitäten in (3.39).

3.32 ••• Es sei $(\Omega,\mathcal{A},\mathbb{P})$ ein diskreter Wahrscheinlichkeitsraum. Weiter sei $A_1, A_2, \ldots \in \mathcal{A}$ eine Folge unabhängiger Ereignisse mit $p_n := \mathbb{P}(A_n)$, $n \geq 1$. Zeigen Sie:

$$\sum_{n=1}^{\infty} \min(p_n, 1 - p_n) < \infty.$$

3.33 •• Es seien A_n, $n \geq 1$, Ereignisse in einem Wahrscheinlichkeitsraum $(\Omega,\mathcal{A},\mathbb{P})$. Zeigen Sie:

a) $\limsup_{n\to\infty} A_n^c = (\liminf_{n\to\infty} A_n)^c$,
b) $\liminf_{n\to\infty} A_n^c = (\limsup_{n\to\infty} A_n)^c$,
c) $\limsup_{n\to\infty} A_n \setminus \liminf_{n\to\infty} A_n = \limsup_{n\to\infty}(A_n \cap A_{n+1}^c)$.

3.34 •• Es seien $A_n, B_n, n \geq 1$, Ereignisse in einem Wahrscheinlichkeitsraum $(\Omega,\mathcal{A},\mathbb{P})$. Zeigen Sie:

a) $\limsup_{n\to\infty} A_n \cap \limsup_{n\to\infty} B_n \supseteq \limsup_{n\to\infty}(A_n \cap B_n)$,
b) $\limsup_{n\to\infty} A_n \cup \limsup_{n\to\infty} B_n = \limsup_{n\to\infty}(A_n \cup B_n)$,
c) $\liminf_{n\to\infty} A_n \cap \liminf_{n\to\infty} B_n = \liminf_{n\to\infty}(A_n \cap B_n)$,
d) $\liminf_{n\to\infty} A_n \cup \liminf_{n\to\infty} B_n \subseteq \liminf_{n\to\infty}(A_n \cup B_n)$.

Geben Sie Beispiele für strikte Inklusion in a) und d) an.

3.35 •• Es seien $X_1, X_2, \ldots$ stochastisch unabhängige Zufallsvariablen auf einem Wahrscheinlichkeitsraum $(\Omega,\mathcal{A},\mathbb{P})$ mit $\mathbb{P}(X_j = 1) = p$ und $\mathbb{P}(X_j = 0) = 1 - p$, $j \geq 1$, wobei $0 < p < 1$. Zu vorgegebenem $r \in \mathbb{N}$ und $(a_1,\ldots,a_r) \in \{0,1\}^r$ sei A_k das Ereignis

$$A_k := \bigcap_{\ell=1}^{r} \{X_{k+\ell-1} = a_\ell\}, \qquad k \geq 1.$$

Zeigen Sie: $\mathbb{P}(\limsup_{k\to\infty} A_k) = 1$.

3.36 •• Es seien $A \subseteq \mathbb{N}$ und 1 der größte gemeinsame Teiler von A. Für $m, n \in A$ gelte $m + n \in A$. Zeigen Sie: Es gibt ein $n_0 \in \mathbb{N}$, sodass $n \in A$ für jedes $n \geq n_0$.

Hinweise

Verständnisfragen

3.1 –

3.2 Für Teil a) kann man Aufgabe 3.17 verwenden.

3.3 –

3.4 –

Rechenaufgaben

3.5 –

3.6 Sehen Sie die obigen Prozentzahlen als Wahrscheinlichkeiten an.

3.7 –

3.8 –

3.9 –

3.10 Aus Symmetriegründen kann angenommen werden, dass der Kandidat Tür Nr. 1 wählt.

3.11 Nehmen Sie an, dass die Geschlechter der Kinder stochastisch unabhängig voneinander und Mädchen- sowie Jungengeburten gleich wahrscheinlich sind.

3.12 Interpretieren Sie die Prozentzahlen als Wahrscheinlichkeiten.

3.13 –

3.14 –

3.15 –

3.16 –

3.17 –

3.18 –

3.19 –

3.20 –

3.21 Y_n und Y_{n+1} sind durch X_n bestimmt.

3.22 Beachten Sie die verallgemeinerte Markov-Eigenschaft.

3.23 –

3.24 Es ist $\binom{2m}{m} = \sum_{k=0}^{m} \binom{m}{k}^2$.

Beweisaufgaben

3.25 –

3.26 –

3.27 –

3.28 –

3.29 –

3.30 Wie sieht $\sigma(\mathbb{1}\{A_j\})$ aus?

3.31 Für $A_1 \in \mathcal{A}_1, \ldots, A_\ell \in \mathcal{A}_\ell$ gilt

$$Z_1^{-1}(A_1 \times \ldots \times A_\ell) = \bigcap_{j=1}^{\ell} X_j^{-1}(A_j). \qquad (3.53)$$

3.32 –

3.33 –

3.34 –

3.35 Es reicht, die Aussage für eine Teilfolge von (A_k) zu zeigen.

3.36 Da 1 größter gemeinsamer Teiler von A ist, gibt es ein $k \in \mathbb{N}$ und $a_1, \ldots, a_k \in A$ sowie $n_1, \ldots, n_k \in \mathbb{Z}$ mit $1 = \sum_{j=1}^{k} n_j a_j$. Fasst man die positiven und negativen Summanden zusammen, so gilt $1 = P - N$ mit $P, N \in A$, und $n_0 := (N+1)(N-1)$ leistet das Verlangte. Stellen Sie $n \geq n_0$ in der Form $n = qN + r$ mit $0 \leq r \leq N - 1$ dar. Es gilt dann $q \geq N - 1$.

Lösungen

Verständnisfragen

3.1 2/3.

3.2 –

3.3 –

3.4 –

Rechenaufgaben

3.5 –

3.6 –

3.7 –

3.8 a) 10/19, b) 10/19, c) 20/29.

3.9 –

3.10 a) 2/3. b) 1/2.

3.11 –

3.12 –

3.13 –

3.14 –

3.15 –

3.16 –

3.17 –

3.18 –

3.19 –

3.20 –

Kapitel 3

Kapitel 3

3.21 –

3.22 –

3.23

$$\alpha_0 = \frac{1}{1+u+v}, \quad \alpha_1 = \frac{u}{1+u+v}, \quad \alpha_2 = \frac{v}{1+u+v},$$

wobei

$$u = \frac{p}{q(1-p)}, \quad v = \frac{p^2(1-q)}{q^2(1-p)}.$$

3.24 Die invariante Verteilung ist die hypergeometrische Verteilung $\mathrm{Hyp}(m,m,m)$.

Beweisaufgaben

3.25 –

3.26 –

3.27 –

3.28 –

3.29 –

3.30 –

3.31 –

3.32 –

3.33 –

3.34 –

3.35 –

3.36 –

Lösungswege

Verständnisfragen

3.1 In einem zweistufigen Verfahren wird jede der sechs Schubladen mit gleicher Wahrscheinlichkeit 1/6 ausgewählt. Wird eine Goldmünze gefunden, so handelt es sich entweder um die Goldmünze in der *einen* Schublade von Kasten 1 oder um die Goldmünze in der *anderen* Schublade von Kasten 1 oder um die (eine) Goldmünze in Kasten 3. In zwei der drei Fälle ist in der anderen Schublade eine Goldmünze. Die Wahrscheinlichkeit ist also 2/3.

3.2

a) Es kann $A = A_1$, $B = A_2$ und $C = A_3$ mit den Ereignissen A_1, A_2 und A_3 aus Aufgabe 3.17 gesetzt werden.

b) Ein möglicher Wahrscheinlichkeitsraum ist $\Omega := \{1,2,3,4\}$ mit der Gleichverteilung $\mathbb{P}$ auf Ω. Mit $A := \{1,2\}$, $B := \{2,3\}$ und $C := \{3,4\}$ folgt

$$\mathbb{P}(A) = \mathbb{P}(B) = \mathbb{P}(C) = 1/2$$

und

$$\mathbb{P}(A \cap B) = \mathbb{P}(B \cap C) = 1/4,$$

sodass A und B sowie B und C unabhängig sind. Wegen $\mathbb{P}(A \cap C) = \mathbb{P}(\emptyset) = 0$ sind jedoch A und C nicht unabhängig.

3.3 Aufgrund der Ziehungsvorschrift ist die Zusammensetzung der Urne nach dem $(n+1)$-ten Zug nur durch das Mischungsverhältnis nach dem n-ten Zug und die Farbe der im $(n+1)$-ten Zug entnommenen Kugel bestimmt. Die Folge $X_0, X_1, \ldots$ ist also nach Konstruktion eine Markov-Kette. Unter der Bedingung $X_n = k$ enthält die Urne nach dem n-ten Zug $r+s+nc$ Kugeln, von denen k rot und $r+s+nc-k$ schwarz sind. Es gelten somit

$$\mathbb{P}(X_{n+1} = k+1 | X_n = k) = \frac{k}{r+s+nc},$$

$$\mathbb{P}(X_{n+1} = k | X_n = k) = \frac{r+s+nc-k}{r+s+nc}$$

und $\mathbb{P}(X_{n+1} = j | X_n = k) = 0$, falls $j \notin \{k, k+1\}$. Die Übergangswahrscheinlichkeiten hängen also vom Zeitpunkt n ab, sodass keine Homogenität vorliegt.

3.4 Es seien $i, j \in S$ mit $i \to j$. Der Zustand i sei wesentlich. Wir behaupten, dass auch j wesentlich ist. Zum Beweis betrachten wir ein beliebiges $k \in S$ mit $j \to k$. Wegen $i \to j$ gilt dann mit der Transitivität der Relation $\to$ auch $i \to k$. Da i wesentlich ist, folgt $k \to i$ und somit wegen $i \to j$ auch $k \to j$, was zeigt, dass j wesentlich ist. Mit mindestens einem wesentlichen Zustand sind somit alle Zustände einer Kommunikationsklasse wesentlich, was die Behauptung liefert.

Rechenaufgaben

3.5 Nach (3.13) gilt

$$\mathbb{P}_c(X = 0) = \frac{s}{r + s} \cdot \prod_{j=1}^{n-1} \frac{s + jc}{r + s + jc}$$

sowie

$$\mathbb{P}_c(X = n) = \frac{r}{r + s} \cdot \prod_{j=1}^{n-1} \frac{r + jc}{r + s + jc}$$

Mit $(s + jc)/(r + s + jc) \to 1$ und $(s + jc)/(r + s + jc) \to 1$ bei $c \to \infty$ für jedes $j \geq 1$ folgt die Behauptung.

3.6

a) Wir modellieren die Situation durch ein dreistufiges Experiment mit dem Grundraum $\Omega := \Omega_1 \times \Omega_2 \times \Omega_3$ sowie der Festsetzung

$$\mathbb{P}(\{(\omega_1, \omega_2, \omega_3)\}) := p_1(\omega_1) \cdot p_2(\omega_1, \omega_2) \cdot p_3(\omega_1, \omega_2, \omega_3)$$

für $(\omega_1, \omega_2, \omega_3) \in \Omega$. Dabei werden die drei Stufen wie folgt beschrieben:
- $\Omega_1 := \{A, B\}$ (Kirsche von Maschine A bzw. B) und $p_1(A) := 0.7$, $p_1(B) := 0.3$.
- $\Omega_2 := \{mK, oK\}$ (Kirsche mit Kern, Kirsche ohne Kern) und

$$p_2(A, mK) := 0.08, \quad p_2(A, oK) := 0.92,$$
$$p_2(B, mK) := 0.05, \quad p_2(B, oK) := 0.95.$$

- $\Omega_3 := \{V, nV\}$ (Praline im Verkauf, Praline nicht im Verkauf) und

$$p_3(\omega_1, mK, V) := 0.05, \quad p_3(\omega_1, mK, nV) := 0.95,$$
$$p_3(\omega_1, oK, V) := 0.98, \quad p_3(\omega_1, oK, nV) := 0.02.$$

Man beachte, dass p_3 nicht von ω_1 abhängt.
Sei $C := \{(A, mK, V), (B, mK, V)\}$ das Ereignis, dass eine Praline mit Kirschkern in den Verkauf gelangt. Dann ist

$$\mathbb{P}(C) = 0.7 \cdot 0.08 \cdot 0.05 + 0.3 \cdot 0.05 \cdot 0.05 = 0.00355.$$

Mit 0.355-prozentiger Wahrscheinlichkeit gelangt also eine Praline mit Kirschkern in den Verkauf.
b) Wir müssen zunächst berechnen, mit welcher Wahrscheinlichkeit eine Praline ohne Kirschkern in den Verkauf gelangt, d. h. die Wahrscheinlichkeit des Ereignisses

$$D := \{(A, oK, V), (B, oK, V)\}.$$

Diese ist gegeben durch

$$\mathbb{P}(D) = 0.7 \cdot 0.92 \cdot 0.98 + 0.03 \cdot 0.95 \cdot 0.98 = 0.91042.$$

Folglich ist die Wahrscheinlichkeit, dass eine in den Verkauf gelangte Praline keinen Kirschkern enthält, gleich

$$\mathbb{P}(oK|V) = \frac{\mathbb{P}(oK \cap V)}{\mathbb{P}(V)} = \frac{\mathbb{P}(oK \cap V)}{\mathbb{P}(mK \cap V) + \mathbb{P}(oK \cap V)}$$
$$= \frac{\mathbb{P}(D)}{\mathbb{P}(C) + \mathbb{P}(D)} = \frac{91\,042}{91\,397} \approx 0.9961.$$

Damit ergibt sich die Wahrscheinlichkeit p, dass in einer Packung mit 100 Pralinen nur gute sind, zu

$$p = \left(\frac{91\,042}{91\,397}\right)^{100} \approx 0.6776.$$

3.7

a) Als Grundraum kann $\Omega := \{(i, j) \mid 1 \leq i \leq 3, 1 \leq j \leq 6\}$ gewählt werden. Dabei bezeichne i das Ergebnis der ersten Drehung und j das Ergebnis des zweiten Teilexperiments. Da das Glücksrad homogen ist, wählen wir als Startwahrscheinlichkeiten $p_1(i) := 1/3$ für $i = 1, 2, 3$. Im Fall $i = 1$ wird das Rad noch zweimal gedreht. Damit ergeben sich die Übergangswahrscheinlichkeiten $p_2(1, 1) = 0$, $p_2(1, 2) = 1/9$, $p_2(1, 3) = 2/9$, $p_2(1, 4) = 3/9$, $p_2(1, 5) = 2/9$ und $p_2(1, 6) = 1/9$. Da für $i = 2$ und $i = 3$ nur eine weitere Drehung erfolgt, gilt $p_2(i, j) = 1/3$ für $i \in \{1, 2\}$ und $j \in \{1, 2, 3\}$ sowie $p_2(i, j) = 0$ für $i \in \{1, 2\}$ und $j \in \{4, 5, 6\}$. Das Wahrscheinlichkeitsmaß $\mathbb{P}$ auf (der Potenzmenge von) Ω ist durch $\mathbb{P}(A) := \sum_{(i,j) \in A} p(i, j)$ mit $p(i, j) := p_1(i) p_2(i, j)$ definiert.
b) Es sei $B_j := \{(1, j), (2, j), (3, j)\}$ das Ereignis, dass das zweite Teilexperiment den Wert j ergibt ($j = 1, 2, 3$). Weiter sei $A_i := \{(i, j) \mid 1 \leq j \leq 6\}$ das Ereignis, dass die erste Drehung den Wert i liefert. Nach der Formel von der totalen Wahrscheinlichkeit gilt

$$\mathbb{P}(B_j) = \sum_{i=1}^{3} \mathbb{P}(A_i) \cdot \mathbb{P}(B_j|A_i) = \frac{1}{3} \cdot \sum_{i=1}^{3} \mathbb{P}(B_j|A_i).$$

Wegen $\mathbb{P}(B_j|A_i) = p_2(i, j)$ folgt mit a)

$$\mathbb{P}(B_1) = \sum_{i=1}^{3} p_1(i) p_2(i, 1) = \frac{6}{27},$$

$$\mathbb{P}(B_2) = \sum_{i=1}^{3} p_1(i) p_2(i, 2) = \frac{7}{27},$$

$$\mathbb{P}(B_3) = \sum_{i=1}^{3} p_1(i) p_2(i, 3) = \frac{8}{27},$$

$$\mathbb{P}(B_4) = p_1(1) p_2(1, 4) = \frac{1}{9},$$

$$\mathbb{P}(B_5) = p_1(1) p_2(1, 5) = \frac{2}{27},$$

$$\mathbb{P}(B_6) = p_1(1) p_2(1, 6) = \frac{1}{27}.$$

Kapitel 3

c) Es ist

$$\mathbb{P}(A_1|B_3) = \frac{\mathbb{P}(A_1 \cap B_3)}{\mathbb{P}(B_3)} = \frac{\mathbb{P}(A_1)\mathbb{P}(B_3|A_1)}{\mathbb{P}(B_3)}$$
$$= \frac{1/3 \cdot 2/9}{8/27} = \frac{1}{4}.$$

3.8

a) Da Spieler 1 seine Karten und den Skat kennt, sind für ihn alle $\binom{20}{10}$ Kartenverteilungen (Möglichkeiten, aus 20 Karten 10 für Spieler 2 auszuwählen) gleich wahrscheinlich. Die gesuchte Wahrscheinlichkeit ist $2 \cdot \binom{18}{9}/\binom{20}{10} = \frac{10}{19} \approx 0.526$. Der Faktor 2 rührt daher, dass wir festlegen müssen, wer den Kreuz-Buben erhält.

b) Unter der gegebenen Information sind für Spieler 1 alle $\binom{19}{9}$ Möglichkeiten, Spieler 2 noch 9 Karten zu geben, gleich wahrscheinlich. Die Wahrscheinlichkeit, dass Spieler 2 den Pik-Buben *nicht* erhält, ist $\binom{18}{9}/\binom{19}{9} = \frac{10}{19}$. Der Vergleich mit a) zeigt, dass die gegebene Information die Aussicht auf verteilt sitzende Buben nicht verändert hat.

c) Wir müssen genau modellieren, auf welche Weise die erhaltene Information zu uns gelangt. Kann Spieler 1 überhaupt nur die ganz links in der Hand von Spieler 2 befindliche Karte sehen, so ergibt sich die gleiche Antwort wie in a) und b), *wenn wir unterstellen, dass Spieler 2 seine Karten in der aufgenommenen rein zufälligen Reihenfolge in der Hand hält* (bitte nachrechnen). Nehmen wir jedoch an, dass Spieler 2 seine eventuell vorhandenen Buben *grundsätzlich auf der linken Seite seiner Hand einsortiert*, so ist die gegebene Information gleichwertig damit, dass Spieler 2 *mindestens einen* der beiden schwarzen Buben erhält (Ereignis B). Bezeichnet $\mathbb{P}$ die Gleichverteilung auf allen $\binom{20}{10}$ möglichen Kartenverteilungen der Gegenspieler, so gilt $\mathbb{P}(B) = 1 - \mathbb{P}(B^c) = 1 - \binom{18}{10}/\binom{20}{10} = 29/38$ und somit $\mathbb{P}$ (Spieler 2 erhält genau einen schwarzen Buben $|B) = (2 \cdot \binom{18}{9}/\binom{20}{10})/(29/38) = 20/29 = 0.689\ldots$ Die gegenüber b) „schwächere Information" hat somit unter der gemachten Annahme die Aussicht auf verteilte Buben erheblich vergrößert.

3.9 Die Behauptung ergibt sich unmittelbar aus der für $k \in \{0,1,2,3\}$ geltenden Darstellung

$$\mathbb{P}(A_k|B) = \frac{\mathbb{P}(A_k)\left(\frac{k}{3}\right)^n}{\mathbb{P}(A_1)\left(\frac{1}{3}\right)^n + \mathbb{P}(A_2)\left(\frac{2}{3}\right)^n + \mathbb{P}(A_3) \cdot 1}.$$

3.10

a) Es bezeichne A_j das Ereignis, dass sich das Auto hinter Tür Nr. j befindet und B_j das Ereignis, dass der Spielleiter Tür Nr. j öffnet ($j = 1,2,3$). Da das Auto rein zufällig platziert wird, gilt $\mathbb{P}(A_j) = 1/3$ ($j = 1,2,3$). Aufgrund unserer Annahmen, dass der Kandidat Tür Nr. 1 wählt, ergeben sich aus der Aufgabenstellung die bedingten Wahrscheinlichkeiten

$$\mathbb{P}(B_1|A_1) = 0, \quad \mathbb{P}(B_2|A_1) = \mathbb{P}(B_3|A_1) = 1/2,$$
$$\mathbb{P}(B_1|A_2) = 0, \quad \mathbb{P}(B_2|A_2) = 0, \quad \mathbb{P}(B_3|A_2) = 1,$$
$$\mathbb{P}(B_1|A_3) = 0, \quad \mathbb{P}(B_2|A_3) = 1, \quad \mathbb{P}(B_3|A_3) = 0.$$

Nehmen wir an, dass der Spielleiter Tür Nr. 2 öffnet, so folgt nach der Bayes-Formel

$$\mathbb{P}(A_3|B_2) = \frac{\mathbb{P}(A_3 \cap B_2)}{\mathbb{P}(B_2)} = \frac{\mathbb{P}(A_3)\mathbb{P}(B_2|A_3)}{\sum_{j=1}^3 \mathbb{P}(A_j)\mathbb{P}(B_2|A_j)}$$
$$= \frac{1}{1/2 + 0 + 1} = \frac{2}{3}.$$

Der Kandidat gewinnt also das Auto mit der Wahrscheinlichkeit 2/3, wenn er zur verbleibenden verschlossenen Tür wechselt. Das gleiche Ergebnis erhält man, wenn der Moderator Tür 3 öffnet, denn es gilt auch $\mathbb{P}(A_2|B_3) = 2/3$

b) Die Ereignisse A_i, B_j seien wie in a) definiert. Wie oben gilt $\mathbb{P}(A_j) = 1/3$ ($j = 1,2,3$). Im Gegensatz zu a) öffnet jetzt der Moderator aufs Geratewohl eine der beiden Türen 2 oder 3. Wir haben es also daraufhin mit den bedingten Wahrscheinlichkeiten

$$\mathbb{P}(B_1|A_1) = 0, \quad \mathbb{P}(B_2|A_1) = \mathbb{P}(B_3|A_1) = 1/2,$$
$$\mathbb{P}(B_1|A_2) = 0, \quad \mathbb{P}(B_2|A_2) = \mathbb{P}(B_3|A_2) = 1/2,$$
$$\mathbb{P}(B_1|A_3) = 0, \quad \mathbb{P}(B_2|A_3) = \mathbb{P}(B_3|A_3) = 1/2.$$

zu tun (beachten Sie, dass die vom Kandidaten gewählte Tür Nr. 1 nicht geöffnet werden darf). Nehmen wir an, der Spielleiter öffnet Tür 3, und es zeigt sich eine Ziege. Die Bedingung ist also jetzt $B_3 \cap A_3^c$. Wegen $A_2 \subseteq A_3^c$ folgt

$$\mathbb{P}(A_2|B_3 \cap A_3^c) = \frac{\mathbb{P}(A_2 \cap B_3 \cap A_3^c)}{\mathbb{P}(B_3 \cap A_3^c)}$$
$$= \frac{\mathbb{P}(A_2 \cap B_3)}{\mathbb{P}(B_3) - \mathbb{P}(B_3 \cap A_3)}$$
$$= \frac{\mathbb{P}(A_2)\mathbb{P}(B_3|A_2)}{\sum_{j=1}^3 \mathbb{P}(A_j)\mathbb{P}(B_3|A_j) - \mathbb{P}(A_3)\mathbb{P}(B_3|A_3)}$$
$$= \frac{1/2}{1/2 + 1/2}$$
$$= \frac{1}{2}.$$

Im Gegensatz zu den in a) gemachten Annahmen ist es also jetzt für den Kandidaten egal, ob er bei seiner ursprünglichen Wahl bleibt oder zur verbleibenden verschlossenen Tür wechselt.

3.11 Als Grundraum kann die Menge $\Omega := \{(m,m), (w,m), (m,w), (m,m)\}$ mit der Gleichverteilung $\mathbb{P}$ auf Ω gewählt werden. Dabei gibt die erste bzw. zweite Komponente das Geschlecht des älteren bzw. jüngeren Kindes an.

a) Es können sich verschiedene Situationen abgespielt haben, wie es zu der gemachten Aussage kam. Wenn die Frau gebeten wurde, den Satz „Mindestens eines meiner Kinder ist ein Junge" zu sagen, falls er zutrifft, so ist die gesuchte bedingte Wahrscheinlichkeit gleich

$$\frac{\mathbb{P}(\{(m,m)\})}{\mathbb{P}(\{(m,m),(m,w),(w,m)\})} = \frac{1}{3}.$$

Wenn die Frau jedoch gebeten wurde, den Satz „Mindestens eines meiner beiden Kinder ist …" mit „ein Junge" oder „ein Mädchen" zu ergänzen und bei unterschiedlichen Geschlechtern der Kinder aufs Geratewohl eine dieser beiden Ergänzungen gibt, liegt das untenstehende Baumdiagramm für ein zweistufiges Experiment vor, bei dem in der ersten Stufe die Gleichverteilung auf allen vier Geschlechterkombinationen erzeugt wird. Liegen zwei Jungen bzw. zwei Mädchen vor, so gibt die Mutter jeweils mit Wahrscheinlichkeit eins die einzig mögliche Ergänzung „ein Junge" bzw. „ein Mädchen". Im Fall verschiedener Geschlechter wählt sie rein zufällig eine der beiden möglichen Ergänzungen aus.

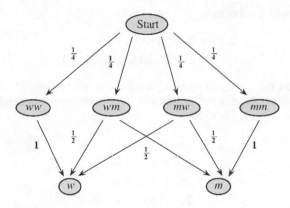

Baumdiagramm zum Zwei-Jungen-Problem

Die von der Mutter gegebene Ergänzung findet sich im Baumdiagramm am Ende der Pfeile der zweiten Stufe. Bezeichnet A das Ereignis, dass die Mutter die Ergänzung „ein Junge" gibt, so folgt wegen

$$\mathbb{P}(A) = \frac{1}{4} \cdot 1 + \frac{1}{4} \cdot \frac{1}{2} + \frac{1}{4} \cdot \frac{1}{2} = \frac{1}{2}$$

$$\mathbb{P}(\{(m,m)\}|A) = \frac{\mathbb{P}(\{m,m\} \cap A)}{\mathbb{P}(A)}$$

$$= \frac{\mathbb{P}(\{(m,m)\})\mathbb{P}(A|\{(m,m)\})}{1/2}$$

$$= \frac{1/4 \cdot 1}{1/2} = \frac{1}{2},$$

also eine andere Antwort.

b) Die Antwort ist $\mathbb{P}(\{mm\}|\{wm, mm\}) = 1/2$. Man beachte, dass die Geschlechter der beiden Kinder stochastisch unabhängig voneinander sind.

3.12 Es sei A das Ereignis, dass ein eintreffendes Signal ein störungsüberlagertes Nutzsignal darstellt, und B bezeichne das Ereignis, dass ein eintreffendes Signal eine Störung ist. Weiter stehe C für das Ereignis, dass ein Nutzsignal angezeigt wird. Interpretieren wir die in der Aufgabenstellung angegebenen Prozentzahlen als Wahrscheinlichkeiten, so gilt nach Voraussetzung $\mathbb{P}(A) = 0.95$, $\mathbb{P}(B) = 0.05$, $\mathbb{P}(C|A) = 0.98$, $\mathbb{P}(C|B) = 0.1$. Gesucht ist $\mathbb{P}(A|C)$. Es gilt

$$\mathbb{P}(A|C) = \frac{\mathbb{P}(A \cap C)}{\mathbb{P}(C)} = \frac{\mathbb{P}(C|A)\mathbb{P}(A)}{\mathbb{P}(C|A)\mathbb{P}(A) + \mathbb{P}(C|B)\mathbb{P}(B)}$$

$$= 0.9946\ldots$$

3.13 Das komplementäre Ereignis A^c bedeutet, dass die Familie nur Jungen oder nur Mädchen hat. Wegen der Gleichverteilungsannahme folgt $\mathbb{P}(A^c) = 2 \cdot (1/2)^n$ und somit $\mathbb{P}(A) = 1 - 2 \cdot (1/2)^n$. Das Ereignis B setzt sich zusammen aus den beiden Fällen, dass kein Mädchen oder genau ein Mädchen vorhanden ist. Es gilt somit $\mathbb{P}(B) = (1/2)^n + n \cdot (1/2)^n$. Das Ereignis $A \cap B$ ist gleichbedeutend damit, dass die Familie genau ein Mädchen hat. Es gilt also $\mathbb{P}(A \cap B) = n \cdot (1/2)^n$ und somit

$$\mathbb{P}(A \cap B) = \mathbb{P}(A)\mathbb{P}(B)$$

$$\Leftrightarrow \left(\frac{1}{2}\right)^n - 2\left(\frac{1}{2}\right)^{2n} - 2n\left(\frac{1}{2}\right)^{2n} = 0$$

$$\Leftrightarrow 2^n - 2 - 2n = 0$$

$$\Leftrightarrow 2^{n-1} = n + 1$$

$$\Leftrightarrow n = 3.$$

3.14 Spieler A gewinnt genau dann, wenn entweder beim ersten Versuch A auftritt oder für ein $k \in \mathbb{N}$ k-mal die Sequenz BA und danach A. Mit $q := 1 - p$ folgt somit wegen der stochastischen Unabhängigkeit der Ergebnisse der einzelnen Drehungen

$$\mathbb{P}(\text{A gewinnt}) = p \sum_{k=0}^{\infty} (qp)^k = \frac{p}{1 - qp}.$$

Dieser Ausdruck ist genau dann $1/2$, wenn p Lösung der quadratischen Gleichung $p^2 - 3p + 1 = 0$ ist. Die einzige Lösung dieser Gleichung im Intervall $[0, 1]$ ist $(3 - \sqrt{5})/2$.

3.15 Es gilt $X = k$ genau dann, wenn die ersten $k - 1$ Ziehungen jeweils eine schwarze Kugel ergeben und danach die rote Kugel gezogen wird. Aufgrund des Ziehungsmodus ist die Wahrscheinlichkeit hierfür nach der ersten Pfadregel

$$\mathbb{P}(X = k) = \frac{1}{2} \cdot \frac{2}{3} \cdot \ldots \cdot \frac{k-1}{k} \cdot \frac{1}{k+1} = \frac{1}{k(k+1)}.$$

3.16 Es bezeichne N das Ereignis, dass *mindestens einer der r Tests negativ ausfällt*. Weiter sei K das Ereignis, dass die Person krank ist und $q := \mathbb{P}(K)$ die A-priori-Wahrscheinlichkeit für K. Die vorausgesetzte Unabhängigkeit bedeutet $\mathbb{P}(N^c|K) = p_{se}^r$ und $\mathbb{P}(N|K^c) = 1 - (1 - p_{sp})^r$. Die Bayes-Formel liefert dann

$$\mathbb{P}(K|N^c) = \frac{q \cdot p_{se}^r}{q \cdot p_{se}^r + (1-q) \cdot (1 - p_{sp})^r}.$$

Im Fall $q = 0.0001$, $p_{se} = 0.999$, $p_{sp} = 0.998$ nimmt diese Wahrscheinlichkeit für $r = 1, 2, 3$ die Werte 0.0476 (!), 0.9615 (!) und 0.99992 (!) an.

3.17

a) Da jede Farbe auf genau zwei der vier Flächen vertreten ist, gilt $\mathbb{P}(A_1) = \mathbb{P}(A_2) = \mathbb{P}(A_3) = 1/2$. Weiter gilt $\mathbb{P}(A_1 A_2) = \mathbb{P}(A_1 A_3) = \mathbb{P}(A_2 A_3) = 1/4$, denn nur eine Fläche enthält zwei der drei Farben. Folglich sind die drei Ereignisse paarweise unabhängig.

b) Wegen $1/4 = \mathbb{P}(A_1 A_2 A_3) \neq \mathbb{P}(A_1) \cdot \mathbb{P}(A_2) \cdot \mathbb{P}(A_3)$ sind A_1, A_2, A_3 nicht unabhängig.

3.18 In einem Laplace-Raum der Ordnung n ist die Unabhängigkeit von A und B zu

$$n \cdot |A \cap B| = |A| \cdot |B|$$

äquivalent, und nach Voraussetzung gilt $1 \leq |A| \leq |B| \leq n - 1$.

a) Es gibt 360 solcher Paare (A, B), und zwar je 180 mit $|A| = 2$, $|B| = 3$, $|A \cap B| = 1$ und 180 mit $|A| = 3$, $|B| = 4$, $|A \cap B| = 2$.

b) Es kann kein solches Paar geben, denn die Gleichung $n|A \cap B| = |A| \cdot |B|$ mit $1 \leq |A| \leq |B| \leq n - 1$ ist nicht erfüllbar, wenn n eine Primzahl ist.

3.19

a) Die Wahrscheinlichkeit, dass alle Bauteile funktionieren, ist $(1-p)^n$. Die Ausfallwahrscheinlichkeit ist somit $1-(1-p)^n$.

b) Geht man zum komplementären Ereignis über und nutzt die Unabhängigkeit aus, so ergibt sich die Wahrscheinlichkeit, dass ein Bauteil intakt ist, zu $1 - p^k$. Die Wahrscheinlichkeit, dass alle Bauteile intakt sind, ist somit wegen der vorausgesetzten Unabhängigkeit gleich $(1 - p^k)^n$. Komplementbildung liefert jetzt die Behauptung.

c) Es ergeben sich die Werte $0.2593\ldots$ für $k = 1$, $0.0004498\ldots$ für $k = 2$ und $0.0000006749\ldots$ für $k = 3$.

3.20 Wegen $X_n = Y_0 + \ldots + Y_n$ gilt $Y_0 = X_0$ und $Y_k = X_k - X_{k-1}$ für $k \geq 1$. Es folgt

$$\mathbb{P}(X_{n+1} = i_{n+1} | X_n = i_n, \ldots, X_0 = i_0)$$
$$= \frac{\mathbb{P}(X_{n+1} = i_{n+1}, X_n = i_n, \ldots, X_0 = i_0)}{\mathbb{P}(X_n = i_n, \ldots, X_0 = i_0)}$$
$$= \frac{\mathbb{P}(Y_{n+1} = i_{n+1} - i_n, Y_n = i_n - i_{n-1}, \ldots, Y_0 = i_0)}{\mathbb{P}(Y_n = i_n - i_{n-1}, \ldots, Y_0 = i_0)}$$
$$= \mathbb{P}(Y_{n+1} = i_{n+1} - i_n).$$

Dabei gilt das letzte Gleichheitszeichen aufgrund der Unabhängigkeit der Y_j. Wegen

$$\mathbb{P}(X_{n+1} = i_{n+1} | X_n = i_n)$$
$$= \frac{\mathbb{P}(X_{n+1} = i_{n+1}, X_n = i_n)}{\mathbb{P}(X_n = i_n)}$$
$$= \frac{\mathbb{P}(X_{n+1} - X_n = i_{n+1} - i_n, X_n = i_n)}{\mathbb{P}(X_n = i_n)}$$
$$= \mathbb{P}(Y_{n+1} = i_{n+1} - i_n | X_n = i_n)$$
$$= \mathbb{P}(Y_{n+1} = i_{n+1} - i_n)$$

folgt die Behauptung. Hier ergibt sich das letzte Gleichheitszeichen aus der Unabhängigkeit von Y_{n+1} und X_n, denn letztere Zufallsvariable ist eine Funktion von $Y_0, \ldots, Y_n$.

3.21 Der Zustandsraum für X_n ist $S = \{0, 1, 2, 3\}$. Es gilt

$$\begin{aligned}
X_n = 3 &\iff Y_n = 1,\ Y_{n+1} = 1, \\
X_n = 2 &\iff Y_n = 1,\ Y_{n+1} = 0, \\
X_n = 1 &\iff Y_n = 0,\ Y_{n+1} = 1, \\
X_n = 0 &\iff Y_n = 0,\ Y_{n+1} = 0
\end{aligned}$$

und somit

$$\begin{aligned}
Y_{n+1} &= \mathbb{1}\{X_n \text{ ist ungerade}\}, \\
Y_n &= \mathbb{1}\{X_n \geq 2\}.
\end{aligned}$$

Folglich erhält man

$$\begin{aligned}
X_{n+1} &= 2 \cdot Y_{n+1} + Y_{n+2} \\
&= 2 \cdot \mathbb{1}\{X_n \text{ ist ungerade}\} + Y_{n+2}.
\end{aligned}$$

Da $(X_1, \ldots, X_{n-1})$ von Y_{n+2} stochastisch unabhängig ist, ist die Markov-Eigenschaft erfüllt. Für die Übergangswahrscheinlichkeiten p_{ij} ergibt sich

$$\begin{aligned}
p_{01} &= p_{21} = p, \\
p_{00} &= p_{20} = 1 - p, \\
p_{13} &= p_{33} = p, \\
p_{12} &= p_{32} = 1 - p.
\end{aligned}$$

Alle anderen Übergangswahrscheinlichkeiten sind gleich 0.

3.22 Die σ-Additivität von $\mathbb{P}$ und die Definition der bedingten Wahrscheinlichkeit liefern

$$\mathbb{P}(X_k = h | X_n = j) = \sum_{i \in S} \mathbb{P}(X_k = h, X_m = i, X_n = j)$$
$$= \sum_{i \in S} \mathbb{P}(X_k = h, X_m = i) \mathbb{P}(X_n = j | X_k = h, X_m = j).$$

Nach der verallgemeinerten Markov-Eigenschaft kann im letzten Faktor die Bedingung $X_k = h$ weggelassen werden. Dividiert man dann durch $\mathbb{P}(X_k = h)$, so folgt die Behauptung.

3.23 Die Voraussetzungen des Ergodensatzes sind erfüllt, da alle 2-Schritt-Übergangswahrscheinlichkeiten positiv sind. Mit der Übergangsmatrix

$$\mathbf{P} = \begin{pmatrix} 1 - p & p & 0 \\ q(1-p) & 1 - q(1-p) - p(1-q) & p(1-q) \\ 0 & q & 1 - q \end{pmatrix}$$

nehmen die Gleichungen (3.50) die Gestalt

$$\begin{aligned}
\alpha_0 &= (1 - p)\alpha_0 + q(1 - p)\alpha_1 \\
\alpha_1 &= p\alpha_0 + (1 - q(1-p) - p(1-q))\alpha_1 + q\alpha_2 \\
\alpha_2 &= p(1 - q)\alpha_1 + (1 - q)\alpha_2
\end{aligned}$$

an. Aus der ersten und dritten Gleichung folgt

$$\alpha_1 = \frac{p\alpha_0}{q(1-p)} = u\,\alpha_0, \quad \alpha_2 = \frac{p(1-q)\alpha_1}{q} = v\,\alpha_0$$

und somit wegen $\alpha_0 + \alpha_1 + \alpha_2 = 1$

$$\alpha_0 \cdot (1 + u + v) = 1.$$

Hieraus ergibt sich unmittelbar die Behauptung.

3.24 Sind 0 bzw. m weiße Kugeln in Behälter A, so befinden sich nach dem nächsten Ziehungsvorgang eine bzw. $m-1$ weiße Kugeln in diesem Behälter. Es gilt also

$$p_{0,1} = p_{m,m-1} = 1.$$

Es sei im Folgenden $1 \leq j \leq m-1$. Sind j weiße Kugeln in Behälter A und damit $m - j$ weiße Kugeln in Behälter B, so befinden sich nach dem nächsten Ziehungsvorgang $j - 1$ weiße Kugeln in A, wenn aus A eine weiße und aus B eine schwarze Kugeln gezogen werden. Die Wahrscheinlichkeit hierfür ist $(j/m)^2$. In gleicher Weise ist $((m-j)/m)^2$ die Wahrscheinlichkeit, dass das System vom Zustand j in den Zustand $j + 1$ übergeht. Das System bleibt im Zustand j, wenn aus den Behältern gleichfarbige Kugeln gezogen werden, was mit Wahrscheinlichkeit $2j(m-j)/m^2$ geschieht. Wir erhalten also für $j \in \{1, \dots, m-1\}$ die Übergangswahrscheinlichkeiten

$$p_{j,j-1} = \left(\frac{j}{m}\right)^2,$$

$$p_{j,j+1} = \left(\frac{m-j}{m}\right)^2,$$

$$p_{jj} = \left(\frac{2j(m-j)}{m^2}\right)^2.$$

Aufgrund der Ziehungs- und Umverteilungsvorschrift gilt ferner $p_{ij} = 0$, falls $|i - j| > 1$. Somit ist die Übergangsmatrix eine Tridiagonalmatrix. Wegen

$$\prod_{j=0}^{k-1} \frac{p_{j,j+1}}{p_{j+1,j}} = \prod_{j=0}^{k-1} \left(\frac{m-j}{j+1}\right)^2 = \binom{m}{k}^2$$

und

$$1 + \sum_{k=0}^{m-1} \prod_{j=0}^{k-1} \frac{p_{j,j+1}}{p_{j+1,j}} = \sum_{k=0}^{m} \binom{m}{k}^2 = \binom{2m}{m}^2$$

folgt aus (3.51) – mit m anstelle von s und der Änderung, dass k und j ab null und nicht ab 1 laufen –

$$\alpha_k = \frac{\binom{m}{k}^2}{\binom{2m}{m}}, \qquad k = 0, 1, \dots, m.$$

Die invariante Verteilung ist also die hypergeometrische Verteilung Hyp(n, r, s) mit $n = r = s = m$. Diese entsteht, wenn man aus $2m$ Kugeln, von denen m weiß und m schwarz sind, rein zufällig ohne Zurücklegen m Kugeln zieht und in Behälter A legt, wobei die anderen m Kugeln in Behälter B gelangen. Füllt man die Behälter zu Beginn auf diese Weise, so startet die Markov-Kette mit dieser in der Physik auch als *Gleichgewichtsverteilung* bezeichneten Verteilung.

Beweisaufgaben

3.25 Es sei $\mathbb{P}_C$ die bedingte Verteilung von $\mathbb{P}$ unter der Bedingung C, also $\mathbb{P}_C(B) := \mathbb{P}(B|C)$, $B \in \mathcal{A}$. Wegen $\mathbb{P}_C(C) = 1$ liefert die Formel von der totalen Wahrscheinlichkeit

$$\mathbb{P}_C(A) = \sum_{j \geq 1} \mathbb{P}_C(C_j) \cdot \mathbb{P}_C(A|C_j).$$

Mit

$$\mathbb{P}_C(A|C_j) = \frac{\mathbb{P}(A \cap C \cap C_j)}{\mathbb{P}(C \cap C_j)} = \frac{\mathbb{P}(A \cap C_j)}{\mathbb{P}(C_j)}$$

$$= \mathbb{P}(A|C_j) = \mathbb{P}(A|C_1),$$

$j \geq 1$, sowie $\sum_{j \geq 1} \mathbb{P}_C(C_j) = 1$ folgt die Behauptung.

3.26 Nach Gleichung (3.12) hängt die Wahrscheinlichkeit $\mathbb{P}(\{\omega\})$ eines Tupels $\omega = (a_1, \dots, a_n)$ nur von der Anzahl $a_1 + \dots + a_n$ der Einsen im Tupel ab. Sind $i_1, \dots, i_k$ wie in der Aufgabenstellung, so sei

$$C := \{(a_1, \dots, a_n) \in \Omega \mid a_{i_1} = 1, \dots, a_{i_k} = 1\}$$

und

$$D := \{(a_1, \dots, a_n) \in \Omega \mid a_1 = 1, \dots, a_k = 1\}.$$

Zu zeigen ist $\mathbb{P}(C) = \mathbb{P}(D)$, denn es gilt $C = A_{i_1} \cap \dots \cap A_{i_k}$ und $D = A_1 \cap \dots \cap A_k$. Sind $b_1, \dots, b_{n-k}$ mit $1 \leq b_1 < \dots < b_{n-k} \leq n$ und

$$\{b_1, \dots, b_{n-k}\} = \{1, \dots, n\} \setminus \{i_1, \dots, i_k\},$$

so wird durch die Festsetzung

$$f((a_1, \dots, a_n)) := (1, \dots, 1, b_1, \dots, b_{n-k})$$

eine bijektive Abbildung $f : C \mapsto D$ definiert. Diese transportiert die an den Stellen $i_1, \dots, i_k$ stehenden Einsen im Tupel $(a_1, \dots, a_n)$ auf die ersten k Plätze und sortiert die übrigen Komponenten des Tupels entsprechend ihrer ursprünglichen Reihenfolge ab der $k + 1$-ten Stelle des Tupels ein. Da die Abbildung f die Anzahl der Einsen des Tupels nicht ändert, folgt

$$\mathbb{P}(D) = \sum_{\omega' \in D} \mathbb{P}(\{\omega'\}) = \sum_{\omega \in C} \mathbb{P}(\{f(\omega)\})$$

$$= \sum_{\omega \in C} \mathbb{P}(\{\omega\}) = \mathbb{P}(C).$$

Kapitel 3

3.27

a) Wegen $A \cap \emptyset = \emptyset$ und $\mathbb{P}(\emptyset) = 0$ sind A und $\emptyset$ unabhängig. In gleicher Weise sind wegen $A \cap \Omega = A$ und $\mathbb{P}(\Omega) = 1$ die Ereignisse A und Ω unabhängig.

b) A und A sind unabhängig genau dann, wenn $\mathbb{P}(A \cap A) = \mathbb{P}(A)^2$ und somit $\mathbb{P}(A) = \mathbb{P}(A)^2$ gilt. Diese Gleichung besitzt nur die Lösungen $\mathbb{P}(A) = 0$ und $\mathbb{P}(A) = 1$.

c) Im Fall $A \subseteq B$ gilt $A \cap B = A$. Die Unabhängigkeit von A und B ist dann also zu $\mathbb{P}(A) = \mathbb{P}(A) \cdot \mathbb{P}(B)$ äquivalent, sodass aus $\mathbb{P}(B) = 1$ die Unabhängigkeit von A und B folgt. Die Umkehrung muss nicht notwendig gelten, da $\mathbb{P}(A) = 0$ möglich ist.

b) A und B sind nur dann unabhängig, wenn $\mathbb{P}(A) = 0$ oder $\mathbb{P}(B) = 0$ gilt.

e) Aus der Voraussetzung folgt

$$\mathbb{P}(A^c | B) = \frac{\mathbb{P}(A^c \cap B)}{\mathbb{P}(B)}$$
$$= \frac{\mathbb{P}(B) - \mathbb{P}(A \cap B)}{\mathbb{P}(B)} = 1,$$
$$\mathbb{P}(A | B^c) = \frac{\mathbb{P}(A \cap B^c)}{\mathbb{P}(B^c)}$$
$$= \frac{\mathbb{P}(A) - \mathbb{P}(A \cap B)}{1 - \mathbb{P}(B)} = \frac{\mathbb{P}(A)}{1 - \mathbb{P}(B)}.$$

Beide Ausdrücke sind genau dann gleich, wenn $\mathbb{P}(A) + \mathbb{P}(B) = 1$ gilt.

3.28

a) Die Lösung sollte zunächst intuitiv klar sein. Die Wahrscheinlichkeit, dass die an der k-ten Stelle stehende Zahl die größte der ersten k Zahlen ist, ist aus Symmetriegründen gleich $1/k$, denn eine dieser Zahlen ist ja die größte. Für einen formalen Beweis müssen wir die Anzahl aller $(a_1, \ldots, a_n) \in \Omega$ bestimmen, für die $a_k = \max(a_1, \ldots, a_k)$ ist. Hierzu wählen wir zunächst k der n Zahlen für die ersten k Stellen des Tupels aus, was auf $\binom{n}{k}$ Weisen möglich ist. Dann platzieren wir die größte dieser Zahlen an die k-te Stelle. Jetzt kann man die übrigen $k-1$ der ausgewählten Zahlen beliebig auf die ersten $k-1$ Plätze des Tupels verteilen und die nicht ausgewählten Zahlen auf die Plätze $k+1, \ldots, n$. Es folgt

$$\mathbb{P}(A_k) = \frac{|A_k|}{|\Omega|} = \frac{\binom{n}{k}(k-1)! \cdot (n-k)!}{n!} = \frac{1}{k}.$$

b) Wir zeigen zunächst, dass

$$\mathbb{P}(A_i \cap A_j) = \mathbb{P}(A_i) \cdot \mathbb{P}(A_j) = \frac{1}{i \cdot j} \qquad (3.54)$$

für jede Wahl von i, j mit $1 \leq i < j \leq n$ gilt, also paarweise Unabhängigkeit besteht. Der allgemeine Fall erfordert dann nur einen größeren Schreibaufwand. Auch hier sollte

zunächst intuitiv klar sein, warum A_i und A_j unabhängig sind. Erhält man die Information, dass an der j-ten Stelle des Tupels die größte der ersten j Zahlen steht, so hat diese Information keinen Einfluss darauf, ob die an der i-ten Stelle stehende Zahl die größte unter den ersten i Zahlen ist oder nicht.

Für einen formalen Beweis wählen wir zunächst j der n Zahlen für die ersten j Plätze und setzen die größte dieser Zahlen auf Platz j. Von den übrigen $j-1$ Zahlen wählen wir i für die Plätze $1, \ldots, i$ aus und setzen die größte dieser Zahlen auf Platz i. Die übrigen Zahlen verteilen wir beliebig auf die Plätze $1, \ldots, i-1$ und danach die $j-i-1$ ursprünglich ausgewählten, aber noch nicht platzierten Zahlen auf die Plätze $i+1, \ldots, j$. Die restlichen $n-j$ Zahlen verteilen wir auf die Plätze $j+1, \ldots, n$. Es ergibt sich

$$|A_i A_j| = \binom{n}{j}\binom{j-1}{i}(i-1)!(j-i-1)!(n-j)!$$
$$= \frac{n!}{i \cdot j}$$

und somit (3.54). Sind allgemein $1 \leq i_1 < \ldots < i_k \leq n$ mit $k \geq 2$, so gilt

$$|A_{i_1} \cap \ldots \cap A_{i_k}|$$
$$= \binom{n}{i_k} \prod_{r=2}^{k} \left(\binom{i_r - 1}{i_{r-1}} (i_r - i_{r-1} - 1)! \right) (i_1 - 1)!(n - i_k)!$$
$$= \frac{n!}{i_1 \cdot i_2 \cdot \ldots \cdot i_k}$$

und somit

$$\mathbb{P}(A_{i_1} \cap \ldots \cap A_{i_k}) = \prod_{r=1}^{k} \frac{1}{i_r} = \prod_{r=1}^{k} \mathbb{P}(A_{i_r}),$$

was zu zeigen war.

3.29

a) Von den insgesamt 2^n n-Tupeln $\omega = (a_1, \ldots, a_n)$ ist aus Symmetriegründen (betrachten Sie z. B. die „Flip-Abbildung" $T(\omega) := (1 - a_1, \ldots, 1 - a_n)$) die Hälfte „gerade" (d. h., $\sum_{j=1}^{n} a_j$ ist gerade) und die Hälfte „ungerade". Folglich gilt $\sum_{\omega \in \Omega} p(\omega) = 1$, sodass $\mathbb{P}$ ein Wahrscheinlichkeitsmaß ist.

b) Da für jedes $i = 1, \ldots, n$ aus Symmetriegründen genau die Hälfte der „ungeraden" n-Tupel an der i-ten Stelle eine 1 besitzt, gilt $\mathbb{P}(A_i) = 1/2$, $1 \leq i \leq n$. Es seien k mit $2 \leq k \leq n-1$ und $i_1, \ldots, i_k$ mit $1 \leq i_1 < \ldots < i_k \leq n$ beliebig. Zu zeigen ist

$$\mathbb{P}(A_{i_1} \cap \ldots \cap A_{i_k}) = \left(\frac{1}{2} \right)^k.$$

Da die Wahrscheinlichkeit eines Tupels $(a_1, \ldots, a_n)$ nur von der Anzahl seiner Einsen, nicht aber von der Stellung der Einsen innerhalb des Tupels abhängt, können wir ohne Beschränkung der Allgemeinheit den Fall $i_1 = 1, \ldots, i_k = k$ annehmen. Ein Tupel $(a_1, \ldots, a_n)$ der Gestalt $(1, \ldots, 1, a_{k+1}, \ldots, a_n)$ kann auf 2^{n-k-1} Weisen durch Wahl von $a_{k+1}, \ldots, a_n$ zu einem Tupel mit einer ungeraden Anzahl von Einsen ergänzt werden. Da jedes solche Tupel die Wahrscheinlichkeit $1/2^{n-1}$ besitzt, folgt

$$\mathbb{P}(A_1 \cap \ldots \cap A_k) = \frac{2^{n-k-1}}{2^{n-1}} = \frac{1}{2^k},$$

was zu zeigen war.

c) Für ungerades n gilt $\mathbb{P}(A_1 \cap \ldots \cap A_n) = \mathbb{P}(\{(1, \ldots, 1)\}) = 2^{-n+1}$, und für gerades n gilt $\mathbb{P}(A_1 \cap \ldots \cap A_n) = 0$. Wegen $\mathbb{P}(A_j) = 1/2$ folgt $\prod_{j=1}^{n} \mathbb{P}(A_j) = 2^{-n}$, sodass $A_1, \ldots, A_n$ nicht unabhängig sind.

3.30 Sind $A_1, \ldots, A_n$ unabhängig, so sind die Mengensysteme $\mathcal{M}_1 := \{\emptyset, A_1, A_1^c, \Omega\}, \ldots, \mathcal{M}_n := \{\emptyset, A_n, A_n^c, \Omega\}$ unabhängig. Wegen $\sigma(\mathbb{1}\{A_j\}) = \mathcal{M}_j$, $j = 1, \ldots, n$, sind dann nach Definition $\mathbb{1}\{A_1\}, \ldots, \mathbb{1}\{A_n\}$ unabhängig. Umgekehrt folgt aus der Unabhängigkeit der Indikatorfunktionen, dass $\mathcal{M}_1, \ldots, \mathcal{M}_n$ und damit auch die Teilsysteme $\{A_1\}, \ldots, \{A_n\}$ unabhängig sind. Letzteres ist die Unabhängigkeit von $A_1, \ldots, A_n$.

3.31 Es ist nur

$$\sigma(Z_1) = \sigma\left(\bigcup_{j=1}^{\ell} \sigma(X_j)\right)$$

zu zeigen. Der Nachweis der zweiten Gleichung erfordert keine neue Überlegung. Da jede der Mengen $X_j^{-1}(A_j)$, $j = 1, \ldots, \ell$, auf der rechten Seite von (3.53) (und damit auch deren Durchschnitt) zu $\sigma(\bigcup_{j=1}^{\ell} \sigma(X_j))$ gehört, gilt $Z_1^{-1}(\mathcal{H}) \subseteq \sigma(\bigcup_{j=1}^{\ell} \sigma(X_j))$, wobei $\mathcal{H} := \{A_1 \times \ldots \times A_\ell \mid A_1 \in \mathcal{A}_1, \ldots, A_n \in \mathcal{A}_n\}$. Wegen $\sigma(\mathcal{H}) = \mathcal{B}_1 = \bigotimes_{j=1}^{\ell} \mathcal{A}_j$ gilt dann

$$\sigma(Z_1) = Z_1^{-1}(\mathcal{B}_1) = \sigma(Z_1^{-1}(\mathcal{H})) \subseteq \sigma\left(\bigcup_{j=1}^{\ell} \sigma(X_j)\right).$$

Für die umgekehrte Inklusion $\supseteq$ reicht es aus, $X_j^{-1}(A_j) \in \sigma(Z_1)$ für jedes $j = 1, \ldots, \ell$ und jedes $A_j \in \mathcal{A}_j$ zu zeigen. Dies folgt aber unmittelbar aus der Gleichung

$$X_j^{-1}(A_j) = Z_1^{-1}(\Omega_1 \times \ldots \times \Omega_{j-1} \times A_j \times \Omega_{j+1} \times \ldots \times \Omega_\ell),$$

denn die rechte Seite gehört zu $\sigma(Z_1)$.

3.32 Es sei $\omega_0 \in \Omega$ mit $0 < \mathbb{P}(\{\omega_0\})$ beliebig. Für jedes $n \geq 1$ gilt $\omega_0 \in B_n$, wobei $B_n \in \{A_n, A_n^c\}$. Die Ereignisse $B_1, B_2, \ldots$ sind stochastisch unabhängig, und folglich gilt für jedes $k \geq 1$

$$0 < \mathbb{P}(\{\omega_0\}) \leq \mathbb{P}(B_1 \cap \ldots \cap B_k)$$
$$= \prod_{n=1}^{k} \mathbb{P}(B_n)$$
$$= \exp\left(\sum_{n=1}^{k} \log(1 - (1 - \mathbb{P}(B_n)))\right)$$
$$\leq \exp\left(-\sum_{n=1}^{k} (1 - \mathbb{P}(B_n))\right).$$

Dabei haben wir die Ungleichung $\log t \leq t - 1$ benutzt. Es folgt $\sum_{n=1}^{\infty} (1 - \mathbb{P}(B_n)) < \infty$. Wegen $\min(p_n, 1 - p_n) \leq 1 - \mathbb{P}(B_n)$ muss die Reihe $\sum_{n=1}^{\infty} \min(p_n, 1 - p_n)$ nach dem Majorantenkriterium konvergieren.

3.33

a) Nach der de Morganschen Regel gilt

$$\limsup_{n \to \infty} A_n^c = \bigcap_{n=1}^{\infty} \bigcup_{k=n}^{\infty} A_k^c$$
$$= \left(\bigcup_{n=1}^{\infty} \bigcap_{k=n}^{\infty} A_k\right)^c$$
$$= (\liminf_{n \to \infty} A_n)^c.$$

b) folgt aus a), indem man A_n durch A_n^c ersetzt.

c) Wegen $A \setminus B = A \cap B^c$ ergibt sich zunächst mit der de Morganschen Regel

$$\limsup_{n \to \infty} A_n \setminus \liminf_{n \to \infty} A_n$$
$$= \bigcap_{n=1}^{\infty} \left(\bigcup_{k=n}^{\infty} A_k\right) \cap \left(\bigcup_{n=1}^{\infty} \bigcap_{k=n}^{\infty} A_k\right)^c$$
$$= \bigcap_{n=1}^{\infty} \left(\bigcup_{k=n}^{\infty} A_k\right) \cap \bigcap_{n=1}^{\infty} \left(\bigcup_{k=n}^{\infty} A_k^c\right)$$
$$= \bigcap_{n=1}^{\infty} \left[\left(\bigcup_{k=n}^{\infty} A_k\right) \cap \left(\bigcup_{\ell=n}^{\infty} A_\ell^c\right)\right]$$
$$\supseteq \bigcap_{n=1}^{\infty} \left(\bigcup_{k=n}^{\infty} A_k \cap A_k^c\right)$$
$$= \limsup_{n \to \infty} (A_n \cap A_{n+1}^c).$$

Anstelle des Inklusionszeichens gilt aber auch „$\subseteq$", denn

$$\omega \in \bigcap_{n=1}^{\infty} \left[\left(\bigcup_{k=n}^{\infty} A_k \right) \cap \left(\bigcup_{\ell=n}^{\infty} A_\ell^c \right) \right]$$

bedeutet, dass es sowohl unendlich viele Indizes k mit $\omega \in A_k$ als auch unendlich viele Indizes ℓ mit $\omega \in A_\ell^c$ gibt. Diese Indizes müssen sich also unendlich oft abwechseln, was zur Folge hat, dass es unendlich viele $k \in \mathbb{N}$ mit $\omega \in A_k$ und $\omega \notin A_{k+1}$ geben muss.

3.34

a) Es ist

$$\begin{aligned} \limsup_{n \to \infty}(A_n \cap B_n) &= \bigcap_{n=1}^{\infty} \bigcup_{k=n}^{\infty}(A_k \cap B_k) \\ &\subseteq \bigcap_{n=1}^{\infty} \left(\bigcup_{k=n}^{\infty} A_k \cap \bigcup_{k=n}^{\infty} B_k \right) \\ &= \bigcap_{n=1}^{\infty} \bigcup_{k=n}^{\infty} A_k \cap \bigcap_{n=1}^{\infty} \bigcup_{k=n}^{\infty} B_k \\ &= \limsup_{n \to \infty} A_n \cap \limsup_{n \to \infty} B_n. \end{aligned}$$

b) Mit dem Distributivgesetz folgt

$$\begin{aligned} \limsup_{n \to \infty}(A_n \cup B_n) &= \bigcap_{n=1}^{\infty} \bigcup_{k=n}^{\infty}(A_k \cup B_k) \\ &= \bigcap_{n=1}^{\infty} \left(\bigcup_{k=n}^{\infty} A_k \cup \bigcup_{k=n}^{\infty} B_k \right) \\ &= \bigcap_{n=1}^{\infty} \bigcup_{k=n}^{\infty} A_k \cup \bigcap_{n=1}^{\infty} \bigcup_{k=n}^{\infty} B_k \\ &= \limsup_{n \to \infty} A_n \cup \limsup_{n \to \infty} B_n. \end{aligned}$$

c) folgt, indem man in b) A_n^c und B_n^c anstelle von A_n bzw. B_n einsetzt und Aufgabe 3.34 a) und b) verwendet.

d) ist die komplementäre Aussage zu a). Sie folgt analog zu c), wenn man in a) A_n^c und B_n^c anstelle von A_n bzw. B_n einsetzt und Aufgabe 3.34 a) und b) verwendet.

Die folgende allgemeine Konstruktion liefert ein Beispiel für strikte Inklusion in a) und d). Sind C und D disjunkte Ereignisse mit $C \neq \emptyset$ und $D \neq \emptyset$, und setzt man $A_{2k} := C$, $A_{2k-1} := D$

für $k \geq 1$ sowie $B_{2k} := D$ und $B_{2k-1} := C$ für $k \geq 1$, so gilt $A_n \cap B_n = \emptyset$, $n \geq 1$, und somit $\limsup_{n \to \infty}(A_n \cap B_n) = \emptyset$. Andererseits gilt $\limsup_{n \to \infty} A_n = C + D$ und $\limsup_{n \to \infty} B_n = C + D$, was strikte Inklusion in a) bedeutet. Wegen

$$\liminf_{n \to \infty} A_n = \emptyset = \liminf_{n \to \infty} B_n$$

und $\liminf_{n \to \infty}(A_n \cup B_n) = C + D$ ergibt sich auch ein Beispiel für strikte Inklusion in d).

3.35 Es sei $B_s := A_{1+(s-1)r}$, $s \geq 1$. Da B_s nur von $X_{(s-1)r+1}, X_{(s-1)r+2}, \ldots, X_{sr}$ abhängt und die Indexmengen $I_s := \{(s-1)r+1, (s-1)r+2, \ldots, sr\}$ für verschiedene s paarweise disjunkt sind, sind die Ereignisse $B_1, B_2, \ldots$ (im Gegensatz zu $A_1, A_2, \ldots$) stochastisch unabhängig. Wegen der Unabhängigkeit der X_j gilt

$$\mathbb{P}(B_s) \geq \delta := \min(p, 1-p)^r > 0, \quad s \geq 1.$$

Da die Reihe $\sum_{s=1}^{\infty} \mathbb{P}(B_s)$ divergiert, liefert Teil b) des Lemmas von Borel-Cantelli

$$\mathbb{P}\left(\limsup_{s \to \infty} B_s \right) = 1$$

und damit wegen $\limsup_{s \to \infty} B_s \subseteq \limsup_{k \to \infty} A_k$ auch $\mathbb{P}(\limsup_{k \to \infty} A_k) = 1$.

Anmerkung: Steht A_j für das Ereignis, dass mein persönlicher Tipp beim Lotto 6 aus 49 in der j-ten Ausspielung einen Sechser erzielt (die Wahrscheinlichkeit hierfür ist positiv), so besagt obiges Resultat insbesondere, dass meine Zahlenreihe in einer Folge von unendlich vielen Ausspielungen mit Wahrscheinlichkeit eins 176-mal direkt hintereinander jeweils einen Sechser landet.

3.36 Unter Verwendung des Hinweises sei $n = qN + r$ mit $0 \leq r \leq N-1$. Nehmen wir an, es gälte $q < N-1$. Dann wäre

$$n = qN + r < N(N-1) + N - 1 = (N+1)(N-1),$$

was im Widerspruch zur Voraussetzung $n \geq n_0$ stünde. Somit gilt $q \geq N-1$ und folglich $q - r \geq 0$. Wegen $1 = P - N$ ergibt sich

$$n = qN + r(P - N) = (q-r)N + rP,$$

und aus $q - r \geq 0$ und der Abgeschlossenheit von A gegenüber der Addition folgt $(q-r)N + rP \in A$, was zu zeigen war.

Kapitel 4: Diskrete Verteilungsmodelle – wenn der Zufall zählt

Aufgaben

Verständnisfragen

4.1 •• In der gynäkologischen Abteilung eines Krankenhauses entbinden in einer bestimmten Woche n Frauen. Es mögen keine Mehrlingsgeburten auftreten, und Jungen- bzw. Mädchengeburten seien gleich wahrscheinlich. Außerdem werde angenommen, dass das Geschlecht der Neugeborenen für alle Geburten stochastisch unabhängig sei. Sei a_n die Wahrscheinlichkeit, dass mindestens $60\,\%$ der Neugeborenen Mädchen sind.

a) Bestimmen Sie a_{10}.
b) Beweisen oder widerlegen Sie: $a_{100} < a_{10}$.
c) Zeigen Sie: $\lim_{n\to\infty} a_n = 0$.

4.2 ••

Es werden unabhängig voneinander Kugeln auf n Fächer verteilt, wobei jede Kugel in jedes Fach mit Wahrscheinlichkeit $1/n$ gelangt. Es sei W_n die (zufällige) Anzahl der Kugeln, die benötigt wird, bis jedes Fach mindestens eine Kugel enthält. Zeigen Sie:

a) $\mathbb{E}(W_n) = n \cdot \sum_{j=1}^{n} \frac{1}{j}$.
b) $\mathbb{V}(W_n) = n^2 \cdot \sum_{j=1}^{n-1} \frac{1}{j^2} - n \cdot \sum_{j=1}^{n-1} \frac{1}{j}$.

4.3 •• Ein echter Würfel wird solange in unabhängiger Folge geworfen, bis die erste Sechs auftritt. Welche Verteilung besitzt die Anzahl der davor geworfenen Einsen?

4.4 ••• Es werden n echte Würfel gleichzeitig geworfen. Diejenigen, die eine Sechs zeigen, werden beiseitegelegt, und die (falls noch vorhanden) übrigen Würfel werden wiederum gleichzeitig geworfen und die erzielten Sechsen beiseitegelegt. Der Vorgang wird solange wiederholt, bis auch der letzte Würfel eine Sechs zeigt. Die Zufallsvariable M_n bezeichne die Anzahl der dafür nötigen Würfe. Zeigen Sie:

a) $\mathbb{P}(M_n > k) = 1 - \left(1 - \left(\frac{5}{6}\right)^k\right)^n$, $k \in \mathbb{N}_0$.
b) $\mathbb{E}(M_n) = \sum_{k=1}^{n} (-1)^{k-1} \frac{\binom{n}{k}}{1 - \left(\frac{5}{6}\right)^k}$.

4.5 •• Die Zufallsvariablen X und Y seien stochastisch unabhängig und je geometrisch verteilt mit Parameter p. Überlegen Sie sich ohne Rechnung, dass

$$\mathbb{P}(X = j \,|\, X + Y = k) = \frac{1}{k+1}, \qquad j = 0, 1, \ldots, k$$

gelten muss, und bestätigen Sie diese Einsicht durch formale Rechnung. Die bedingte Verteilung von X unter der Bedingung $X + Y = k$ ist also eine Gleichverteilung auf den Werten $0, 1, \ldots, k$.

4.6 •• Stellen Sie sich eine patriarchisch orientierte Gesellschaft vor, in der Eltern so lange Kinder bekommen, bis der erste Sohn geboren wird. Wir machen zudem die Annahmen, dass es keine Mehrlingsgeburten gibt, dass Jungen- und Mädchengeburten gleich wahrscheinlich sind und dass die Geschlechter der Neugeborenen stochastisch unabhängig voneinander sind.

a) Welche Verteilung (Erwartungswert, Varianz) besitzt die Anzahl der Mädchen in einer Familie?
b) Welche Verteilung (Erwartungswert, Varianz) besitzt die Anzahl der Jungen in einer Familie?
a) Es bezeichne S_n die Gesamtanzahl der Mädchen in einer aus n Familien bestehenden Gesellschaft. Benennen Sie die Verteilung von S_n und zeigen Sie:

$$\mathbb{P}(|S_n - n| \geq K\sqrt{2n}) \leq \frac{1}{K^2}, \qquad K > 0.$$

Was bedeutet diese Ungleichung für $K = 10$ und eine aus $500\,000$ Familien bestehenden Gesellschaft?

4.7 • In einer Urne befinden sich 10 rote, 20 blaue, 30 weiße und 40 schwarze Kugeln. Es werden rein zufällig 25 Kugeln mit Zurücklegen gezogen. Es sei R (bzw. B, W, S) die Anzahl gezogener roter (bzw. blauer, weißer, schwarzer) Kugeln. Welche Verteilungen besitzen

a) (R, B, W, S)?
b) $(R + B, W, S)$?
c) $R + B + W$?

4.8 •• In einer Urne befinden sich $r_1 + \cdots + r_s$ gleichartige Kugeln, von denen r_j die *Farbe j* tragen. Es werden rein

© Springer-Verlag GmbH Deutschland, ein Teil von Springer Nature 2019
N. Henze, *Arbeitsbuch Stochastik*, https://doi.org/10.1007/978-3-662-59722-4_3

zufällig n Kugeln nacheinander ohne Zurücklegen gezogen. Die Zufallsvariable X_j bezeichne die Anzahl der gezogenen Kugeln der Farbe j, $1 \leq j \leq s$. Die Verteilung des Zufallsvektors $(X_1, \ldots, X_s)$ heißt *mehrdimensionale hypergeometrische Verteilung*. Zeigen Sie:

a) $\mathbb{P}(X_1 = k_1, \ldots, X_s = k_s) = \frac{\binom{r_1}{k_1} \cdot \ldots \cdot \binom{r_s}{k_s}}{\binom{r_1 + \ldots + r_s}{n}},$

$0 \leq k_j \leq r_j$, $k_1 + \cdots + k_s = n$.

b) $X_j \sim \text{Hyp}(n, r_j, m - r_j)$, $\quad 1 \leq j \leq s$.

4.9 •• Die Zufallsvariable X besitze die hypergeometrische Verteilung $\text{Hyp}(n, r, s)$, d. h., es gelte

$$\mathbb{P}(X = k) = \frac{\binom{r}{k} \cdot \binom{s}{n-k}}{\binom{r+s}{n}}, \quad 0 \leq k \leq n.$$

Leiten Sie analog zum Fall der Binomialverteilung den Erwartungswert

$$\mathbb{E}(X) = n \cdot \frac{r}{r + s}$$

von X auf zwei unterschiedliche Weisen her.

4.10 • Zeigen Sie, dass die Formel des Ein- und Ausschließens aus der Jordanschen Formel folgt.

4.11 • Die Zufallsvariablen X und Y seien stochastisch unabhängig, wobei $X \sim \text{Bin}(m, p)$ und $Y \sim \text{Bin}(n, p)$, $0 < p < 1$. Zeigen Sie: Für festes $k \in \{1, 2, \ldots, m + n\}$ ist die bedingte Verteilung von X unter der Bedingung $X + Y = k$ die hypergeometrische Verteilung $\text{Hyp}(k, m, n)$. Ist dieses Ergebnis ohne Rechnung einzusehen?

4.12 •• Es seien X_1, X_2 und X_3 unabhängige Zufallsvariablen mit identischer Verteilung. Zeigen Sie:

$$\mathbb{E}(X_1 | X_1 + X_2 + X_3) = \frac{1}{3} \cdot (X_1 + X_2 + X_3).$$

4.13 •• Die Zufallsvariable X besitze die Binomialverteilung $\text{Bin}(n, p)$. Zeigen Sie:

$$\mathbb{P}\left(X \in \left\{0, 2, \ldots, 2 \cdot \left\lfloor \frac{n}{2} \right\rfloor\right\}\right) = \frac{1 + (1 - 2p)^n}{2}.$$

4.14 •• Es sei $(M_n)_{n \geq 0}$ ein Galton-Watson-Prozess mit $M_0 = 1$, $\mathbb{E}M_1 = \mu$ und $\mathbb{V}(M_1) = \sigma^2 < \infty$. Zeigen Sie mithilfe von Aufgabe 4.44:

a) $\mathbb{E}(M_n) = \mu^n$,

b)
$$\mathbb{V}(M_n) = \begin{cases} \frac{\sigma^2 \mu^{n-1} (\mu^n - 1)}{\mu - 1}, & \text{falls } \mu \neq 1 \\ n \cdot \sigma^2, & \text{falls } \mu = 1. \end{cases}$$

4.15 ••• Kann man zwei Würfel (möglicherweise unterschiedlich) so fälschen, d. h., die Wahrscheinlichkeiten der einzelnen Augenzahlen festlegen, dass beim gleichzeitigen Werfen jede Augensumme $2, 3, \ldots, 12$ gleich wahrscheinlich ist?

Rechenaufgaben

4.16 •• Die Verteilung des Zufallsvektors (X, Y) sei gegeben durch

$$\mathbb{P}(X = -1, Y = 1) = 1/8 \qquad \mathbb{P}(X = 0, Y = 1) = 1/8$$
$$\mathbb{P}(X = 1, Y = -1) = 1/8 \qquad \mathbb{P}(X = 0, Y = -1) = 1/8$$
$$\mathbb{P}(X = 2, Y = 0) = 1/4 \qquad \mathbb{P}(X = -1, Y = 0) = 1/4.$$

Bestimmen Sie:

a) $\mathbb{E}X$, b) $\mathbb{E}Y$, c) $\mathbb{V}(X)$, d) $\mathbb{V}(Y)$, e) $\mathbb{E}(XY)$.

4.17 • Beim *Roulette* gibt es 37 gleich wahrscheinliche Zahlen, von denen 18 rot und 18 schwarz sind. die Zahl 0 besitzt die Farbe Grün. Man kann auf gewisse Mengen von n Zahlen setzen und erhält dann im Gewinnfall in Abhängigkeit von n *zusätzlich zum Einsatz* das $k(n)$-fache des Einsatzes zurück. Die Setzmöglichkeiten mit den Werten von n und $k(n)$ zeigt die folgende Tabelle:

n	Name	$k(n)$
1	Plein	35
2	Cheval	17
3	Transversale	11
4	Carré	8
6	Transversale simple	5
12	Douzaines, Colonnes	2
18	Rouge/Noir, Pair/Impair, Manque/Passe	1

Es bezeichne X den Spielgewinn bei Einsatz einer Geldeinheit. Zeigen Sie. Unabhängig von der gewählten Setzart gilt $\mathbb{E}X = -1/37$. Man verliert also beim Roulette im Durchschnitt pro eingesetztem Euro ungefähr 2,7 Cent.

4.18 ••• n Personen haben unabhängig voneinander und je mit gleicher Wahrscheinlichkeit p eine Krankheit, die durch Blutuntersuchung entdeckt werden kann. Dabei sollen von den n Blutproben dieser Personen die Proben mit positivem Befund möglichst kostengünstig herausgefunden werden. Statt alle Proben zu untersuchen bietet sich ein *Gruppen-Screening* an, bei dem jeweils das Blut von k Personen vermischt und untersucht wird. In diesem Fall muss nur bei einem positiven Befund jede Person der Gruppe einzeln untersucht werden, sodass insgesamt $k + 1$ Tests nötig sind. Andernfalls kommt man mit einem Test für k Personen aus.

Es sei Y_k die (zufällige) Anzahl nötiger Blutuntersuchungen bei einer Gruppe von k Personen. Zeigen Sie:

a) $\mathbb{E}(Y_k) = k + 1 - k(1-p)^k$.
b) Für $p < 1 - 1/\sqrt[3]{3} = 0.3066\ldots$ gilt $\mathbb{E}(Y_k) < k$.
c) Welche Gruppengröße ist im Fall $p = 0.01$ in Bezug auf die erwartete Ersparnis pro Person optimal?
d) Begründen Sie die Näherungsformel $k \approx 1/\sqrt{p}$ für die optimale Gruppengröße bei sehr kleinem p.

4.19 •• Beim Pokerspiel Texas Hold'em wird ein 52-Blatt-Kartenspiel gut gemischt; jeder von insgesamt 10 Spielern erhält zu Beginn zwei Karten. Mit welcher Wahrscheinlichkeit bekommt mindestens ein Spieler zwei Asse?

4.20 •• Es sei $X \sim \text{Bin}(n, p)$ mit $0 < p < 1$. Zeigen Sie die Gültigkeit der Rekursionsformel

$$\mathbb{P}(X = k + 1) = \frac{(n-k)p}{(k+1)(1-p)} \cdot \mathbb{P}(X = k),$$

$k = 0, \ldots, n - 1$, und überlegen Sie sich hiermit, für welchen Wert bzw. welche Werte von k die Wahrscheinlichkeit $\mathbb{P}(X = k)$ maximal wird.

4.21 •• In Kommunikationssystemen werden die von der Informationsquelle erzeugten Nachrichten in eine Bitfolge umgewandelt, die an den Empfänger übertragen werden soll. Um die durch Rauschen und Überlagerung verursachten Störungen zu unterdrücken und die Zuverlässigkeit der Übertragung zu erhöhen, fügt man einer binären Quellfolge kontrolliert Redundanz hinzu. Letztere hilft, Übertragungsfehler zu erkennen und eventuell sogar zu korrigieren. Wir machen die Annahme, dass jedes zu übertragende Bit unabhängig von anderen Bits mit derselben Wahrscheinlichkeit p in dem Sinne gestört wird, dass 0 in 1 und 1 in 0 umgewandelt wird. Die zu übertragenden Codewörter mögen jeweils aus k Bits bestehen.

a) Es werden n Wörter übertragen. Welche Verteilung besitzt die Anzahl X der nicht (d. h. in keinem Bit) gestörten Wörter?
b) Zur Übertragung werden nur Codewörter verwendet, die eine Korrektur von bis zu zwei Bitfehlern pro Wort gestatten. Wie groß ist die Wahrscheinlichkeit, dass ein übertragenes Codewort korrekt auf Empfängerseite ankommt (evtl. nach Korrektur)? Welche Verteilung besitzt die Anzahl der richtig erkannten unter n übertragenen Codewörtern?

4.22 •• Peter wirft 10-mal in unabhängiger Folge einen echten Würfel. Immer wenn eine Sechs auftritt, wirft Claudia eine echte Münze (Zahl/Wappen). Welche Verteilung besitzt die Anzahl der dabei erzielten Wappen?

4.23 •• Es sei $X \sim \text{G}(p)$. Zeigen Sie:

a) $\mathbb{E}(X) = \frac{1-p}{p}$,
b) $\mathbb{V}(X) = \frac{1-p}{p^2}$.

4.24 • Es sei $X \sim \text{Po}(\lambda)$. Zeigen Sie:

$$\mathbb{E}(X) = \mathbb{V}(X) = \lambda.$$

4.25 •• Ein echter Würfel wird in unabhängiger Folge geworfen. Bestimmen Sie die Wahrscheinlichkeiten folgender Ereignisse:

a) mindestens eine Sechs in sechs Würfen,
b) mindestens zwei Sechsen in 12 Würfen,
c) mindestens drei Sechsen in 18 Würfen.

4.26 • Es sei $(p_n)_{n \geq 1}$ eine Folge aus $(0, 1)$ mit $\lim_{n \to \infty} np_n = \lambda$, wobei $0 < \lambda < \infty$. Zeigen Sie:

$$\lim_{n \to \infty} \binom{n}{k} p_n^k (1-p_n)^{n-k} = e^{-\lambda} \cdot \frac{\lambda^k}{k!}, \qquad k \in \mathbb{N}_0.$$

4.27 • Es sei $X \sim \text{Po}(\lambda)$. Für welche Werte von k wird $\mathbb{P}(X = k)$ maximal?

4.28 • Ein echter Würfel wird 8-mal in unabhängiger Folge geworfen. Wie groß ist die Wahrscheinlichkeit, dass jede Augenzahl mindestens einmal auftritt?

4.29 •• Beim Spiel *Kniffel* werden fünf Würfel gleichzeitig geworfen. Mit welcher Wahrscheinlichkeit erhält man

a) einen Kniffel (5 gleiche Augenzahlen)?
b) einen Vierling (4 gleiche Augenzahlen)?
c) ein Full House (Drilling und Zwilling, also z. B. 55522)?
d) einen Drilling ohne weiteren Zwilling (z. B. 33361)?
e) zwei Zwillinge (z. B. 55226)?
f) einen Zwilling (z. B. 44153)?
g) fünf verschiedene Augenzahlen?

4.30 •• Der Zufallsvektor $(X_1, \ldots, X_s)$ besitze die Multinomialverteilung $\text{Mult}(n, p_1, \ldots, p_s)$. Leiten Sie aus (4.31) durch Zerlegung des Ereignisses $\{X_1 = k_1\}$ nach den Werten der übrigen Zufallsvariablen die Verteilungsaussage $X_1 \sim \text{Bin}(n, p_1)$ her.

4.31 •• Leiten Sie die Varianz $np(1-p)$ einer $\text{Bin}(n, p)$-verteilten Zufallsvariablen X über die Darstellungsformel her.

4.32 •• Es seien $X_1, \ldots, X_n$ unabhängige Zufallsvariablen mit gleicher Verteilung und der Eigenschaft $\mathbb{E} X_1^2 < \infty$. Ferner seien $\mu := \mathbb{E} X_1$, $\sigma^2 := \mathbb{V}(X_1)$ und $\overline{X}_n := \sum_{k=1}^n X_k / n$. Zeigen Sie:

a) $\mathbb{E}(\overline{X}_n) = \mu$.
b) $\mathbb{V}(\overline{X}_n) = \sigma^2/n$.
c) $\text{Cov}(X_j, \overline{X}_n) = \sigma^2/n$.
d) $\rho(X_1 - 2X_2, \overline{X}_n) = -1/\sqrt{5n}$.

4.33 •• Der Zufallsvektor $(X_1, \ldots, X_s)$ besitze die Multinomialverteilung $\text{Mult}(n, p_1, \ldots, p_s)$, wobei $p_1 > 0, \ldots, p_s > 0$ vorausgesetzt ist. Zeigen Sie:

a) $\text{Cov}(X_i, X_j) = -n \cdot p_i \cdot p_j \ (i \neq j)$,

b) $\rho(X_i, X_j) = -\sqrt{\frac{p_i \cdot p_j}{(1-p_i) \cdot (1-p_j)}} \ (i \neq j)$.

4.34 •• In der Situation des zweifachen Wurfs mit einem echten Würfel seien X_j die Augenzahl des j-ten Wurfs sowie $M := \max(X_1, X_2)$. Zeigen Sie:

$$\mathbb{E}(X_1|M) = \frac{M^2 + M(M-1)/2}{2M - 1}.$$

4.35 •• Beim zweifachen Würfelwurf seien X_j die Augenzahl des j-ten Wurfs sowie $M := \max(X_1, X_2)$ die höchste Augenzahl. Es soll die mittlere quadratische Abweichung $\mathbb{E}(M - h(X_1))^2$ durch geeignete Wahl einer Funktion h minimiert werden. Dabei darf h nur die Werte $1, 2, \ldots, 6$ annehmen. Zeigen Sie: Die unter diesen Bedingungen optimale Funktion h ist durch $h(1) \in \{3, 4\}$, $h(2) = h(3) = 4$, $h(4) \in \{4, 5\}$, $h(5) = 5$ und $h(6) = 6$ gegeben.

4.36 ••• In einer Bernoulli-Kette mit Trefferwahrscheinlichkeit $p \in (0, 1)$ bezeichne X die Anzahl der Versuche, bis zum ersten Mal direkt hintereinander zwei Treffer aufgetreten sind. Es sei $w_n := \mathbb{P}(X = n)$, $n \geq 2$, gesetzt. Zeigen Sie:

a) $w_{k+1} = q \cdot w_k + pq \cdot w_{k-1}, \quad k \geq 3$,

b) $\sum_{k=2}^{\infty} w_k = 1$,

c) $\sum_{k=2}^{\infty} k \cdot w_k < \infty$ (d. h., $\mathbb{E}X$ existiert).

4.37 •• In einer Bernoulli-Kette mit Trefferwahrscheinlichkeit $p \in (0, 1)$ sei X die Anzahl der Versuche, bis erstmalig

a) die Sequenz 01 aufgetreten ist. Zeigen Sie: Es gilt $\mathbb{E}X = 1/(p(1-p))$.

b) die Sequenz 111 aufgetreten ist. Zeigen Sie: Es gilt $\mathbb{E}X = (1 + p + p^2)/p^3$.

4.38 •• Wir würfeln in der Situation der Unter-der-Lupe-Box „Zwischen Angst und Gier: Die Sechs verliert" in Abschn. 4.5 k-mal und stoppen dann. Falls bis dahin eine Sechs auftritt, ist das Spiel natürlich sofort (mit dem Gewinn 0) beendet. Zeigen Sie, dass bei dieser Strategie der Erwartungswert des Spielgewinns G durch

$$\mathbb{E}G = 3 \cdot k \cdot \left(\frac{5}{6}\right)^k$$

gegeben ist. Welcher Wert für k liefert den größten Erwartungswert?

4.39 •• In einer Bernoulli-Kette mit Trefferwahrscheinlichkeit $p \in (0, 1)$ bezeichne Y_j die Anzahl der Nieten vor dem

j-ten Treffer ($j = 1, 2, 3$). Nach Übungsaufgabe 4.5 besitzt Y_1 unter der Bedingung $Y_2 = k$ eine Gleichverteilung auf den Werten $0, 1, \ldots, k$. Zeigen Sie: Unter der Bedingung $Y_3 = k$, $k \in \mathbb{N}_0$, ist die bedingte Verteilung von Y_1 durch

$$\mathbb{P}(Y_1 = j | Y_3 = k) = \frac{2(k + 1 - j)}{(k + 1)(k + 2)}, \quad j = 0, 1, \ldots, k,$$

gegeben.

4.40 •• Es seien $X_1, \ldots, X_s$ unabhängige Zufallsvariablen mit den Poisson-Verteilungen $X_j \sim \text{Po}(\lambda_j)$, $j = 1, \ldots, s$. Zeigen Sie, dass der Zufallsvektor $(X_1, \ldots, X_s)$ unter der Bedingung $X_1 + \ldots + X_s = n$, $n \in \mathbb{N}$, die Multinomialverteilung $\text{Mult}(n, p_1, \ldots, p_s)$ besitzt. Dabei ist $p_j = \lambda_j/(\lambda_1 + \ldots + \lambda_s)$, $j \in \{1, \ldots, s\}$.

4.41 • Es gelte $X \sim \text{Nb}(r, p)$. Zeigen Sie, dass X die erzeugende Funktion

$$g_X(t) = \left(\frac{p}{1 - (1 - p)t}\right)^r, \qquad |t| < 1,$$

besitzt.

4.42 • Leiten Sie mithilfe der erzeugenden Funktion Erwartungswert und Varianz der Poisson-Verteilung und der negativen Binomialverteilung her.

4.43 •• Die Zufallsvariable X sei poissonverteilt mit Parameter λ. Zeigen Sie:

a) $\mathbb{E}[X(X-1)(X-2)] = \lambda^3$.

b) $\mathbb{E}X^3 = \lambda^3 + 3\lambda^2 + \lambda$.

c) $\mathbb{E}(X - \lambda)^3 = \lambda$.

4.44 •• Es seien $N, X_1, X_2, \ldots$ stochastisch unabhängige $\mathbb{N}_0$-wertige Zufallsvariablen, wobei $X_1, X_2, \ldots$ die gleiche Verteilung und somit auch die gleiche, mit g bezeichnete erzeugende Funktion besitzen. Die erzeugende Funktion von N sei mit φ bezeichnet. Mit $S_0 := 0$ und $S_k := X_1 + \ldots + X_k$, $k \geq 1$, ist die randomisierte Summe S_N durch

$$S_N(\omega) := S_{N(\omega)}(\omega), \quad \omega \in \Omega,$$

definiert, vgl. die Ausführungen am Ende von Abschn. 4.6. Zeigen Sie:

a) $\mathbb{E}(S_N) = \mathbb{E}N \cdot \mathbb{E}X_1$,

b) $\mathbb{V}(S_N) = \mathbb{V}(N) \cdot (\mathbb{E}X_1)^2 + \mathbb{E}N \cdot \mathbb{V}(X_1)$.

Dabei seien $\mathbb{E}X_1^2 < \infty$ und $\mathbb{E}N^2 < \infty$ vorausgesetzt.

Beweisaufgaben

4.45 ••• Beim *Coupon-Collector-Problem* oder *Sammler-problem* wird einer Urne, die n gleichartige, von 1 bis n nummerierte Kugeln enthält, eine rein zufällige Stichprobe von s Kugeln (Ziehen ohne Zurücklegen bzw. „mit einem Griff") entnommen. Nach Notierung der gezogenen Kugeln werden diese wieder in die Urne zurückgelegt und der Urneninhalt neu gemischt.

Die Zufallsvariable X bezeichne die Anzahl der *verschiedenen* Kugeln, welche in den ersten k (in unabhängiger Folge entnommenen) Stichproben aufgetreten sind. Zeigen Sie:

a) $\mathbb{E}X = n \cdot \left[1 - \left(1 - \frac{s}{n}\right)^k\right]$,

b) $\mathbb{P}(X = r) = \binom{n}{r} \sum_{j=0}^{r} (-1)^j \binom{r}{j} \left[\binom{r-j}{s} / \binom{n}{s}\right]^k, 0 \le r \le n$.

4.46 •• Es sei X eine $\mathbb{N}_0$-wertige Zufallsvariable mit $\mathbb{E}X < \infty$ (für a)) und $\mathbb{E}X^2 < \infty$ (für b)). Zeigen Sie:

a) $\mathbb{E}X = \sum_{n=1}^{\infty} \mathbb{P}(X \ge n)$,

b) $\mathbb{E}X^2 = \sum_{n=1}^{\infty} (2n - 1)\mathbb{P}(X \ge n)$.

4.47 •• Es sei X eine Zufallsvariable mit der Eigenschaft $b \le X \le c$, wobei $b < c$. Zeigen Sie:

a) $\mathbb{V}(X) \le \frac{1}{4}(c - b)^2$.

b) $\mathbb{V}(X) = \frac{1}{4}(c - b)^2 \iff \mathbb{P}(X = b) = \mathbb{P}(X = c) = \frac{1}{2}$.

4.48 •• Es sei X eine Zufallsvariable mit $\mathbb{E}X = 0$ und $\mathbb{E}X^2 < \infty$. Zeigen Sie die Ungleichung von Cantelli:

$$\mathbb{P}(X \ge \varepsilon) \le \frac{\mathbb{V}(X)}{\mathbb{V}(X) + \varepsilon^2} \qquad \varepsilon > 0.$$

4.49 ••

a) $X_1, \ldots, X_n$ seien Zufallsvariablen mit $\mathbb{E}X_j =: \mu$ und $\mathbb{V}(X_j) =: \sigma^2$ für $j = 1, \ldots, n$. Weiter existiere eine natürliche Zahl k, sodass für $|i - j| \ge k$ die Zufallsvariablen X_i und X_j unkorreliert sind. Zeigen Sie:

$$\lim_{n \to \infty} \mathbb{P}\left(\left|\frac{1}{n} \sum_{j=1}^{n} X_j - \mu\right| \ge \varepsilon\right) = 0 \qquad \text{für jedes } \varepsilon > 0.$$

b) Ein echter Würfel werde in unabhängiger Folge geworfen. Die Zufallsvariable Y_j bezeichne die beim j-ten Wurf erzielte Augenzahl, und für $j \ge 1$ sei $A_j := \{Y_j < Y_{j+1}\}$. Zeigen Sie mithilfe von Teil a):

$$\lim_{n \to \infty} \mathbb{P}\left(\left|\frac{1}{n} \sum_{j=1}^{n} \mathbb{1}\{A_j\} - \frac{5}{12}\right| \ge \varepsilon\right) = 0 \quad \text{für jedes } \varepsilon > 0.$$

4.50 •• Es sei X eine $\mathbb{N}_0$-wertige Zufallsvariable mit $0 < \mathbb{P}(X = 0) < 1$ und der Eigenschaft

$$\mathbb{P}(X = m + k | X \ge k) = \mathbb{P}(X = m) \qquad (4.61)$$

für jede Wahl von $k, m \in \mathbb{N}_0$. Zeigen Sie: Es gibt ein $p \in (0, 1)$ mit $X \sim G(p)$.

4.51 •• Zeigen Sie: In der Situation und mit den Bezeichnungen der Jordanschen Formel gilt

$$\mathbb{P}(X \ge k) = \sum_{j=k}^{n} (-1)^{j-k} \binom{j-1}{k-1} S_j, \qquad k = 0, 1, \ldots, n.$$

4.52 •• Wir betrachten die Gleichverteilung $\mathbb{P}$ auf der Menge

$$\Omega := \{(a_1, \ldots, a_n) \mid \{a_1, \ldots, a_n\} = \{1, \ldots, n\}\},$$

also eine rein zufällige Permutation der Zahlen $1, 2, \ldots, n$. Mit $A_j := \{(a_1, a_2, \ldots, a_n) \in \Omega \mid a_j = j\}$ für $j \in \{1, \ldots, n\}$ gibt die Zufallsvariable $X_n := \sum_{j=1}^{n} \mathbb{1}\{A_j\}$ die Anzahl der Fixpunkte einer solchen Permutation an. Zeigen Sie:

a) $\mathbb{E}(X_n) = 1$,

b) $\mathbb{P}(X_n = k) = \frac{1}{k!} \sum_{j=0}^{n-k} \frac{(-1)^j}{j!}, k = 0, 1, \ldots, n$,

c) $\lim_{n \to \infty} \mathbb{P}(X_n - k) - \frac{e^{-1}}{k!}, k \in \mathbb{N}_0$,

d) $\mathbb{V}(X_n) = 1$.

Hinweise

Verständnisfragen

4.1 –

4.2 Modellieren Sie W_n als Summe unabhängiger Zufallsvariablen.

4.3 Es kommt nicht auf die Zahlen 2 bis 5 an.

4.4 Stellen Sie sich vor, jede von n Personen hat einen Würfel, und jede zählt, wie viele Versuche sie bis zu ersten Sechs benötigt.

4.5 –

4.6 –

4.7 –

4.8 –

Kapitel 4

4.9 –

4.10 –

4.11 –

4.12 Verwenden Sie ein Symmetrieargument.

4.13 Betrachten Sie die erzeugende Funktion von X an der Stelle -1.

4.14 –

4.15 Sind X und Y die zufälligen Augenzahlen bei einem Wurf mit dem ersten bzw. zweiten Würfel und g bzw. h die erzeugenden Funktionen von X bzw. Y, so gilt $g(t) = tP(t)$ und $h(t) = tQ(t)$ mit Polynomen vom Grad 5, die jeweils mindestens eine reelle Nullstelle besitzen müssen.

Rechenaufgaben

4.16 –

4.17 –

4.18 –

4.19 Formel des Ein- und Ausschließens!

4.20 –

4.21 –

4.22 Sie brauchen nicht zu rechnen!

4.23 Bestimmen Sie die Varianz, indem Sie zunächst $\mathbb{E}X(X-1)$ berechnen.

4.24 Bestimmen Sie $\mathbb{E}X(X-1)$.

4.25 –

4.26 Es gilt $1 - 1/t \leq \log t \leq t - 1$, $t > 0$.

4.27 Betrachten Sie $\mathbb{P}(X = k+1)/\mathbb{P}(X = k)$.

4.28 –

4.29 Die Wahrscheinlichkeiten aus a) bis g) addieren sich zu eins auf.

4.30 Multinomialer Lehrsatz!

4.31 Bestimmen Sie zunächst $\mathbb{E}X(X-1)$.

4.32 –

4.33 Es gilt $X_i + X_j \sim \text{Bin}(n, p_i + p_j)$.

4.34 –

4.35 –

4.36 Verwenden Sie das Ereignis A_1, dass die Bernoulli-Kette mit einer Niete beginnt, sowie die Ereignisse A_2 und A_3, dass die Bernoulli-Kette mit einem Treffer startet und sich dann im zweiten Versuch eine Niete bzw. ein Treffer einstellt, vgl. das Beispiel des Wartens auf den ersten Doppeltreffer in Abschn. 4.5.

4.37 Gehen Sie analog wie im Beispiel des Wartens auf den ersten Doppeltreffer in Abschn. 4.5 vor.

4.38 –

4.39 (Y_1, Y_3) hat die gleiche gemeinsame Verteilung wie $(X_1, X_1 + X_2 + X_3)$, wobei X_1, X_2, X_3 unabhängig und je $G(p)$-verteilt sind.

4.40 –

4.41 –

4.42 –

4.43 Verwenden Sie die erzeugende Funktion.

4.44 Verwenden Sie (4.60).

Beweisaufgaben

4.45 Stellen Sie X mithilfe einer geeigneten Indikatorsumme dar.

4.46 Es ist $\sum_{n=1}^{k} 1 = k$ und $2 \sum_{n=1}^{k} n = k(k+1)$.

4.47 Setzen sie in der elementaren Eigenschaft

$$\mathbb{V}(X) = \mathbb{E}(X - a)^2 - (\mathbb{E}X - a)^2$$

der Varianz $a := (b + c)/2$.

4.48 Schätzen Sie den Indikator des Ereignisses $\{X \geq \varepsilon\}$ möglichst gut durch ein Polynom zweiten Grades ab, das durch den Punkt $(\varepsilon, 1)$ verläuft.

4.49 –

4.50 Leiten Sie mit $k = 1$ in (4.61) eine Rekursionsformel für $\mathbb{P}(X = m)$ her.

4.51 Es gilt $\mathbb{P}(X \geq k) = \sum_{\ell=k}^{n} \mathbb{P}(X = \ell)$ sowie (vollständige Induktion über m!)

$$\sum_{\nu=0}^{m} (-1)^\nu \binom{j}{\nu} = (-1)^m \binom{j-1}{m}, \quad m = 0, 1, \ldots, j - 1.$$

4.52 –

Lösungen

Verständnisfragen

4.1 –

4.2 –

4.3 G(1/2)

4.4 –

4.5 –

4.6 –

4.7 –

4.8 –

4.9 –

4.10 –

4.11 –

4.12 –

4.13 –

4.14 –

4.15 Nein.

Rechenaufgaben

4.16 $\mathbb{E}X = 1/4$, $\mathbb{E}Y = 0$, $\mathbb{E}X^2 = 3/2$, $\mathbb{E}Y^2 = 1/2$, $\mathbb{V}(X) = 23/16$, $\mathbb{V}(Y) = 1/2$, $\mathbb{E}(XY) = -1/4$.

4.17 –

4.18 –

4.19 $0.04508\ldots$

4.20 –

4.21 –

4.22 –

4.23 –

4.24 –

4.25 –

4.26 –

4.27 Der Maximalwert wird im Fall $\lambda \notin \mathbb{N}$ für $k = \lfloor \lambda \rfloor$ und für $\lambda \in \mathbb{N}$ für die beiden Werte $k = \lambda$ und $k = \lambda - 1$ angenommen.

4.28 –

4.29 a) $6/6^5$, b) $150/6^5$, c) $300/6^5$, d) $1200/6^5$, e) $1800/6^5$, f) $3600/6^5$, g) $720/6^5$.

4.30 –

4.31 –

4.32 –

4.33 –

4.34 –

4.35 –

4.36 –

4.37 –

4.38 –

4.39 –

4.40 –

4.41 –

4.42 –

4.43 –

4.44 –

Beweisaufgaben

4.45 –

4.46 –

4.47 –

4.48 –

4.49 –

4.50 –

4.51 –

4.52 –

Lösungswege

Verständnisfragen

4.1 a) Bezeichnet A_j das Ereignis, dass bei der j-ten Geburt ein Mädchen geboren wird, so sind aufgrund der getroffenen Annahmen $A_1, \ldots, A_n$ unabhängige Ereignisse mit gleicher Wahrscheinlichkeit $1/2$. Somit besitzt die Anzahl $X_n = \sum_{j=1}^{n} \mathbb{1}\{A_j\}$ der Mädchen unter n Geburten die Binomialverteilung $\mathrm{Bin}(n, 1/2)$. Damit wird

$$a_{10} = \mathbb{P}(X_{10} \geq 6) = \sum_{j=6}^{10} \binom{10}{j} 2^{-10} = \frac{386}{1024} = 0.376\ldots$$

b) Mit X_n wie in a) und der Tschebyschow-Ungleichung gilt

$$a_{100} = \mathbb{P}(X_{100} \geq 60) \leq \mathbb{P}(|X_{100} - 50| \geq 10) \leq \frac{\mathbb{V}(X_{100})}{100}.$$

Wegen $\mathbb{V}(X_{100}) = 100 \cdot \frac{1}{2} \cdot \frac{1}{2} = 25$ folgt $a_{100} < a_{10}$.

c) Mit $R_n := X_n/n$ ist

$$a_n = \mathbb{P}(X_n \geq n \cdot 0.6) \leq \mathbb{P}\left(\left|R_n - \frac{1}{2}\right| \geq 0.1\right).$$

Nach dem Schwachen Gesetz großer Zahlen konvergiert die letzte Wahrscheinlichkeit für $n \to \infty$ gegen null.

4.2 Die Zufallsvariable X_j bezeichne die Anzahl der Kugeln, die nötig sind, um das $(j + 1)$-te Fach zu besetzen, wenn schon j Fächer besetzt sind. Dann gilt

$$W_n = X_0 + X_1 + \ldots + X_{n-1},$$

und offenbar ist $X_0 = 1$. Sind $j < n$ Fächer besetzt, so befindet man sich unabhängig von den Nummern der bereits besetzten Fächer und unabhängig von der Dauer der bisherigen Besetzungsvorgänge in der Situation, auf den ersten Treffer in einer Bernoulli-Kette zu warten. Dabei bedeutet ein Treffer, eines der $n - j$ noch nicht besetzten Fächer zu belegen. Die mit p_j bezeichnete Trefferwahrscheinlichkeit ist also $(n-j)/n$. Die Zahl der Nieten vor dem ersten Treffer besitzt die geometrische Verteilung $\mathrm{G}(p_j)$. Da der Treffer mitgezählt wird, hat $X_j - 1$ die Verteilung $\mathrm{G}(p_j)$. Es gilt somit

$$\mathbb{E}X_j = 1 + \frac{1 - p_j}{p_j} = \frac{n}{n - j},$$

$$\mathbb{V}(X_j) = \frac{1 - p_j}{p_j^2} = \frac{nj}{(n - j)^2}.$$

Unterstellen wir für die Varianz die stochastische Unabhängigkeit von $X_2, \ldots, X_n$, so ergibt sich:

a)

$$
\mathbb{E}(W_n) = \sum_{j=1}^{n} \mathbb{E}(X_j)
$$

$$
= \sum_{j=0}^{n-1} \frac{n}{n-j}
$$

$$
= n \cdot \left(1 + \frac{1}{2} + \frac{1}{3} + \ldots + \frac{1}{n} \right)
$$

b)

$$
\mathbb{V}(W_n) = \sum_{j=1}^{n-1} \mathbb{V}(X_j)
$$

$$
= \sum_{j=1}^{n-1} \frac{nj}{(n-j)^2}
$$

$$
= \sum_{j=1}^{n-1} \frac{n(j-n) + n^2}{(n-j)^2}
$$

$$
= n^2 \cdot \sum_{k=1}^{n-1} \frac{1}{k^2} - n \sum_{k=1}^{n-1} \frac{1}{k}.
$$

Im Fall $n = 6$ ist die Situation gedanklich gleichwertig damit, einen echten Würfel solange wiederholt zu werfen, bis jede Augenzahl mindestens einmal aufgetreten ist. Man benötigt hierfür nach a) im Mittel $6 \cdot (1 + 1/2 + \ldots + 1/6) = 14.7$ Würfe.

4.3 Die durch den Hinweis angedeutete begriffliche Lösung arbeitet mit einem einfachen Modell, das die nicht interessierenden Zahlen 2 bis 5 einfach ausblendet. Ihr Auftreten bedeutet nur Zeitverschwendung. Wir können genauso gut eine echte Münze werfen und die eine Seite mit 6 und die andere mit 1 beschriften. Deuten wir die 6 als Treffer und die Eins als Niete, so schält sich die geometrische Verteilung $G(1/2)$ als Verteilung der Anzahl der geworfenen Einsen vor der ersten Sechs heraus. Wer ein wenig rechnen möchte, könnte so vorgehen: Es bezeichne X die Anzahl der vor dem Auftreten der ersten Sechs geworfenen Einsen und Y die Anzahl der Würfe bis zum Auftreten der ersten Sechs. Es gilt

$$
\mathbb{P}(Y = n) = \left(\frac{5}{6} \right)^{n-1} \cdot \frac{1}{6}, \quad n \in \mathbb{N}.
$$

Unter der Bedingung $Y = n$ mit $n \geq 2$ tritt bei keinem der ersten $n-1$ Würfe eine Sechs auf, und bei jedem dieser Würfe ist jede der Zahlen 1,2,3,4,5 gleich wahrscheinlich. Unter der Bedingung $Y = n$ besitzt somit X die Binomialverteilung $\mathrm{Bin}(n-1, 1/5)$, d. h., es gilt

$$
\mathbb{P}(X = k \mid Y = n) = \binom{n-1}{k} \left(\frac{1}{5} \right)^k \left(1 - \frac{1}{5} \right)^{n-1-k}
$$

für $k = 0, \ldots, n-1$ sowie $P(X = k \mid Y = n) = 0$ für $k \geq n$. Nach der Formel von der totalen Wahrscheinlichkeit ergibt sich für jedes feste $k \in \mathbb{N}_0$

$$
\mathbb{P}(X = k) = \sum_{n=k+1}^{\infty} \mathbb{P}(Y = n) \cdot \mathbb{P}(X = k \mid Y = n)
$$

$$
= \sum_{n=k+1}^{\infty} \left(\frac{5}{6} \right)^{n-1} \frac{1}{6} \binom{n-1}{k} \left(\frac{1}{5} \right)^k \left(\frac{4}{5} \right)^{n-1-k}
$$

$$
= \frac{1}{6} \left(\frac{1}{4} \right)^k \sum_{n=k+1}^{\infty} \binom{n-1}{k} \left(\frac{2}{3} \right)^{n-1}.
$$

Die hier auftretende unendliche Reihe wird mit

$$
\frac{d}{dx^k} \sum_{k=0}^{\infty} x^k = \frac{d}{dx^k} \frac{1}{1-x} = \frac{k!}{(1-x)^{k+1}}, \quad |x| < 1,
$$

zu

$$
\sum_{j=k}^{\infty} \binom{j}{k} \left(\frac{2}{3} \right)^j = \frac{(2/3)^k}{k!} \sum_{j=k}^{\infty} (j)_k \left(\frac{2}{3} \right)^{j-k}
$$

$$
= \frac{(2/3)^k}{k!} \cdot \frac{k!}{(1/3)^{k+1}}
$$

$$
= 3 \cdot 2^k.
$$

Insgesamt folgt

$$
\mathbb{P}(X = k) = \frac{1}{6} \left(\frac{1}{4} \right)^k 3 \cdot 2^k = \left(\frac{1}{2} \right)^{k+1},
$$

was zu zeigen war.

4.4 Wir verwenden den Hinweis und bezeichnen mit X_j die Anzahl der Würfe, die Person j bis zum Auftreten der ersten Sechs benötigt. Dann besitzt die Zufallsvariable M_n die gleiche Verteilung wie das Maximum $\max_{j=1,\ldots,n} X_j$. Da $X_1, \ldots, X_n$ stochastisch unabhängig sind und $\mathbb{P}(X_j > k) = (5/6)^k$ gilt, ergibt sich

$$
\mathbb{P}(M_n > k) = 1 - \mathbb{P}(M_n \leq k)
$$

$$
= 1 - \mathbb{P}(X_1 \leq k, \ldots, X_n \leq k)
$$

$$
= 1 - \mathbb{P}(X_1 \leq k)^n
$$

$$
= 1 - (1 - \mathbb{P}(X_1 > k))^n
$$

$$
= 1 - \left(1 - \left(\frac{5}{6} \right)^k \right)^n
$$

und damit a). Mit Aufgabe 4.46 a) und

$$
\mathbb{P}(M_n > k) = 1 - \sum_{j=0}^{n} \binom{n}{j} (-1)^{n-j} \left(\frac{5}{6} \right)^{k(n-j)}
$$

$$
= \sum_{j=0}^{n-1} (-1)^{n-j-1} \binom{n}{j} \left(\frac{5}{6} \right)^{(n-j)k}
$$

Kapitel 4

folgt

$$\mathbb{E}(M_n) = \sum_{k=0}^{\infty} \mathbb{P}(M_n > k)$$

$$= \sum_{j=0}^{n-1} (-1)^{n-j-1} \binom{n}{j} \sum_{k=0}^{\infty} \left(\frac{5}{6}\right)^{(n-j)k}$$

$$= \sum_{j=0}^{n-1} (-1)^{n-j-1} \binom{n}{j} \frac{1}{1 - \left(\frac{5}{6}\right)^{n-j}}.$$

Führen wir jetzt den Summationsindex $k := n - j$ ein, so ergibt sich b). Der Erwartungswert von M_n wächst recht langsam mit n. So ist $\mathbb{E}M_1 = 6$, $\mathbb{E}M_5 \approx 13.02$, $\mathbb{E}M_{10} \approx 16.56$, $\mathbb{E}M_{20} \approx 20.23$ und $\mathbb{E}M_{50} \approx 25.18$.

4.5 Wir können X als Anzahl der Nieten vor dem ersten und Y als Anzahl der Nieten zwischen dem ersten und dem zweiten Treffer in einer Bernoulli-Kette mit Trefferwahrscheinlichkeit p ansehen. Die Bedingung $X + Y = k$ besagt, dass insgesamt k Nieten vor dem zweiten Treffer aufgetreten sind. Wegen der Unabhängigkeit und Gleichartigkeit aller Versuche sollte der Zeitpunkt (= Nummer des Versuchs) des ersten Treffers eine Gleichverteilung auf den Werten $1, 2, \ldots, k+1$ und damit die um eins kleinere Zahl der Nieten vor dem ersten Treffer eine Gleichverteilung auf den Werten $0, 1, \ldots, k$ besitzen. Diese Einsicht wird wie folgt bestätigt: Für $j \in \{0, \ldots, k\}$ ist

$$\mathbb{P}(X = j \,|\, X + Y = k) = \frac{\mathbb{P}(X = j, X + Y = k)}{\mathbb{P}(X + Y = k)}$$

$$= \frac{\mathbb{P}(X = j, Y = k - j)}{\mathbb{P}(X + Y = k)}$$

$$= \frac{\mathbb{P}(X = j) \cdot \mathbb{P}(Y = k - j)}{\mathbb{P}(X + Y = k)}$$

$$= \frac{(1-p)^j p \cdot (1-p)^{k-j} p}{\binom{k+1}{k} p^2 (1-p)^k}$$

$$= \frac{1}{k+1}.$$

4.6 a) Die idealisierenden Annahmen sind gleichwertig mit der Annahme einer Bernoulli-Kette, in der ein Sohn einen „Treffer" und ein Mädchen eine „Niete" bedeutet. Als Anzahl der Nieten vor dem ersten Treffer ist die mit M bezeichnete zufällige Anzahl der Mädchen in einer Familie geometrisch verteilt mit Parameter $1/2$. Es gilt somit insbesondere $\mathbb{E}M = 1$ und $\mathbb{V}(M) = 2$.

b) Die Anzahl J der Jungen in einer Familie ist eine Zufallsvariable, die nur den Wert 1 annimmt. Somit gilt $\mathbb{E}J = 1$ und $\mathbb{V}(J) = 0$.

c) Als Summe von n unabhängigen geometrisch $G(1/2)$ verteilten Zufallsvariablen (den Anzahlen der Mädchen in den einzelnen Familien) besitzt S_n die negative Binomialverteilung

$Nb(n, 1/2)$. Wegen $\mathbb{E}S_n = n$ und $\mathbb{V}(S_n) = 2n$ folgt mit der Tschebyschow-Ungleichung

$$\mathbb{P}(|S_n - n| \geq K\sqrt{2n}) \leq \frac{\mathbb{V}(S_n)}{K^2 \cdot 2n} = \frac{1}{K^2}.$$

Geht man zum komplementären Ereignis über, so ergibt sich für $K = 10$

$$\mathbb{P}(490\,001 \leq S_{500\,000} \leq 509\,999) \geq 0.99.$$

Wir werden in Aufgabe 6.20 sehen, dass für jede Wahl von a, b mit $a < b$ die Wahrscheinlichkeit $\mathbb{P}(n + a\sqrt{n} \leq S_n \leq n + b\sqrt{n})$ für $n \to \infty$ konvergiert. Insbesondere gilt $\lim_{n \to \infty} \mathbb{P}(S_n \geq n) = 1/2$.

4.7

a) Es handelt sich um ein wiederholt in unabhängiger Folge durchgeführtes Experiment mit den 4 Ausgängen *rot*, *blau*, *weiß* und *schwarz*, die in dieser Reihenfolge die Wahrscheinlichkeiten $p_1 := 10/100$, $p_2 := 20/100$, $p_3 := 30/100$ und $p_4 := 40/100$ besitzen. Nach der Erzeugungsweise der Multinomialverteilung gilt $(R, B, W, S) \sim \text{Mult}(25; p_1, p_2, p_3, p_4)$.

b) In diesem Fall werden die Trefferarten *rot* und *blau* zu einer Trefferart zusammengefasst, die die Wahrscheinlichkeit $p_1 + p_2$ besitzt. Wiederum nach der Erzeugungsweise der Multinomialverteilung gilt $(R + B, W, S) \sim \text{Mult}(25; p_1 + p_2, p_3, p_4)$.

c) In diesem Fall werden *rot, blau* und *weiß* zu einer Trefferart vereinigt. Es gibt daneben nur noch das als *Niete* interpretierbare *schwarz*. Nach der Erzeugungsweise der Binomialverteilung gilt $R + B + W \sim \text{Bin}(25; p_1 + p_2 + p_3)$.

4.8 Es sei kurz $m := r_1 + \ldots + r_s$ gesetzt. Die einfachste Möglichkeit besteht darin, mit dem Grundraum $\Omega := \text{Kom}_n^m(oW)$ zu arbeiten, also alle Kugeln zu unterscheiden, aber nicht darauf zu achten, in welcher Reihenfolge die Kugeln gezogen werden. Gedanklich gleichwertig hiermit ist, die n Kugeln „blind mit einem Griff zu ziehen". Die Wahrscheinlichkeitsverteilung $\mathbb{P}$ sei die Gleichverteilung auf Ω. Günstig für das Ereignis $\{X_1 = k_1, \ldots, X_s = k_s\}$ sind diejenigen unter den n-Auswahlen aller m Kugeln, die für jedes $j \in \{1, \ldots, s\}$ genau k_j Kugeln der Farbe j aufweisen. Nach der Multiplikationsregel der Kombinatorik ist die Zahl der günstigen Fälle gleich

$$\binom{r_1}{k_1} \cdot \binom{r_2}{k_2} \cdot \ldots \cdot \binom{r_s}{k_s},$$

denn es müssen unabhängig voneinander für jedes j aus den r_j Kugeln der Farbe j genau k_j Kugeln ausgewählt werden. Wegen $|\Omega| = \binom{m}{n}$ folgt die Behauptung. Eine andere Möglichkeit besteht darin, die Reihenfolge zu beachten, in der die Kugeln gezogen werden. Dann arbeitet man mit dem Grundraum $\text{Per}_n^m(oW)$ und geht wie in der großen Beispiel-Box zur hypergeometrischen Verteilung in Abschn. 2.7 vor.

4.9   Die hypergeometrische Verteilung $\text{Hyp}(n, r, s)$ entsteht im Zusammenhang mit dem n-maligen rein zufälligen Ziehen ohne Zurücklegen von Kugeln aus einer Urne, die r rote und s schwarze Kugeln enthält. Bezeichnet A_j das Ereignis, dass die j-te gezogene Kugel rot ist, so hat die Indikatorsumme $X := \sum_{j=1}^{n} \mathbb{1}\{A_j\}$ die Verteilung $\text{Hyp}(n, r, s)$. Ein konkreter Grundraum, auf dem X definiert ist, ist in der großen Beispiel-Box zur hypergeometrischen Verteilung in Abschn. 2.7 angegeben. Wegen $\mathbb{P}(A_j) = r/(r + s)$, $j = 1, \ldots, n$, ergibt sich

$$\mathbb{E}X = \sum_{j=1}^{n} \mathbb{E}\mathbb{1}\{A_j\} = \sum_{j=1}^{n} \mathbb{P}(A_j) = n \cdot \frac{r}{r + s}.$$

Eine Herleitung des Erwartungswertes mithilfe von (4.9) ist wie folgt: Durch elementare Umformung von Binomialkoeffizienten erhält man

$$\mathbb{E}X = \sum_{k=0}^{n} k \cdot \mathbb{P}(X = k) = \sum_{k=1}^{n} k \cdot \frac{\binom{r}{k} \cdot \binom{s}{n-k}}{\binom{r+s}{n}}$$

$$= n \cdot \frac{r}{r + s} \cdot \sum_{k=1}^{n} \frac{\binom{r-1}{k-1} \cdot \binom{s}{(n-1)-(k-1)}}{\binom{r-1+s}{n-1}}$$

$$= n \cdot \frac{r}{r + s} \cdot \sum_{j=0}^{n-1} \frac{\binom{r-1}{j} \cdot \binom{s}{(n-1)-j}}{\binom{r-1+s}{n-1}}.$$

Die letzte Summe ist gleich $\sum_{j=0}^{n-1} \mathbb{P}(Y = j)$, wobei Y eine Zufallsvariable mit der hypergeometrischen Verteilung $\text{Hyp}(n - 1, r - 1, s)$ ist, also gleich 1, und somit folgt die schon auf eleganterem Wege erhaltene Darstellung für $\mathbb{E}(X)$.

4.10   Mit $X = \sum_{j=1}^{n} \mathbb{1}\{A_j\}$ und der Jordanschen Formel gilt wegen $S_0 = 1$ und $\binom{j}{0} = 1$

$$\mathbb{P}(A_1 \cup \ldots \cup A_n) = \mathbb{P}(X \geq 1) = 1 - \mathbb{P}(X = 0)$$

$$= 1 - \sum_{j=0}^{n} (-1)^j S_j = \sum_{j=1}^{n} (-1)^{j-1} S_j,$$

was zu zeigen war.

4.11   Es ist

$$\mathbb{P}(X = j \mid X + Y = k)$$

$$= \frac{\mathbb{P}(X = j, X + Y = k)}{\mathbb{P}(X + Y = k)}$$

$$= \frac{\mathbb{P}(X = j) \cdot \mathbb{P}(Y = k - j)}{\mathbb{P}(X + Y = k)}$$

$$= \frac{\binom{m}{j} p^j (1 - p)^{m-j} \binom{n}{k-j} p^{k-j} (1 - p)^{n-(k-j)}}{\binom{m+n}{k} p^k (1 - p)^{m+n-k}}$$

$$= \frac{\binom{m}{j} \binom{n}{k-j}}{\binom{m+n}{k}},$$

und damit gilt wie behauptet $\mathbb{P}_{X+Y=k}^{X} = \text{Hyp}(k, m, n)$.

Dieses Resultat erschließt sich wie folgt auch intuitiv: Denken wir uns X und Y als Trefferzahlen in den ersten m bzw. letzten n Versuchen einer Bernoulli-Kette vom Umfang $m+n$ mit Trefferwahrscheinlichkeit p, so besagt das Ereignis $X + Y = k$, dass insgesamt k Treffer aufgetreten sind. Aus Symmetriegründen sind alle $\binom{m+n}{k}$ Auswahlen derjenigen k aller $m + n$ Versuche mit dem Ausgang Treffer gleich wahrscheinlich. Interpretiert man die ersten m Versuche als *rote* und die übrigen als *schwarze* Kugeln und die Zuordnung „Treffer" zu einem Versuch als Ziehen einer von $m + n$ Kugeln, so ist die Situation der großen Beispiel-Box zur hypergeometrischen Verteilung in Abschn. 2.6 mit $r = m$, $s = n$ und $n = k$ gegeben, und $X = j$ bedeutet gerade, j rote Kugeln zu ziehen.

4.12   Wir setzen kurz $Z := X_1 + X_2 + X_3$ und betrachten ein beliebiges $z \in \mathbb{R}$ mit $\mathbb{P}(Z = z) > 0$. Nach der Substitutionsregel gilt

$$\mathbb{E}(X_1 + X_2 + X_3 \mid Z = z) = \mathbb{E}(z \mid Z = z) = z.$$

Andererseits ist wegen der Additivität des bedingten Erwartungswertes

$$\mathbb{E}(X_1 + X_2 + X_3 \mid Z = z) = \sum_{j=1}^{3} \mathbb{E}(X_j \mid Z = z).$$

Wegen der gemachten Annahmen sind die bedingten Erwartungswerte $\mathbb{E}(X_j \mid Z = z)$ für jedes $j = 1, 2, 3$ gleich, und wir erhalten

$$\mathbb{E}(X_1 \mid Z = z) = \frac{z}{3}.$$

Nach Definition der bedingten Erwartung folgt die Behauptung.

4.13   Es ist

$$g(t) = \sum_{k=0}^{n} \mathbb{P}(X = k) t^k = (1 - p + pt)^n.$$

Aus

$$g(-1) = \sum_{k=0}^{n} (-1)^k \mathbb{P}(X = k) = (1 - 2p)^n$$

und

$$1 = \sum_{k=0}^{n} \mathbb{P}(X = k)$$

folgt durch Addition

$$1 + (1 - 2p)^n = 2 \sum_{k=0}^{\lfloor n/2 \rfloor} \mathbb{P}(X = 2k)$$

und hieraus die Behauptung.

Kapitel 4

4.14 Aus der Reproduktionsgleichung (4.59) und Aufgabe 4.44 ergibt sich für jedes $n \geq 0$

$$\mathbb{E}(M_{n+1}) = \mathbb{E}(M_n) \cdot \mu,$$
$$\mathbb{V}(M_{n+1}) = \mathbb{V}(M_n) \cdot \mu^2 + \mathbb{E}(M_n) \cdot \sigma^2,$$

sodass die Behauptung durch Induktion über n folgt.

4.15 Wir verwenden die Bezeichnungen des Hinweises. Da die Summe $X + Y$ eine Gleichverteilung auf den Werten $2, \ldots, 12$ besitzen soll, gilt nach dem Multiplikationssatz für erzeugende Funktionen die Darstellung

$$g(t)h(t) = \frac{1}{11}\left(t^2 + t^3 + \ldots + t^{12}\right)$$
$$= \frac{t^2}{11} \cdot \frac{t^{11}-1}{t-1}, \quad t \neq 1.$$

Die Augensummen 2 und 12 können nur auftreten, wenn X und Y die Werte 1 und 6 mit positiven Wahrscheinlichkeiten annehmen. Aus diesem Grund können wir in den erzeugenden Funktionen g und h den Faktor t abspalten und erhalten die Darstellungen

$$g(t) = t \cdot P(t), \quad h(t) = t \cdot Q(t), \quad t \in \mathbb{R},$$

mit Polynomen P und Q vom jeweiligen Grad 5, wobei

$$P(0) \neq 0, \quad P(1) \neq 0, \quad Q(0) \neq 0, \quad Q(1) \neq 0$$

gelten. Damit folgt

$$P(t) \cdot Q(t) = \frac{1}{11} \cdot \frac{t^{11}-1}{t-1}, \quad t \in \mathbb{R} \setminus \{0, 1\},$$

was bedeuten würde, dass weder P noch Q eine reelle Nullstelle besäßen. Da jedoch jedes Polynom fünften Grades mindestens eine reelle Nullstelle hat, muss die eingangs gestellte Frage negativ beantwortet werden.

Rechenaufgaben

4.16 Die gemeinsame Verteilung von X und Y ist nachstehend in tabellarischer Form zusammen mit den Marginalverteilungen von X und Y aufgeführt.

i	j				
		-1	0	1	$\sum$	$\mathbb{P}(X=i)$
-1		0	$1/4$	$1/8$	$3/8$
0		$1/8$	0	$1/8$	$1/4$
1		$1/8$	0	0	$1/8$
2		0	$1/4$	0	$1/4$
$\sum$		$1/4$	$1/2$	$1/4$	1
$\mathbb{P}(Y=j)$					

Es ergibt sich

$$\mathbb{E}X = -\frac{3}{8} + \frac{1}{8} + \frac{2}{4} = \frac{1}{4},$$
$$\mathbb{E}Y = -\frac{1}{4} + \frac{1}{4} = 0,$$
$$\mathbb{E}X^2 = \frac{(-1)^2 \cdot 3}{8} + \frac{1^2}{8} + \frac{2^2}{4} = \frac{3}{2},$$
$$\mathbb{E}Y^2 = \frac{(-1)^2}{4} + \frac{1^2}{4} = \frac{1}{2},$$
$$\mathbb{V}(X) = \frac{3}{2} - \frac{1}{16} = \frac{23}{16},$$
$$\mathbb{V}(Y) = \frac{1}{2},$$
$$\mathbb{E}(XY) = -\frac{1}{8} - \frac{1}{8} = -\frac{1}{4}.$$

4.17 Setzt man auf n Zahlen, so gilt

$$\mathbb{E}X = -\frac{37-n}{37} \cdot 1 + k(n) \cdot \frac{n}{37} = \frac{n(1+k(n))-37}{37}.$$

Da das Produkt $n(1 + k(n))$ für jede der Setzmöglichkeiten 36 beträgt, folgt die Behauptung.

4.18 a) Die Zufallsvariable Y_k nimmt die Werte 1 und $k + 1$ an. Im ersten Fall sind alle Personen der Gruppe gesund. Im zweiten Fall liegt ein positiver Befund vor, und es müssen zusätzlich zur Gruppenuntersuchung noch k Einzeluntersuchungen vorgenommen werden. Wegen $\mathbb{P}(Y_k = 1) = (1-p)^k$ und $\mathbb{P}(Y_k = k + 1) = 1 - (1-p)^k$ besitzt Y_k den Erwartungswert

$$\mathbb{E}(Y_k) = (1-p)^k + (k+1)(1-(1-p)^k)$$
$$= k + 1 - k(1-p)^k.$$

b) Damit sich im Mittel überhaupt eine Ersparnis durch Gruppenbildung ergibt, muss $\mathbb{E}(Y_k) < k$ und somit $1 - p > 1/\sqrt[k]{k}$ sein. Da die Funktion $k \to 1/\sqrt[k]{k}$ ihr Minimum für $k = 3$ annimmt, folgt notwendigerweise $1 - p > 1/\sqrt[3]{3}$ oder $p < 1 - 1/\sqrt[3]{3} = 0.3066\ldots$. Gruppenscreening lohnt sich also nur für genügend kleines p, was auch zu erwarten war.

c) Die optimale Gruppengröße k_0, die die erwartete Anzahl $\mathbb{E}(Y_k)/k$ von Tests pro Person minimiert, hängt natürlich von p ab und führt auf das Problem, die Funktion

$$k \to 1 + 1/k - (1-p)^k$$

bzgl. k zu minimieren. Die folgende Tabelle zeigt die mithilfe eines Computers gewonnenen optimalen Gruppengrößen k_0 für verschiedene Werte von p sowie die erwartete prozentuale Ersparnis $(1 - \mathbb{E}(Y_{k_0})/k_0) \times 100\,\%$ pro Person.

Optimale Gruppengrößen und prozentuale Ersparnis pro Person beim Gruppenscreening in Abhängigkeit von p

p	0.1	0.05	0.01	0.005	0.001	0.0001
k_0	4	5	11	15	32	101
Ersparnis in %	41	57	80	86	94	98

d) Wir betrachten die Funktion $x \mapsto 1/x - (1-p)^x$, $x \geq 3$, und approximieren $(1-p)^x$ für kleines p durch $1-px$. Minimierung der Funktion $x \longmapsto 1/x - (1-px)$ bzgl. x (1. Ableitung!) liefert $x_0 = 1/\sqrt{p}$ als Abszisse der Minimalstelle. Für kleine Werte von p ist also $k_0 \approx 1/\sqrt{p}$ mit einer erwarteten prozentualen Ersparnis von ungefähr $(1 - 2\sqrt{p}) \times 100\%$ eine gute Näherung (vgl. die obige Tabelle).

4.19 Wir nummerieren die Spieler gedanklich von 1 bis 10 durch und bezeichnen mit A_j das Ereignis, dass der j-te Spieler zwei Asse erhält ($j = 1, \ldots, 10$). Aus Sicht eines jeden Spielers wird zu Beginn zweimal ohne Zurücklegen aus einer Urne gezogen, die vier rote Kugeln (Asse) und 48 schwarze Kugeln (restliche Karten) enthält. Die Anzahl der Asse für Spieler j besitzt somit die Verteilung $\text{Hyp}(2, 4, 48)$, und es folgt

$$\mathbb{P}(A_j) = \frac{\binom{4}{2}}{\binom{52}{2}} = \frac{1}{221} = 0.00452\ldots$$

Da die Wahrscheinlichkeiten $\mathbb{P}(A_i \cap A_j)$ für $1 \leq i < j \leq n$ aus Symmetriegründen nicht von i und j abhängen und Schnitte von mehr als zwei der A_i die leere Menge ergeben, liefert die Formel des Ein- und Ausschließens

$$\mathbb{P}\left(\bigcup_{j=1}^{10} A_j\right) = 10 \cdot \mathbb{P}(A_1) - \binom{10}{2}\mathbb{P}(A_1 \cap A_2).$$

Wegen $\mathbb{P}(A_1 \cap A_2) = \binom{4}{2}/(\binom{52}{2}\binom{50}{2})$ folgt durch direkte Rechnung $\mathbb{P}(\bigcup_{j=1}^{10} A_j) = 0.04508\ldots$.

4.20 Nach Definition des Binomialkoeffizienten gilt für $k = 0, 1, \ldots, n-1$

$$\mathbb{P}(X = k+1) = \binom{n}{k+1} p^{k+1}(1-p)^{n-k-1}$$
$$= \frac{n-k}{k+1} \cdot \frac{p}{1-p} \cdot \binom{n}{k} p^k (1-p)^{n-k}.$$

Es folgt

$$\mathbb{P}(X = k+1) \begin{Bmatrix} < \\ = \\ > \end{Bmatrix} \mathbb{P}(X = k) \Longleftrightarrow k \begin{Bmatrix} > \\ = \\ < \end{Bmatrix} (n+1)p - 1.$$

Hieraus ergibt sich, dass das Maximum der Wahrscheinlichkeiten $\mathbb{P}(X = k)$ im Fall $(n+1)p \notin \mathbb{N}$ für $k = \lfloor (n+1)p \rfloor$ und andernfalls für die beiden Werte $k = (n+1)p$ und $k = (n+1)p - 1$ angenommen wird.

4.21

a) Die Wahrscheinlichkeit, dass kein Bit in einem aus k Bits bestehenden Wort gestört wird und damit das Wort fehlerfrei übertragen wird, beträgt $(1-p)^k$. Bezeichnet A_j das Ereignis, dass das j-te Codewort fehlerfrei übertragen wird, so hat

X als Indikatorsumme der stochastisch unabhängigen Ereignisse $A_1, \ldots, A_n$ die Binomialverteilung $\text{Bin}(n, (1-p)^k)$.

b) Für jedes Codewort besitzt die Anzahl der gestörten Bits die Binomialverteilung $\text{Bin}(k, p)$. Ein übertragenes Codewort kommt (eventuell nach Korrektur) fehlerfrei beim Empfänger an, wenn es an höchstens 2 Stellen gestört ist. Die Wahrscheinlichkeit hierfür ist

$$r := (1-p)^k + kp(1-p)^{k-1} + \binom{k}{2} p^2 (1-p)^{k-2}.$$

Die Anzahl der richtig erkannten Wörter besitzt somit die Binomialverteilung $\text{Bin}(n, r)$.

4.22 Claudia kann 10-mal gleichzeitig mit Peter und unabhängig von ihm ihre Münze werfen. Gezählt werden hierbei die Versuche, bei denen sowohl eine Sechs als auch Wappen auftritt. Die Wahrscheinlichkeit für einen solchen „Doppeltreffer" ist $1/12$. Somit besitzt die in der Aufgabenstellung beschriebene „Anzahl der dabei erzielten Wappen" die Verteilung $\text{Bin}(10, 1/12)$.

4.23 Die beiden ersten Ableitungen der geometrischen Reihe $\sum_{k=0}^{\infty} x^k = 1/(1-x)$, $|x| < 1$, sind

$$\sum_{k=1}^{\infty} k\, x^{k-1} = \frac{1}{(1-x)^2}, \qquad \sum_{k=2}^{\infty} k(k-1)\, x^{k-2} = \frac{2}{(1-x)^3}.$$

Hiermit und mit der Transformationsformel folgt

$$\mathbb{E}X = \sum_{k=0}^{\infty} k \cdot \mathbb{P}(X = k) = \sum_{k=1}^{\infty} k\, p(1-p)^k$$
$$= p(1-p) \sum_{k=1}^{\infty} k(1-p)^{k-1}$$
$$= p(1-p) \frac{1}{(1-(1-p))^2} = \frac{1-p}{p}.$$

In gleicher Weise ergibt sich

$$\mathbb{E}X(X-1) = \sum_{k=2}^{\infty} k(k-1)\, p(1-p)^k$$
$$= p(1-p)^2 \sum_{k=2}^{\infty} k(k-1)(1-p)^{k-2}$$
$$= p(1-p)^2 \frac{2}{(1-(1-p))^3} = \frac{2(1-p)^2}{p^2}$$

und somit

$$\mathbb{V}(X) = \mathbb{E}X(X-1) + \mathbb{E}X - (\mathbb{E}X)^2$$
$$= \frac{2(1-p)^2}{p^2} + \frac{1-p}{p} - \left(\frac{1-p}{p}\right)^2$$
$$= \frac{1-p}{p^2}.$$

Kapitel 4

4.24 Mit der Darstellungsformel gilt

$$\mathbb{E}X = \sum_{k=1}^{\infty} k\, \mathbb{P}(X=k) = \mathrm{e}^{-\lambda} \sum_{k=1}^{\infty} k\, \frac{\lambda^k}{k!}$$

$$= \mathrm{e}^{-\lambda} \lambda \sum_{k=1}^{\infty} \frac{\lambda^{k-1}}{(k-1)!} = \mathrm{e}^{-\lambda} \lambda\, \mathrm{e}^{\lambda}$$

$$= \lambda.$$

In gleicher Weise ist

$$\mathbb{E}X(X-1) = \sum_{k=2}^{\infty} k(k-1)\, \mathbb{P}(X=k)$$

$$= \mathrm{e}^{-\lambda} \sum_{k=1}^{\infty} k(k-1)\, \frac{\lambda^k}{k!}$$

$$= \mathrm{e}^{-\lambda} \lambda^2 \sum_{k=2}^{\infty} \frac{\lambda^{k-2}}{(k-2)!} = \mathrm{e}^{-\lambda} \lambda^2\, \mathrm{e}^{\lambda}$$

$$= \lambda^2$$

und somit

$$\mathbb{V}(X) = \mathbb{E}X(X-1) + \mathbb{E}X - (\mathbb{E}X)^2 = \lambda^2 + \lambda - \lambda^2 = \lambda.$$

4.25 Indem man jeweils zum komplementären Ereignis übergeht, gilt mit $p := 1/6$ und $q := 5/6$

a) $1 - q^6 = 0.665\ldots$
b) $1 - (q^{12} + \binom{12}{1} pq^{11}) = 0.618\ldots$
c) $1 - (q^{18} + \binom{18}{1} pq^{17} + \binom{18}{2} p^2 q^{16}) = 0.597\ldots$

Wir werden in Abschn. 6.4 im Beispiel nach dem zentralen Grenzwertsatz von de Moivre-Laplace sehen, dass die Wahrscheinlichkeit, in $6n$ Würfen mindestens n Sechsen zu erzielen, für $n \to \infty$ gegen $1/2$ konvergiert.

4.26 Wegen

$$\binom{n}{k} p_n^k = \frac{1}{k!} \cdot \frac{(n)_k}{n!} \cdot (np_n)^k \to \frac{\lambda^k}{k!}$$

und $(1 - p_n)^{-k} \to 1$ ist nur

$$\left(1 - \frac{np_n}{n}\right)^n \to \mathrm{e}^{-\lambda}$$

zu zeigen. Die im Hinweis gegebenen Ungleichungen liefern

$$\log(1 - (np_n)/n)^n = n \log(1 - (np_n)/n) \le -np_n \to -\lambda$$

und

$$\log\left(1 - \frac{np_n}{n}\right)^n = n \log\left(1 - \frac{np_n}{n}\right)$$

$$\ge n\left(1 - \left(1 - \frac{np_n}{n}\right)^{-1}\right)$$

$$= -\frac{np_n}{1 - p_n} \to -\lambda,$$

also zusammen

$$\lim_{n\to\infty} \log\left(1 - \frac{np_n}{n}\right)^n = -\lambda.$$

Hieraus folgt die Behauptung.

4.27 Wegen $\mathbb{P}(X=k) = \mathrm{e}^{-\lambda}\lambda^k/k!$ ist

$$\frac{\mathbb{P}(X=k+1)}{\mathbb{P}(X=k)} = \frac{\lambda}{k+1}, \qquad k \in \mathbb{N}_0,$$

und damit

$$\mathbb{P}(X=k+1) \begin{Bmatrix} > \\ = \\ < \end{Bmatrix} \mathbb{P}(X=k) \iff k+1 \begin{Bmatrix} < \\ = \\ > \end{Bmatrix} \lambda.$$

Hieraus folgt die Behauptung.

4.28 Ist X_j die Anzahl der Würfe, bei denen die Augenzahl j auftritt ($j = 1,\ldots,6$), so gilt $(X_1,\ldots,X_6) \sim$ Mult$(8; 1/6,\ldots,1/6)$. Das beschriebene Ereignis tritt genau dann ein, wenn entweder eine Augenzahl 3-mal und die übrigen fünf je einmal oder zwei Augenzahlen je 2-mal und die übrigen vier je einmal auftreten. Aus Symmetriegründen folgt

$$\mathbb{P}(X_1 \ge 1, \ldots, X_6 \ge 1)$$

$$= 6\mathbb{P}(X_1 = 3, X_2 = \cdots = X_6 = 1)$$

$$\quad + 15\mathbb{P}(X_1 = X_2 = 2, X_3 = \ldots = X_6 = 1)$$

$$= 6\, \frac{8!}{3!} \left(\frac{1}{6}\right)^8 + 15\, \frac{8!}{2!2!} \left(\frac{1}{6}\right)^8$$

$$= 0.114\ldots$$

4.29 Das Spiel ist gleichwertig damit, einen Würfel fünfmal in unabhängiger Folge zu werfen. Sei X_j die Anzahl der Würfe mit j Augen. Es gilt $(X_1,\ldots,X_6) \sim$ Mult$(5; 1/6,\ldots,1/6)$. Hieraus folgt durch Symmetriebetrachtungen

a) $6 \cdot \mathbb{P}(X_1 = 5, X_2 = 0, \ldots, X_6 = 0) = 6/6^5 \approx 0.00077$,

b) $6 \cdot 5 \cdot \mathbb{P}(X_1 = 4, X_2 = 1, X_3 = 0, \ldots, X_6 = 0) = 150/6^5 \approx 0.01929$,

c) $6 \cdot 5 \cdot \mathbb{P}(X_1 = 3, X_2 = 2, X_3 = 0, \ldots, X_6 = 0) = 300/6^5 \approx 0.03858$,

d) $6 \cdot \binom{5}{2} \cdot \mathbb{P}(X_1 = 3, X_2 = 1, X_3 = 1, X_4 = 0, X_5 = 0, X_6 = 0) = 1200/6^5 \approx 0.15432$,

e) $\binom{6}{2} \cdot 4 \cdot \mathbb{P}(X_1 = 2, X_2 = 2, X_3 = 1, X_4 = 0, X_5 = 0, X_6 = 0) = 1800/6^5 \approx 0.23148$,

f) $6 \cdot \binom{5}{3} \cdot \mathbb{P}(X_1 = 2, X_2 = 1, X_3 = 1, X_4 = 1, X_5 = 0, X_6 = 0) = 3600/6^5 \approx 0.46296$,

g) $6 \cdot \mathbb{P}(X_1 = 1, X_2 = 1, X_3 = 1, X_4 = 1, X_5 = 1, X_6 = 0) = 720/6^5 \approx 0.09259$.

4.30 Das Ereignis $\{X_1 = k_1\}$ ist die Vereinigung der für verschiedene Tupel $(k_2, \ldots, k_s)$ mit $k_2 + \ldots + k_s = n - k_1$ paarweise disjunkten Ereignisse $\{X_1 = k_1, \ldots, X_s = k_s\}$. Mit der Maßgabe, dass die Summen in der ersten und zweiten Zeile über alle Tupel $(k_2, \ldots, k_s) \in \mathbb{N}_0^{s-1}$ mit $k_2 + \cdots + k_s = n - k_1$ laufen, folgt

$$
\begin{aligned}
\mathbb{P}(X_1 = k_1) &= \sum \mathbb{P}(X_1 = k_1, \ldots, X_s = k_s) \\
&= \frac{n! \, p_1^{k_1}}{k_1!(n-k_1)!} \cdot \sum \frac{(n-k_1)!}{k_2! \ldots k_s!} \cdot p_2^{k_2} \cdots p_s^{k_s} \\
&= \binom{n}{k_1} \cdot p_1^{k_1} \cdot (p_2 + \cdots + p_s)^{n-k_1} \\
&= \binom{n}{k_1} \cdot p_1^{k_1} \cdot (1 - p_1)^{n-k_1}
\end{aligned}
$$

$(k_1 = 0, 1, \ldots, n)$.

4.31 Nach der allgemeinen Darstellungsformel gilt

$$
\begin{aligned}
\mathbb{E}X(X-1) &= \sum_{k=2}^{n} k(k-1) \binom{n}{k} p^k (1-p)^{n-k} \\
&= n(n-1)p^2 \sum_{k=2}^{n} \binom{n-2}{k-2} p^{k-2} (1-p)^{n-2-(k-2)} \\
&= n(n-1)p^2 \sum_{j=0}^{n-2} \binom{n-2}{j} p^j (1-p)^{n-2-j} \\
&= n(n-1)p^2
\end{aligned}
$$

und somit

$$
\begin{aligned}
\mathbb{V}(X) &= \mathbb{E}(X(X-1)) + \mathbb{E}X - (\mathbb{E}X)^2 \\
&= n(n-1)p^2 + np - (np)^2 \\
&= np(1-p).
\end{aligned}
$$

4.32 a) Da die Erwartungswertbildung ein lineares Funktional ist und alle Zufallsvariablen die gleiche Verteilung und damit auch den gleichen Erwartungswert besitzen, ergibt sich

$$
\mathbb{E}\overline{X}_n = \frac{1}{n} \sum_{j=1}^{n} \mathbb{E}X_j = \frac{1}{n} n \cdot \mu = \mu.
$$

b) Wegen der Unabhängigkeit der X_i ist auch die Varianzbildung additiv, und mit der Regel $\mathbb{V}(aX + b) = a^2 \mathbb{V}(X)$ folgt

$$
\mathbb{V}(\overline{X}_n) = \frac{1}{n^2} \cdot \sum_{j=1}^{n} \mathbb{V}(X_j) = \frac{1}{n^2} \cdot n \cdot \sigma^2 = \frac{\sigma^2}{n}.
$$

c) Da die Kovarianzbildung ein bilineares Funktional ist, erhalten wir

$$
\mathrm{Cov}(X_j, \overline{X}_n) = \frac{1}{n} \sum_{k=1}^{n} \mathrm{Cov}(X_j, X_k).
$$

Im Fall $k \neq j$ gilt $\mathrm{Cov}(X_j, X_k) = 0$, da aus der Unabhängigkeit die Unkorreliertheit folgt. Im Fall $k = j$ ist $\mathrm{Cov}(X_j, X_j) = \mathbb{V}(X_j) = \sigma^2$. Insgesamt ergibt sich $\mathrm{Cov}(X_j, \overline{X}_n) = \sigma^2 / n$.

d) Es ist

$$
\rho(X_1 - 2X_2, \overline{X}_n) = \frac{\mathrm{Cov}(X_1 - 2X_2, \overline{X}_n)}{\sqrt{\mathbb{V}(X_1 - 2X_2) \cdot \mathbb{V}(\overline{X}_n)}}.
$$

Zieht man die Bilinearität der Kovarianzbildung heran, so folgt mit c)

$$
\begin{aligned}
\mathrm{Cov}(X_1 - 2X_2, \overline{X}_n) &= \frac{1}{n} \sum_{j=1}^{n} \mathrm{Cov}(X_1, X_j) \\
&\quad - \frac{2}{n} \sum_{j=1}^{n} \mathrm{Cov}(X_2, X_j) \\
&= -\frac{\sigma^2}{n}.
\end{aligned}
$$

Weiter ist wegen der Unabhängigkeit von X_1 und $-2X_2$

$$
\mathbb{V}(X_1 - 2X_2) = \mathbb{V}(X_1) + \mathbb{V}(-2X_2) = \sigma^2 + (-2)^2 \sigma^2 = 5\sigma^2.
$$

Zusammen mit b) erhält man

$$
\rho(X_1 - 2X_2, \overline{X}_n) = \frac{-\sigma^2/n}{\sqrt{5\sigma^2 \cdot \sigma^2/n}} = -\frac{1}{\sqrt{5n}}.
$$

4.33 a) Wegen $X_i + X_j \sim \mathrm{Bin}(n, p_i + p_j)$ folgt

$$
\mathbb{V}(X_i + X_j) = n(p_i + p_j)(1 - p_i - p_j).
$$

Andererseits gilt

$$
\mathbb{V}(X_i + X_j) = \mathbb{V}(X_i) + \mathbb{V}(X_j) + 2\,\mathrm{Cov}(X_i, X_j).
$$

Aus $X_i \sim \mathrm{Bin}(n, p_i)$ folgt $\mathbb{V}(X_i) = np_i(1 - p_i)$ (analog für X_j), und man erhält

$$
\begin{aligned}
&n(p_i + p_j)(1 - p_i - p_j) \\
&= np_i(1 - p_i) + np_j(1 - p_j) + 2\,\mathrm{Cov}(X_i, X_j).
\end{aligned}
$$

Hieraus ergeben sich die Behauptungen durch direkte Rechnung.

4.34 Im kanonischen Grundraum $\Omega = \{1, \ldots, 6\}^2$ stellt sich das Ereignis $\{M = j\}$ in der Form $\{M = j\} = \{(j, 1), (j, 2), \ldots, (j, j-1), (1, j), (2, j), \ldots, (j-1, j), (j, j)\}$ dar. Es folgt

$$
\begin{aligned}
&\mathbb{E}(X_1 | M = j) \\
&= \frac{1}{\mathbb{P}(M = j)} \cdot \frac{1}{36} \cdot (j^2 + 1 + 2 + \ldots + j - 1) \\
&= \frac{1}{2j - 1} \cdot (j^2 + j(j-1)/2)
\end{aligned}
$$

und somit

$$
\mathbb{E}(X_1 | M) = \frac{M^2 + M(M-1)/2}{2M - 1}.
$$

4.35 Es gilt

$$\mathbb{E}(M - h(X_1))^2 = \frac{1}{36} \sum_{i,j=1}^{6} (\max(i,j) - h(i))^2 = \frac{1}{36} \sum_{i=1}^{6} a_i,$$

wobei $a_i := i(i - h(i))^2 + \sum_{j=i+1}^{6} (j - h(i))^2$ von $h(i)$ abhängt. Es ist

$$a_6 = 6(6 - h(6))^2,$$

woraus $h(6) = 6$ folgt. Weiter gilt

$$a_5 = 5(5 - h(5))^2 + (6 - h(5))^2.$$

Dieser Ausdruck wird minimal, wenn $h(5) := 5$ gesetzt wird. In gleicher Weise fährt man mit den Werten $4, 3, 2$ und 1 für i fort.

4.36 a) Mit A_1, A_2, A_3 wie im Hinweis gelten für $k \geq 3$

$$\mathbb{P}(X = k + 1 | A_1) = \mathbb{P}(X = k),$$
$$\mathbb{P}(X = k + 1 | A_2) = \mathbb{P}(X = k - 1),$$
$$\mathbb{P}(X = k + 1 | A_3) = 0.$$

Die Behauptung folgt dann aus der Formel von der totalen Wahrscheinlichkeit.

b) Sei $s_n := \sum_{k=1}^{n} w_k$. Mit a) folgt

$$s_n = w_2 + w_3 + \sum_{k=3}^{n-1} (q w_k + p q w_{k-1})$$
$$= w_2 + w_3 + q(s_n - w_2 - w_n) + p q(s_n - w_n - w_{n-1})$$

und somit

$$s_n = p^{-2}(p w_2 + w_3 - (q + p q) w_n - p q w_{n-1}),$$

also insbesondere die Beschränktheit der Folge (s_n). Da (s_n) als monoton wachsende Folge konvergiert, gilt $\lim_{n \to \infty} w_n = 0$. Die letzte Darstellung für s_n liefert dann $\lim_{n \to \infty} s_n = p^{-2}(p w_2 + w_3) = 1$.

c) Es sei $e_n := \sum_{k=2}^{n} k w_k$. Aus Teil a) folgt

$$e_n = 2 w_2 + 3 w_3 + \sum_{k=3}^{n-1} (k + 1)(q w_k + p q w_{k-1}),$$

also

$$e_n \leq 2 w_2 + 3 w_3 + q e_n + q s_n + p q e_n + 2 p q s_n$$

mit s_n wie in b). Somit ist die Folge (e_n) beschränkt, was zu zeigen war.

4.37 a) Es sei Ω analog wie im Beispiel des Wartens auf den ersten Doppeltreffer in Abschn. 4.5 die Menge aller endlichen Sequenzen aus Nullen und Einsen, die auf 01 enden und vorher diese Sequenz nicht enthalten. Seien A_0 bzw. A_1 das Ereignis, dass der erste Versuch eine Niete bzw. einen Treffer ergibt. Es gilt $A_0 + A_1 = \Omega$ sowie $\mathbb{P}(A_1) = p = 1 - \mathbb{P}(A_0)$. Weiter gilt

$$\mathbb{E}(X | A_1) = 1 + \mathbb{E}X.$$

Tritt A_0 ein, so befindet man sich in der Situation, nach einem gezählten Versuch auf den ersten Treffer in einer Bernoulli-Kette zu warten. Die Zahl der Nieten vor dem ersten Treffer besitzt (geometrische Verteilung!) den Erwartungswert $(1 - p)/p$. Da der Treffer mitgezählt wird und ein erster Versuch stattfand, gilt $\mathbb{E}(X | A_0) = 1 + 1/p$. Nach der Formel vom totalen Erwartungswert folgt

$$\mathbb{E}X = p(1 + \mathbb{E}X) + q(1 + 1/p).$$

Hieraus ergibt sich die Behauptung.

b) Es sei analog zu a) Ω die Menge aller endlichen Sequenzen aus Nullen und Einsen, die auf 111 enden und vorher diese Sequenz nicht enthalten. Seien A_0 (bzw. A_{10} bzw. A_{110} bzw. A_{111}) die Menge aller Sequenzen aus Ω, die mit 0 (bzw. 10 bzw. 110 bzw. 111) beginnen. Es gilt $A_0 + A_{10} + A_{110} + A_{111} = \Omega$, $\mathbb{P}(A_0) = q$, $\mathbb{P}(A_{10}) = pq$, $\mathbb{P}(A_{110}) = p^2 q$, $\mathbb{P}(A_{111}) = p^3$ sowie

$$\mathbb{E}(X | A_0) = 1 + \mathbb{E}X,$$
$$\mathbb{E}(X | A_{10}) = 2 + \mathbb{E}X,$$
$$\mathbb{E}(X | A_{110}) = 3 + \mathbb{E}X,$$
$$\mathbb{E}(X | A_{111}) = 3.$$

Die Formel vom totalen Erwartungswert ergibt

$$\mathbb{E}X = q(1 + \mathbb{E}X) + pq(2 + \mathbb{E}X) + p^2 q(3 + \mathbb{E}X) + 3 p^3.$$

Hieraus folgt die Behauptung.

4.38 Es seien X_j das Ergebnis des j-ten Wurfs sowie A das Ereignis, dass in den (ersten) k Würfen keine Sechs auftritt. Unter der Bedingung A ist in jedem der ersten k Würfe jede der Augenzahlen $1, 2, 3, 4, 5$ gleich wahrscheinlich, es gilt also $\mathbb{P}(X_j = \ell | A) = 1/5$ ($\ell = 1, \ldots, 5$) und somit $\mathbb{E}(X_j | A) = 3$. Aufgrund der Additivität des bedingten Erwartungswertes folgt dann

$$\mathbb{E}(G | A) = \mathbb{E}(X_1 + \ldots + X_k | A) = 3k.$$

Wegen $\mathbb{P}(A) = (5/6)^k$ und $\mathbb{E}(G | A^c) = 0$ liefert Formel (4.45)

$$\mathbb{E}(G) = \mathbb{E}(G | A)\mathbb{P}(A) + \mathbb{E}(G | A^c)\mathbb{P}(A^c) = 3k(5/6)^k.$$

Der Maximalwert $6.02816\ldots$ wird für $k = 5$ und $k = 6$ angenommen. Die in der Unter-der-Lupe-Box vorgestellte Strategie, ab einer gewürfelten Augensumme von 15 zu stoppen, ist also etwas besser.

4.39 Wir verwenden den Hinweis, der aus dem Additionsgesetz für die negative Binomialverteilung folgt. Wegen $X_1 + X_2 \sim \mathrm{Nb}(2, p)$ und $X_1 + X_2 + X_3 \sim \mathrm{Nb}(3, p)$ folgt mit der Unabhängigkeit von X_1 und $X_2 + X_3$

$$
\begin{aligned}
\mathbb{P}(Y_1 = j | Y_3 = k) &= \mathbb{P}(X_1 = j | X_1 + X_2 + X_3 = k) \\
&= \frac{\mathbb{P}(X_1 = j, X_2 + X_3 = k - j)}{\mathbb{P}(X_1 + X_2 + X_3 = k)} \\
&= \frac{p(1-p)^j \cdot \binom{k-j+1}{k-j} p^2 (1-p)^{k-j}}{\binom{k+2}{k} p^3 (1-p)^k} \\
&= \frac{2(k+1-j)}{(k+1)(k+2)}.
\end{aligned}
$$

Dieses Ergebnis wird auch begrifflich klar, wenn man es in der Form

$$
\mathbb{P}(Y_1 = j | Y_3 = k) = \frac{k+1-j}{\binom{k+2}{2}}
$$

schreibt. Die Information $Y_3 = k$ besagt, dass der $(k+3)$-te Versuch einen Treffer ergibt, also unter den ersten $k + 2$ Versuchen genau 2 Treffer und k Nieten sind. Wegen der Gedächtnislosigkeit der geometrischen Verteilung sollte für die beiden Treffer jede der $\binom{k+2}{2}$ Auswahlen von 2 Plätzen unter den Versuchsnummern $1, 2, \ldots, k + 2$ gleich wahrscheinlich sein. Das Ereignis $\{Y_1 = j\}$ bedeutet, dass der erste Treffer im $(j+1)$-ten Versuch auftritt. Damit bleiben genau $k + 1 - j$ günstige Fälle, den zweiten Treffer auf eine der Versuchsnummern $j+2, j+3, \ldots, k+2$ zu verteilen. Man beachte, dass das Ergebnis nicht von der Trefferwahrscheinlichkeit p abhängt.

4.40 Es seien $k_1, \ldots, k_s \in \mathbb{N}_0$ mit $k_1 + \ldots + k_s = n$. Weiter sei $\lambda := \lambda_1 + \ldots + \lambda_s$ sowie $T = X_1 + \ldots + X_s$ gesetzt. Nach dem Additionsgesetz für die Poisson-Verteilung gilt $T \sim \mathrm{Po}(\lambda)$. Da aus $\{X_1 = k_1, \ldots, X_s = k_s\}$ das Ereignis $\{T = n\}$ folgt, gilt wegen der Unabhängigkeit von $X_1, \ldots, X_s$

$$
\begin{aligned}
&\mathbb{P}(X_1 = k_1, \ldots, X_s = k_s | T = n) \\
&= \frac{\mathbb{P}(X_1 = k_1, \ldots, X_s = k_s)}{\mathbb{P}(T = n)} \\
&= \frac{\prod_{j=1}^s \mathbb{P}(X_j = k_j)}{\mathbb{P}(T = n)} \\
&= \frac{\prod_{j=1}^s \left(\mathrm{e}^{-\lambda_j} \lambda_j^{k_j} / k_j! \right)}{\mathrm{e}^{-\lambda} \lambda^n / n!} \\
&= \frac{n!}{k_1! \ldots k_s!} \left(\frac{\lambda_1}{\lambda} \right)^{k_1} \cdots \left(\frac{\lambda_s}{\lambda} \right)^{k_s}.
\end{aligned}
$$

4.41 Wir verwenden die Darstellung (4.26) und erhalten mithilfe der Binomialreihe (4.25) für jedes t mit $|t| < 1$

$$
g_X(t) = \sum_{k=0}^\infty \binom{-r}{k} p^r (-(1-p)t)^k = p^r (1 - (1-p)t)^{-r}.
$$

4.42 a) Eine Zufallsvariable X mit der Poisson-Verteilung $\mathrm{Po}(\lambda)$ hat die erzeugende Funktion $g(t) = \mathrm{e}^{\lambda(t-1)}$. Es gilt

$$
g'(t) = \lambda \mathrm{e}^{\lambda(t-1)}, \qquad g''(t) = \lambda^2 \mathrm{e}^{\lambda(t-1)}
$$

und somit $g'(1) = \lambda = \mathbb{E}X$, $g''(1) = \lambda^2 = \mathbb{E}(X(X-1))$. Mit (4.58) folgt $\mathbb{V}(X) = \lambda^2 + \lambda - \lambda^2 = \lambda$.

b) Im Fall $X \sim \mathrm{Nb}(r, p)$ gilt $g(t) = p^r (1 - (1-p)t)^{-r}$ und somit

$$
\begin{aligned}
g'(t) &= p^r r (1-p)(1 - (1-p)t)^{-(r+1)}, \\
g''(t) &= p^r r(r+1)(1-p)^2 (1 - (1-p)t)^{-(r+2)}
\end{aligned}
$$

und folglich $g'(1) = r(1-p)/p = \mathbb{E}X$, $g''(1) = r(r+1)(1-p)^2/p^2 = \mathbb{E}(X(X-1))$. Mit (4.58) ergibt sich

$$
\begin{aligned}
\mathbb{V}(X) &= \frac{r(r+1)(1-p)^2}{p^2} + \frac{r(1-p)}{p} - \left(\frac{r(1-p)}{p} \right)^2 \\
&= \frac{r(1-p)}{p^2}.
\end{aligned}
$$

4.43 a) Es sei $g(t) = \sum_{k=0}^\infty \mathbb{P}(X = k)t^k = \mathrm{e}^{\lambda(t-1)}$ die erzeugende Funktion von X. Es ist $\mathbb{E}X = \lambda$ und $\lambda = \mathbb{V}(X) = \mathbb{E}X^2 - \lambda^2$. Weiter ist

$$
g'''(t) = \sum_{k=3}^\infty k(k-1)(k-2)\mathbb{P}(X = k)t^{k-3} = \lambda^3 \mathrm{e}^{\lambda(t-1)}.
$$

Also gilt $g'''(1) = \mathbb{E}[X(X-1)(X-2)] = \lambda^3$.

b) Es ist $\lambda^3 = \mathbb{E}X(X-1)(X-2) = \mathbb{E}X^3 - 3\mathbb{E}X^2 + 2\mathbb{E}X$. Hieraus folgt

$$
\mathbb{E}X^3 = \lambda^3 + 3(\lambda^2 + \lambda) - 2\lambda = \lambda^3 + 3\lambda^2 + \lambda.
$$

c) Mit der binomischen Formel ergibt sich

$$
\begin{aligned}
\mathbb{E}(X - \lambda)^3 &= \mathbb{E}X^3 - 3\lambda\mathbb{E}X^2 + 3\lambda^2\mathbb{E}X - \lambda^3 \\
&= \lambda^3 + 3\lambda^2 + \lambda - 3\lambda^3 - 3\lambda^2 + 2\lambda^3 \\
&= \lambda.
\end{aligned}
$$

4.44 Sei $h(t) := \mathbb{E}t^{S_N}$ die erzeugende Funktion von S_N. Mit (4.60) gilt

$$
\begin{aligned}
h'(t) &= \varphi'(g(t)) \cdot g'(t), \\
h''(t) &= \varphi''(g(t)) \cdot (g'(t))^2 + \varphi'(g(t)) \cdot g''(t).
\end{aligned}
$$

Wegen $h'(1) = \mathbb{E}S_N$ und (4.58) folgt

$$
\begin{aligned}
h'(1) &= \mathbb{E}S_N = \varphi'(1)g'(1) = \mathbb{E}N \cdot \mathbb{E}X_1, \\
h''(1) &= \mathbb{E}S_N(S_N - 1) \\
&= \varphi''(1)(g'(1))^2 + \varphi'(1)g''(1) \\
&= \mathbb{E}N(N-1) \cdot (\mathbb{E}X_1)^2 + \mathbb{E}N \cdot \mathbb{E}X_1(X_1 - 1).
\end{aligned}
$$

Hieraus folgt der angegebene Ausdruck für die Varianz durch direkte Rechnung.

Kapitel 4

Beweisaufgaben

4.45 Es bezeichne A_j das Ereignis, dass in *keiner* der k Stichproben die Kugeln mit der Nummer j auftritt, $j \in \{1, 2, \ldots, n\}$. Dann ist

$$X = n - \sum_{j=1}^{n} \mathbb{1}\{A_j\}$$

die Anzahl der *verschiedenen* Kugelnummern aus den k Stichproben. Dass bei einer Ziehung die Kugel Nr. j nicht auftritt, hat die Wahrscheinlichkeit $\binom{n-1}{s} / \binom{n}{s}$. Wegen der stochastischen Unabhängigkeit der Stichproben gilt

$$\mathbb{P}(A_j) = \left(\frac{\binom{n-1}{s}}{\binom{n}{s}} \right)^k = \left(1 - \frac{s}{n} \right)^k$$

und folglich

$$\mathbb{E}X = n - n \cdot \mathbb{P}(A_1) = n \cdot \left[1 - \left(1 - \frac{s}{n} \right)^k \right].$$

Für $j \in \{1, \ldots, n-s\}$ und $i_1, \ldots, i_j$ mit $1 \le i_1 < \ldots < i_j \le n$ gilt

$$\mathbb{P}(A_{i_1} \cap \ldots \cap A_{i_j}) = \left(\frac{\binom{n-j}{s}}{\binom{n}{s}} \right)^k,$$

denn bei jeder der k unabhängigen Stichproben dürfen die s Kugeln nur aus der $(n-j)$-elementigen Menge aller Kugeln mit Nummern aus $\{1, \ldots, n\} \setminus \{i_1, \ldots, i_j\}$ gewählt werden. Mit

$$S_j = \sum_{1 \le i_1 < \ldots < i_j \le n} \mathbb{P}(A_{i_1} \cap \ldots \cap A_{i_j}) = \binom{n}{j} \left(\frac{\binom{n-j}{s}}{\binom{n}{s}} \right)^k$$

liefert die Jordansche Formel

$$\begin{aligned}
\mathbb{P}(X = r) &= \mathbb{P} \left(\sum_{i=1}^{n} \mathbb{1}\{A_i\} = n - r \right) \\
&= \sum_{j=n-r}^{n} (-1)^{j-n+r} \binom{j}{n-r} S_j \\
&= \binom{n}{r} \sum_{j=n-r}^{n} (-1)^{j-n+r} \binom{r}{n-j} \left(\frac{\binom{n-j}{s}}{\binom{n}{s}} \right)^k \\
&= \binom{n}{r} \sum_{i=0}^{r} (-1)^i \binom{r}{i} \left(\frac{\binom{r-i}{s}}{\binom{n}{s}} \right)^k.
\end{aligned}$$

4.46 a) Mit dem ersten Hinweis folgt

$$\begin{aligned}
\mathbb{E}X &= \sum_{k=1}^{\infty} k \, \mathbb{P}(X = k) = \sum_{k=1}^{\infty} \left(\sum_{n=1}^{k} 1 \right) \mathbb{P}(X = k) \\
&= \sum_{n=1}^{\infty} \left(\sum_{k=n}^{\infty} \mathbb{P}(X = k) \right) = \sum_{n=1}^{\infty} \mathbb{P}(X \ge n).
\end{aligned}$$

b) Der zweite Hinweis liefert

$$\begin{aligned}
\mathbb{E}X^2 &= \sum_{k=1}^{\infty} k^2 \mathbb{P}(X = k) = \sum_{k=1}^{\infty} [k(k+1) - k] \cdot \mathbb{P}(X = k) \\
&= 2 \sum_{k=1}^{\infty} \left(\sum_{n=1}^{k} n \right) \mathbb{P}(X = k) - \sum_{k=1}^{\infty} k \, \mathbb{P}(X = k) \\
&= 2 \sum_{n=1}^{\infty} n \left(\sum_{k=n}^{\infty} \mathbb{P}(X = k) \right) - \sum_{n=1}^{\infty} \mathbb{P}(X \ge n) \\
&= 2 \sum_{n=1}^{\infty} n \mathbb{P}(X \ge n) - \sum_{n=1}^{\infty} \mathbb{P}(X \ge n) \\
&= \sum_{n=1}^{\infty} (2n - 1) \mathbb{P}(X \ge n).
\end{aligned}$$

4.47 a) Mit dem Hinweis gilt

$$\mathbb{E} \left(X - \frac{b+c}{2} \right)^2 = \mathbb{V}(X) + \left(\mathbb{E}X - \frac{b+c}{2} \right)^2. \quad (4.62)$$

Wegen $b \le X \le c$ folgt $|X - (b+c)/2| \le (c-b)/2$, und somit ergibt sich

$$\mathbb{V}(X) \le \mathbb{E} \left(X - \frac{b+c}{2} \right)^2 \le \frac{(c-b)^2}{4}.$$

b) Aus Gleichung (4.62) ist ersichtlich, dass das Ungleichheitszeichen in a) genau dann zu einem Gleichheitszeichen wird, wenn gilt:

$$\mathbb{E}X = \frac{b+c}{2}, \qquad \mathbb{P}(X = b) + \mathbb{P}(X = c) = 1.$$

Diese beiden Gleichungen sind äquivalent zur Bedingung $\mathbb{P}(X = b) = \mathbb{P}(X = c) = 1/2$.

4.48 Wir betrachten eine Parabel mit einem auf der x-Achse aufliegenden Scheitelpunkt mit Abszissenwert $a < \varepsilon$, die durch den Punkt $(\varepsilon, 1)$ geht, also die Funktion

$$g(x) := \frac{(x-a)^2}{(\varepsilon-a)^2}, \qquad x \in \mathbb{R}.$$

Es gilt $\mathbb{1}_{[\varepsilon, \infty)}(x) \le g(x)$, $x \in \mathbb{R}$, und somit

$$\mathbb{1}\{X(\omega) \ge \varepsilon\} \le g(X(\omega)), \qquad \omega \in \Omega.$$

Da die Erwartungswertbildung monoton ist, folgt

$$\mathbb{E}\mathbb{1}\{X \ge \varepsilon\} = \mathbb{P}(X \ge \varepsilon) \le \frac{\mathbb{E}(X-a)^2}{(\varepsilon-a)^2}.$$

Wegen $\mathbb{E}X = 0$ ist der Zähler gleich $\mathbb{E}X^2 + a^2 = \mathbb{V}(X) + a^2$. Minimiert man die Funktion $a \mapsto (\mathbb{V}(X) + a^2)/(\varepsilon - a)^2$, $a < \varepsilon$, bzgl. a, so ergibt sich als Lösung $a = -\mathbb{V}(X)/\varepsilon$. Setzt man diesen Wert für a ein, so folgt die Behauptung nach direkter Rechnung.

Kapitel 4

4.49 a) Aus der Regel $\mathbb{V}(aX + b) = a^2\mathbb{V}(X)$ und der allgemeinen Eigenschaft

$$\mathbb{V}\left(\sum_{j=1}^{n} Z_j\right) = \sum_{j=1}^{n} \mathbb{V}(Z_j) + 2 \sum_{1 \le i < j \le n} \mathrm{Cov}(Z_i, Z_j)$$

der Kovarianz folgt

$$\mathbb{V}(\overline{X}_n) = \frac{1}{n^2} \mathbb{V}\left(\sum_{j=1}^{n} X_j\right)$$

$$= \frac{1}{n^2}\left(n\sigma^2 + 2 \sum_{1 \le i < j \le n} \mathrm{Cov}(X_i, X_j)\right).$$

Da die Unkorreliertheit von X_i und X_j für $|i - j| \ge k$ und die Cauchy-Schwarz-Ungleichung die Abschätzung

$$\sum_{1 \le i < j \le n} |\mathrm{Cov}(X_i, X_j)| \le n(k-1)\sigma^2$$

liefern, folgt $\lim_{n \to \infty} \mathbb{V}(\overline{X}_n) = 0$ und somit die Behauptung wegen $\mathbb{E}(\overline{X}_n) = \mu$ aus der Tschebyschow-Ungleichung.

b) Die Behauptung ergibt sich aus Teil a) mit $X_j := \mathbb{1}\{A_j\}$ und $k = 2$, denn es ist $\mathbb{P}(Y_1 < Y_2) = 5/12$.

4.50 Wir schreiben $p_j := \mathbb{P}(X = j)$ und setzen in $k = 1$ in (4.61). Es ergibt sich

$$\frac{\mathbb{P}(X = m+1, X \ge 1)}{\mathbb{P}(X \ge 1)} = \mathbb{P}(X = m), \qquad m \in \mathbb{N}_0,$$

und somit wegen $\mathbb{P}(X \ge 1) = 1 - p_0$ die Beziehung

$$p_{m+1} = p_m \cdot (1 - p_0), \qquad m \in \mathbb{N}_0.$$

Da $0 < p_0 < 1$ vorausgesetzt wurde, folgt hieraus $p_m > 0$ für jedes $m \ge 0$, also

$$\frac{p_{m+1}}{p_m} = 1 - p_0, \qquad m \in \mathbb{N}_0.$$

Wir erhalten

$$p_k = \left(\prod_{m=0}^{k-1} \frac{p_{m+1}}{p_m}\right) \cdot p_0 = (1 - p_0)^k \cdot p_0,$$

$k \in \mathbb{N}_0$. Folglich gilt $X \sim \mathrm{G}(p_0)$.

4.51 Die obige Identität zwischen Binomialkoeffizienten beweist man durch Induktion über m unter Verwendung der Rekursionsformel (2.31). Mit der Jordanschen Formel folgt dann

$$\mathbb{P}(X \ge k) = \sum_{\ell=k}^{n} \mathbb{P}(X = \ell)$$

$$= \sum_{\ell=k}^{n} \sum_{j=\ell}^{n} (-1)^{j-l} \binom{j}{\ell} S_j$$

$$= \sum_{j=k}^{n} \left(\sum_{\ell=k}^{j} (-1)^{j-\ell} \binom{j}{\ell}\right) S_j$$

$$= \sum_{j=k}^{n} \left(\sum_{v=0}^{j-k} (-1)^{v} \binom{j}{v}\right) S_j$$

$$= \sum_{j=k}^{n} (-1)^{j-k} \binom{j-1}{k-1} S_j,$$

was zu zeigen war.

4.52 Im Beispiel zum Rencontre-Problem in Abschn. 2.5 wurde $\mathbb{P}(A_j) = 1/n$ für $1 \le j \le n$ und allgemeiner

$$\mathbb{P}(A_{i_1} \cap \ldots \cap A_{i_j}) = \frac{(n-j)!}{n!}$$

für $1 \le i_1 < \ldots < i_j \le n$ gezeigt. Wegen

$$\mathbb{E}(X_n) = \sum_{j=1}^{n} \mathbb{P}(A_j) = n \cdot \frac{1}{n}$$

(vgl. (4.11)) folgt a), und b) ergibt sich mit der Jordanschen Formel, denn danach gilt

$$\mathbb{P}(X = k) = \sum_{j=k}^{n} (-1)^{j-k} \binom{j}{k} S_j,$$

wobei

$$S_j = \sum_{1 \le i_1 < \ldots < i_j \le n} \mathbb{P}(A_{i_1} \cap \ldots \cap A_{i_j})$$

$$= \binom{n}{j} \cdot \frac{(n-j)!}{n!} = \frac{1}{j!}.$$

Wegen $\mathrm{e}^x = \sum_{k=0}^{\infty} x^k/k!$, $x \in \mathbb{R}$, folgt c) aus b). Mit (4.32) folgt

$$\mathbb{V}(X_n) = n \cdot \frac{1}{n}\left(1 - \frac{1}{n}\right) + n(n-1)\left(\frac{(n-2)!}{n!} - \frac{1}{n^2}\right)$$

$$= 1,$$

was d) zeigt.

Kapitel 4

Kapitel 5: Stetige Verteilungen und allgemeine Betrachtungen – jetzt wird es analytisch

Aufgaben

Verständnisfragen

5.1 •• Es sei F die Verteilungsfunktion einer Zufallsvariablen X. Zeigen Sie.

a) $\mathbb{P}(a < X \leq b) = F(b) - F(a), a, b \in \mathbb{R}, a < b$.
b) $\mathbb{P}(X = x) = F(x) - F(x-), x \in \mathbb{R}$.

5.2 •• Zeigen Sie, dass eine Verteilungsfunktion höchstens abzählbar unendlich viele Unstetigkeitsstellen besitzen kann.

5.3 •• Die Zufallsvariable X besitze eine Gleichverteilung in $(0, 2\pi)$. Welche Verteilung besitzt $Y := \sin X$?

5.4 •• Leiten Sie die im Satz über die Verteilung der r-ten Ordnungsstatistik am Ende von Abschn. 5.2 angegebene Dichte $g_{r,n}$ der r-ten Ordnungsstatistik $X_{r:n}$ über die Beziehung

$$\lim_{\varepsilon \to 0} \frac{\mathbb{P}(t \leq X_{r:n} \leq t + \varepsilon)}{\varepsilon} = g_{r,n}(t)$$

für jede Stetigkeitsstelle t der Dichte f von X_1 her.

5.5 • Die Zufallsvariablen $X_1, \ldots, X_n$ seien stochastisch unabhängig. Die Verteilungsfunktion von X_j sei mit F_j bezeichnet, $j = 1, \ldots, n$. Zeigen Sie:

a) $\mathbb{P}\left(\max_{j=1,\ldots,n} X_j \leq t\right) = \prod_{j=1}^{n} F_j(t), t \in \mathbb{R}$,
b) $\mathbb{P}\left(\min_{j=1,\ldots,n} X_j \leq t\right) = 1 - \prod_{j=1}^{n}(1 - F_j(t)), t \in \mathbb{R}$.

5.6 •• Es sei X eine Zufallsvariable mit nichtausgearteter Verteilung. Zeigen Sie:

a) $\mathbb{E}\left(\frac{1}{X}\right) > \frac{1}{\mathbb{E}X}$,
b) $\mathbb{E}(\log X) < \log(\mathbb{E}X)$,
c) $\mathbb{E}(e^X) > e^{\mathbb{E}X}$.

Dabei mögen alle auftretenden Erwartungswerte existieren, und für a) und b) sei $\mathbb{P}(X > 0) = 1$ vorausgesetzt.

5.7 • Der Zufallsvektor $\mathbf{X} = (X_1, \ldots, X_s)$ sei multinomialverteilt mit Parametern n und $p_1, \ldots, p_s$. Zeigen Sie, dass die Kovarianzmatrix von $\mathbf{X}$ singulär ist.

5.8 • Es sei X eine Zufallsvariable mit charakteristischer Funktion φ_X. Zeigen Sie:

$$X \sim -X \iff \varphi_X(t) \in \mathbb{R} \quad \forall t \in \mathbb{R}.$$

Rechenaufgaben

5.9 •

a) Zeigen Sie, dass die Festsetzung

$$F(x) := 1 - \frac{1}{1 + x}, \qquad x \geq 0,$$

und $F(x) := 0$ sonst, eine Verteilungsfunktion definiert.
b) Es sei X eine Zufallsvariable mit Verteilungsfunktion F. Bestimmen Sie $\mathbb{P}(X \leq 10)$ und $\mathbb{P}(5 \leq X \leq 8)$.
c) Besitzt X eine Dichte?

5.10 •• Der Zufallsvektor (X, Y) besitze eine Gleichverteilung im Einheitskreis $B := \{(x, y) : x^2 + y^2 \leq 1\}$. Welche marginalen Dichten haben X und Y? Sind X und Y stochastisch unabhängig?

5.11 •• Die Zufallsvariable X habe die stetige Verteilungsfunktion F. Welche Verteilungsfunktion besitzen die Zufallsvariablen

a) X^4,
b) $|X|$,
c) $-X$?

5.12 • Wie ist die Zahl a zu wählen, damit die durch $f(x) := a\exp(-|x|)$, $x \in \mathbb{R}$, definierte Funktion eine Dichte wird? Wie lautet die zugehörige Verteilungsfunktion?

© Springer-Verlag GmbH Deutschland, ein Teil von Springer Nature 2019
N. Henze, *Arbeitsbuch Stochastik*, https://doi.org/10.1007/978-3-662-59722-4_4

5.13 • Der Messfehler einer Waage kann aufgrund von Erfahrungswerten als approximativ normalverteilt mit Parametern $\mu = 0$ (entspricht optimaler Justierung) und $\sigma^2 = 0.2025$ mg^2 angenommen werden. Wie groß ist die Wahrscheinlichkeit, dass eine Messung um weniger als 0.45 mg (weniger als 0.9 mg) vom wahren Wert abweicht?

5.14 • Die Zufallsvariable X sei N(μ, σ^2)-verteilt. Wie groß ist die Wahrscheinlichkeit, dass X vom Erwartungswert μ betragsmäßig um höchstens das k-Fache der Standardabweichung σ abweicht, $k \in \{1, 2, 3\}$?

5.15 • Zeigen Sie, dass die Verteilungsfunktion Φ der Standardnormalverteilung die Darstellung

$$\Phi(x) = \frac{1}{2} + \frac{1}{\sqrt{2\pi}} \sum_{k=0}^{\infty} \frac{(-1)^k x^{2k+1}}{2^k k! (2k+1)}, \qquad x > 0,$$

besitzt.

5.16 •• Es sei $F_0(x) := (1 + \exp(-x))^{-1}$, $x \in \mathbb{R}$.

a) Zeigen Sie: F_0 ist eine Verteilungsfunktion, und es gilt $F_0(-x) = 1 - F_0(x)$ für $x \in \mathbb{R}$.

b) Skizzieren Sie die Dichte von F_0. Die von F_0 erzeugte Lokations-Skalen-Familie heißt *Familie der logistischen Verteilungen*. Eine Zufallsvariable X mit der Verteilungsfunktion

$$F(x) = \left[1 + \exp\left(-\frac{x-a}{\sigma}\right)\right]^{-1} = F_0\left(\frac{x-a}{\sigma}\right)$$

heißt *logistisch verteilt* mit Parametern a und σ, $\sigma > 0$, kurz: $X \sim L(a, \sigma)$.

c) Zeigen Sie: Ist F wie oben und $f = F'$ die Dichte von F, so gilt

$$f(x) = \frac{1}{\sigma} F(x)(1 - F(x)).$$

Die Verteilungsfunktion F genügt also einer *logistischen Differenzialgleichung*.

5.17 • Die Zufallsvariable X habe die Gleichverteilung U$(0, 1)$. Welche Verteilung besitzt $Y := 4X(1 - X)$?

5.18 •• Die Zufallsvariablen X_1, X_2 besitzen die gemeinsame Dichte

$$f(x_1, x_2) = \frac{\sqrt{2}}{\pi} \exp\left(-\frac{3}{2}x_1^2 - x_1 x_2 - \frac{3}{2}x_2^2\right), \quad (x_1, x_2) \in \mathbb{R}^2.$$

a) Bestimmen Sie die Dichten der Marginalverteilungen von X_1 und X_2. Sind X_1, X_2 stochastisch unabhängig?

b) Welche gemeinsame Dichte besitzen $Y_1 := X_1 + X_2$ und $Y_2 := X_1 - X_2$? Sind Y_1 und Y_2 unabhängig?

5.19 •• Die Zufallsvariablen X, Y seien unabhängig und je Exp(λ)-verteilt, wobei $\lambda > 0$. Zeigen Sie: Der Quotient X/Y besitzt die Verteilungsfunktion

$$G(t) = \frac{t}{1 + t}, \quad t > 0,$$

und $G(t) = 0$ sonst.

5.20 •• In der *kinetischen Gastheorie* werden die Komponenten V_j des Geschwindigkeitsvektors $V = (V_1, V_2, V_3)$ eines einzelnen Moleküls mit Masse m als stochastisch unabhängige und je N$(0, kT/m)$-verteilte Zufallsvariablen betrachtet. Hierbei bezeichnen k die Boltzmann-Konstante und T die absolute Temperatur. Zeigen Sie, dass $Y := \sqrt{V_1^2 + V_2^2 + V_3^2}$ die Dichte

$$g(y) = \sqrt{\frac{2}{\pi}} \left(\frac{m}{kT}\right)^{3/2} y^2 \exp\left(-\frac{my^2}{2kT}\right) \mathbb{1}_{(0,\infty)}(y)$$

besitzt (sog. *Maxwellsche Geschwindigkeitsverteilung*).

5.21 •• Die gemeinsame Dichte f der Zufallsvariablen X und Y habe die Gestalt $f(x, y) = \psi(x^2 + y^2)$ mit einer Funktion $\psi : \mathbb{R}_{\geq 0} \to \mathbb{R}_{\geq 0}$. Zeigen Sie: Der Quotient X/Y besitzt die Cauchy-Verteilung C$(0, 1)$, also die Dichte

$$g(t) = \frac{1}{\pi(1 + t^2)}, \qquad t \in \mathbb{R}.$$

5.22 • Zeigen Sie unter Verwendung der Box-Muller-Methode (s. Abschn. 5.2), dass der Quotient zweier unabhängiger standardnormalverteilter Zufallsvariablen die Cauchy-Verteilung C$(0, 1)$ besitzt.

5.23 •• Es seien X_1 und X_2 unabhängige und je N$(0, 1)$-verteilte Zufallsvariablen: Zeigen Sie:

$$\frac{X_1 X_2}{\sqrt{X_1^2 + X_2^2}} \sim N\left(0, \frac{1}{4}\right).$$

5.24 •• Welche Verteilung besitzt der Quotient X/Y, wenn X und Y stochastisch unabhängig und je im Intervall $(0, a)$ gleichverteilt sind?

5.25 •• Der Zufallsvektor (X, Y) besitze die Dichte $h := 2 \mathbb{1}_A$, wobei $A := \{(x, y) \in \mathbb{R}^2 \mid 0 \leq x \leq y \leq 1\}$. Zeigen Sie:

a) $\mathbb{E}\,X = \frac{1}{3}$, $\mathbb{E}\,Y = \frac{2}{3}$,

b) $\mathbb{V}(X) = \mathbb{V}(Y) = \frac{1}{18}$,

c) Cov$(X, Y) = \frac{1}{36}$, $\rho(X, Y) = \frac{1}{2}$.

5.26 • Der Zufallsvektor $(X_1, \ldots, X_k)$ besitze eine nichtausgeartete Normalverteilung N$_k(\mu; \Sigma)$. Zeigen Sie: Ist Σ eine Diagonalmatrix, so sind $X_1, \ldots, X_k$ stochastisch unabhängig.

5.27 •• Zeigen Sie, dass in der Situation von Abb. 5.23 der zufällige Ankunftspunkt X auf der x-Achse die Cauchy-Verteilung $C(\alpha, \beta)$ besitzt.

5.28 • Es sei $X \sim C(\alpha, \beta)$. Zeigen Sie:

a) $Q_{1/2} = \alpha$,
b) $2\beta = Q_{3/4} - Q_{1/4}$.

5.29 • Die Zufallsvariable X besitze die Weibull-Verteilung $\text{Wei}(\alpha, 1)$. Zeigen Sie: Es gilt

$$\left(\frac{1}{\lambda}\right)^{1/\alpha} X \sim \text{Wei}(\alpha, \lambda).$$

5.30 •• Die Zufallsvariable X besitzt die Weibull-Verteilung $\text{Wei}(\alpha, \lambda)$. Zeigen Sie:

a) $\mathbb{E} X^k = \frac{\Gamma(1 + \frac{k}{\alpha})}{\lambda^{k/\alpha}}$, $k \in \mathbb{N}$.
b) $Q_{1/2} < \mathbb{E} X$.

5.31 •• Zeigen Sie, dass eine χ_k^2-verteilte Zufallsvariable X die Dichte

$$f_k(x) := \frac{1}{2^{k/2} \Gamma(k/2)} x^{\frac{k}{2}-1} e^{-\frac{x}{2}}, \quad x > 0$$

und $f_k(x) := 0$ sonst besitzt.

5.32 •• Die Zufallsvariable X besitze die Lognormalverteilung $\text{LN}(\mu, \sigma^2)$. Zeigen Sie:

a) $\text{Mod}(X) = \exp(\mu - \sigma^2)$,
b) $Q_{1/2} = \exp(\mu)$,
c) $\mathbb{E} X = \exp(\mu + \sigma^2/2)$,
d) $\mathbb{V}(X) = \exp(2\mu + \sigma^2)(\exp(\sigma^2) - 1)$.

5.33 •• Die Zufallsvariable X hat eine *Betaverteilung* mit Parametern $\alpha > 0$ und $\beta > 0$, falls X die Dichte

$$f(x) := \frac{1}{B(\alpha, \beta)} x^{\alpha-1} (1 - x)^{\beta-1} \quad \text{für } 0 < x < 1$$

und $f(x) := 0$ sonst besitzt, und wir schreiben hierfür kurz $X \sim \text{BE}(\alpha, \beta)$. Dabei ist

$$B(\alpha, \beta) := \frac{\Gamma(\alpha)\Gamma(\beta)}{\Gamma(\alpha + \beta)}$$

die in (5.59) eingeführte Eulersche Betafunktion. Zeigen Sie:

a) $\mathbb{E} X^k = \prod_{j=0}^{k-1} \frac{\alpha+j}{\alpha+\beta+j}$, $k \in \mathbb{N}$,
b) $\mathbb{E} X = \frac{\alpha}{\alpha+\beta}$, $\mathbb{V}(X) = \frac{\alpha\beta}{(\alpha+\beta+1)(\alpha+\beta)^2}$.
c) Sind V und W stochastisch unabhängige Zufallsvariablen, wobei $V \sim \Gamma(\alpha, \lambda)$ und $W \sim \Gamma(\beta, \lambda)$, so gilt

$$\frac{V}{V + W} \sim \text{BE}(\alpha, \beta).$$

5.34 •• Die Zufallsvariable Z besitze eine Gamma-Verteilung $\Gamma(r, \beta)$, wobei $r \in \mathbb{N}$. Die bedingte Verteilung der Zufallsvariablen X unter der Bedingung $Z = z$, $z > 0$, sei die Poisson-Verteilung $\text{Po}(z)$. Welche Verteilung hat X?

Beweisaufgaben

5.35 ••• Es seien $F, G : \mathbb{R} \to [0, 1]$ Verteilungsfunktionen. Zeigen Sie:

a) Stimmen F und G auf einer in $\mathbb{R}$ dichten Menge (deren Abschluss also ganz $\mathbb{R}$ ist) überein, so gilt $F = G$.
b) Die Menge

$$W(F) := \{x \in \mathbb{R} \mid F(x + \varepsilon) - F(x - \varepsilon) > 0 \ \forall \ \varepsilon > 0\}$$

der *Wachstumspunkte* von F ist nichtleer und abgeschlossen.
c) Es gibt eine diskrete Verteilungsfunktion F mit der Eigenschaft $W(F) = \mathbb{R}$.

5.36 •• Sei F die Verteilungsfunktion eines k-dimensionalen Zufallsvektors $\mathbf{X} = (X_1, \ldots, X_k)$. Zeigen Sie: Für $x = (x_1, \ldots, x_k)$, $y = (y_1, \ldots, y_k) \in \mathbb{R}^k$ mit $x \le y$ gilt

$$\Delta_x^y F = \mathbb{P}(\mathbf{X} \in (x, y]),$$

wobei

$$\Delta_x^y F := \sum_{\rho \in \{0,1\}^k} (-1)^{k-s(\rho)} F(y_1^{\rho_1} x_1^{1-\rho_1}, \ldots, y_k^{\rho_k} x_k^{1-\rho_k})$$

und $\rho = (\rho_1, \ldots, \rho_k), s(\rho) = \rho_1 + \ldots + \rho_k$.

5.37 •• Für eine natürliche Zahl m sei $\mathbb{P}_m$ die Gleichverteilung auf der Menge $\Omega_m := \{0, 1/m, \ldots, (m-1)/m\}$. Zeigen Sie: Ist $[u, v]$, $0 \le u < v \le 1$, ein beliebiges Teilintervall von $[0, 1]$, so gilt

$$|\mathbb{P}_m(\{a \in \Omega_m : u \le a \le v\}) - (v - u)| \le \frac{1}{m}. \quad (5.110)$$

5.38 •• Es seien $r_1, \ldots, r_n, s_1, \ldots, s_n \in [0, 1]$ mit $|r_j - s_j| \le \varepsilon$, $j = 1, \ldots, n$, für ein $\varepsilon > 0$.

a) Zeigen Sie:

$$\left| \prod_{j=1}^n r_j - \prod_{j=1}^n s_j \right| \le n \varepsilon. \quad (5.111)$$

b) Es seien $\mathbb{P}_m^n$ die Gleichverteilung auf Ω_m^n (vgl. Aufgabe 5.37) sowie $u_j, v_j \in [0, 1]$ mit $u_j < v_j$ für $j = 1, \ldots, n$. Weiter sei $A := \{(a_1, \ldots, a_n) \in \Omega_m^n : u_j \le a_j \le v_j \text{ für } j = 1, \ldots, n\}$. Zeigen Sie mithilfe von (5.111):

$$\left| \mathbb{P}_m^n(A) - \prod_{j=1}^n (v_j - u_j) \right| \le \frac{n}{m}.$$

Kapitel 5

5.39 •• Es sei $z_{j+1} \equiv a z_j + b \pmod{m}$ das iterative lineare Kongruenzschema des linearen Kongruenzgenerators mit Startwert z_0, Modul m, Faktor a und Inkrement b (siehe die Hintergrund-und-Ausblick-Box über den linearen Kongruenzgenerator in Abschn. 5.2). Weiter seien $d \in \mathbb{N}$ mit $d \geq 2$ und

$$Z_i := (z_i, z_{i+1}, \ldots, z_{i+d-1})^\top, \quad 0 \leq i < m.$$

Dabei bezeichne $u^\top$ den zu einem Zeilenvektor u transponierten Spaltenvektor. Zeigen Sie:

a) $Z_i - Z_0 \equiv (z_i - z_0)(1\, a\, a^2 \cdots a^{d-1})^\top \pmod{m}$, $i \geq 0$.

b) Bezeichnet $\mathcal{G}$ die Menge der ganzzahligen Linearkombinationen der d Vektoren

$$\begin{pmatrix} 1 \\ a \\ \vdots \\ a^{d-1} \end{pmatrix}, \begin{pmatrix} 0 \\ m \\ \vdots \\ 0 \end{pmatrix}, \ldots, \begin{pmatrix} 0 \\ 0 \\ \vdots \\ m \end{pmatrix},$$

so gilt $Z_i - Z_0 \in \mathcal{G}$ für jedes i.

5.40 •• Die Zufallsvariablen $X_1, \ldots, X_k$, $k \geq 2$, seien stochastisch unabhängig mit gleicher, überall positiver differenzierbarer Dichte f. Dabei hänge $\prod_{j=1}^{k} f(x_j)$ von $(x_1, \ldots, x_k) \in \mathbb{R}^k$ nur über $x_1^2 + \ldots + x_k^2$ ab. Zeigen Sie: Es gibt ein $\sigma > 0$ mit

$$f(x) = \frac{1}{\sigma \sqrt{2\pi}} \exp\left(-\frac{x^2}{2\sigma^2}\right), \quad x \in \mathbb{R}.$$

5.41 •• Leiten Sie die Darstellungsformel

$$\mathbb{E}(X) = \int_0^\infty (1 - F(x))\, \mathrm{d}x - \int_{-\infty}^0 F(x)\, \mathrm{d}x$$

für den Erwartungswert (vgl. Abschn. 5.3) her.

5.42 •• Es seien X eine Zufallsvariable und p eine positive reelle Zahl. Man prüfe, ob die folgenden Aussagen äquivalent sind:

a) $\mathbb{E}|X|^p < \infty$,

b) $\sum_{n=1}^\infty \mathbb{P}\left(|X| > n^{1/p}\right) < \infty$.

5.43 ••

a) Es sei X eine Zufallsvariable mit $\mathbb{E}|X|^p < \infty$ für ein $p > 0$. Zeigen Sie: Es gilt $\mathbb{E}|X|^q < \infty$ für jedes $q \in (0, p)$.

b) Geben Sie ein Beispiel für eine Zufallsvariable X mit $\mathbb{E}|X| = \infty$ und $\mathbb{E}|X|^p < \infty$ für jedes p mit $0 < p < 1$ an.

5.44 ••• Es sei X eine Zufallsvariable mit $\mathbb{E}X^4 < \infty$ und $\mathbb{E}X = 0$, $\mathbb{E}X^2 = 1 = \mathbb{E}X^3$. Zeigen Sie: $\mathbb{E}X^4 \geq 2$. Wann tritt hier Gleichheit ein?

5.45 •• Die Zufallsvariablen $X_1, X_2, \ldots$ seien identisch verteilt, wobei $\mathbb{E}|X_1| < \infty$. Zeigen Sie:

$$\lim_{n \to \infty} \mathbb{E}\left(\frac{1}{n} \max_{j=1,\ldots,n} |X_j|\right) = 0.$$

5.46 ••• Es sei (X_1, X_2) ein zweidimensionaler Zufallsvektor mit $0 < \mathbb{V}(X_1) < \infty$, $0 < \mathbb{V}(X_2) < \infty$. Zeigen Sie: Mit $\rho := \rho(X_1, X_2)$ gilt für jedes $\varepsilon > 0$:

$$\mathbb{P}\left(\bigcup_{j=1}^2 \left\{|X_j - \mathbb{E}X_j| \geq \varepsilon \sqrt{\mathbb{V}(X_j)}\right\}\right) \leq \frac{1 + \sqrt{1 - \rho^2}}{\varepsilon^2}.$$

5.47 ••• Es sei X eine Zufallsvariable mit $\mathbb{E}|X| < \infty$. Zeigen Sie: Ist $a_0 \in \mathbb{R}$ mit

$$\mathbb{P}(X \geq a_0) \geq \frac{1}{2}, \quad \mathbb{P}(X \leq a_0) \geq \frac{1}{2},$$

so folgt $\mathbb{E}|X - a_0| = \min_{a \in \mathbb{R}} \mathbb{E}|X - a|$. Insbesondere gilt also

$$\mathbb{E}|X - Q_{1/2}| = \min_{a \in \mathbb{R}} \mathbb{E}|X - a|.$$

5.48 •• Die Zufallsvariable X sei symmetrisch verteilt und besitze die stetige, auf $\{x \mid 0 < F(x) < 1\}$ streng monotone Verteilungsfunktion F. Weiter gelte $\mathbb{E}X^2 < \infty$. Zeigen Sie:

$$Q_{3/4} - Q_{1/4} \leq \sqrt{8\mathbb{V}(X)}.$$

5.49 •• Es gelte $\mathbf{X} \sim \mathrm{N}_k(\mu, \Sigma)$. Zeigen Sie, dass die quadratische Form $(\mathbf{X} - \mu)^\top \Sigma^{-1} (\mathbf{X} - \mu)$ eine χ_k^2-Verteilung besitzt.

5.50 • Zeigen Sie: Für die charakteristische Funktion φ_X einer Zufallsvariablen X gelten:

a) $\varphi_X(-t) = \overline{\varphi_X(t)}$, $t \in \mathbb{R}$,

b) $\varphi_{aX+b}(t) = \mathrm{e}^{\mathrm{i}tb} \varphi_X(at)$, $a, b, t \in \mathbb{R}$.

5.51 •• Es sei X eine Zufallsvariable mit charakteristischer Funktion φ und Dichte f. Weiter sei φ reell und nichtnegativ, und es gelte $c := \int \varphi(t)\, \mathrm{d}t < \infty$. Zeigen Sie:

a) Es gilt $c > 0$, sodass durch $g(x) := \varphi(x)/c$, $x \in \mathbb{R}$, eine Dichte g definiert wird.

b) Ist Y eine Zufallsvariable mit Dichte g, so besitzt Y die charakteristische Funktion

$$\psi(t) = \frac{2\pi}{c} f(t), \quad t \in \mathbb{R}.$$

5.52 ••

a) Es seien X und Y unabhängige und je Exp(1)-verteilte Zufallsvariablen. Bestimmen Sie Dichte und charakteristische Funktion von $Z := X - Y$.

b) Zeigen Sie: Eine Zufallsvariable mit der Cauchy-Verteilung C$(0, 1)$ besitzt die charakteristische Funktion $\psi(t) = \exp(-|t|)$, $t \in \mathbb{R}$.

c) Es seien $X_1, \dots, X_n$ unabhängig und identisch verteilt mit Cauchy-Verteilung C(α, β). Dann gilt:

$$\frac{1}{n} \sum_{j=1}^{n} X_j \sim \mathrm{C}(\alpha, \beta).$$

5.53 ••• Es sei h eine positive reelle Zahl. Die Zufallsvariable X besitzt eine *Gitterverteilung mit Spanne h*, falls ein $a \in \mathbb{R}$ existiert, sodass $\mathbb{P}^X(\{a + hm \mid m \in \mathbb{Z}\}) = 1$ gilt. (Beispiele für $a = 0, h = 1$: Binomialverteilung, Poissonverteilung). Beweisen Sie die Äquivalenz der folgenden Aussagen:

a) X besitzt eine Gitterverteilung mit Spanne h.
b) $\left| \varphi_X \left(\frac{2\pi}{h} \right) \right| = 1$.
c) $|\varphi_X(t)|$ ist periodisch mit Periode $\frac{2\pi}{h}$.

5.54 •• Es sei X eine Zufallsvariable mit charakteristischer Funktion φ. Zeigen Sie: Es gilt

$$\lim_{T \to \infty} \frac{1}{2T} \int\limits_{-T}^{T} e^{-ita} \varphi(t) \, \mathrm{d}t = \mathbb{P}(X = a), \quad a \in \mathbb{R}.$$

5.55 •• Beweisen Sie die Dreiecksungleichung $|\mathbb{E}(X|\mathcal{G})| \leq \mathbb{E}(|X| \,|\mathcal{G})$ für bedingte Erwartungen.

5.56 • Zeigen Sie, dass mit Stoppzeiten σ und τ bzgl. einer Filtration $\mathbb{F}$ auch $\max(\sigma, \tau)$, $\min(\sigma, \tau)$ und $\sigma + \tau$ Stoppzeiten bzgl. $\mathbb{F}$ sind.

5.57 • Zeigen Sie, dass die in Abschn. 5.8 definierte σ-Algebra der τ-Vergangenheit in der Tat eine σ-Algebra ist.

5.58 • Es sei $(X_n)_{n \geq 0}$ ein Submartingal bzgl. einer Filtration $\mathbb{F} = (\mathcal{F}_n)_{n \geq 0}$. Zeigen Sie: Für jede Wahl von m und n mit $m > n \geq 0$ gilt

$$\mathbb{E}(X_m | \mathcal{F}_n) \geq X_n \quad \mathbb{P}\text{-f.s.}$$

5.59 • Es sei $(X_n)_{n \geq 0}$ ein Submartingal oder Supermartingal. Zeigen Sie:

$$(X_n) \text{ ist ein Martingal} \iff \mathbb{E}(X_n) = \mathbb{E}(X_0) \; \forall n \geq 1.$$

5.60 • Es seien $(X_n)_{n \geq 0}$ und $(Y_n)_{n \geq 0}$ Submartingale bzgl. der gleichen Filtration $\mathbb{F} = (\mathcal{F}_n)_{n \geq 0}$. Zeigen Sie, dass auch $(\max(X_n, Y_n))_{n \geq 0}$ ein Submartingal bzgl. $\mathbb{F}$ ist.

5.61 • Es seien σ und τ Stoppzeiten bzgl. einer Filtration $\mathbb{F} = (\mathcal{F}_n)_{n \geq 0}$ mit der Eigenschaft $\sigma \leq \tau$. Zeigen Sie, dass für die zugehörigen σ-Algebren $\mathcal{A}_\sigma$ und $\mathcal{A}_\tau$ der σ- bzw. τ-Vergangenheit die Inklusion $\mathcal{A}_\sigma \subseteq \mathcal{A}_\tau$ besteht.

5.62 •• Es sei $(X_n)_{n \geq 0}$ ein Martingal bzgl. einer Filtration $\mathbb{F}$ mit $\mathbb{E}(X_n^2) < \infty$ für jedes $n \geq 0$. Zeigen Sie:

a) (X_n) besitzt *orthogonale Zuwächse*, d. h., es gilt

$$\mathbb{E}\big[(X_m - X_{m-1})(X_\ell - X_{\ell-1}) \big] = 0 \quad \forall \ell, m \geq 1, \ell \neq m.$$

b) Es gilt $\mathbb{V}(X_n) = \mathbb{V}(X_0) + \sum_{j=1}^{n} \mathbb{E}\big[(X_j - X_{j-1})^2 \big]$.

5.63 • Zeigen Sie: Ist $(X_n)_{n \geq 0}$ sowohl pävisibel als auch ein Martingal bzgl. einer Filtration, so gilt für jedes $n \geq 1$: $X_n = X_0$ $\mathbb{P}$-fast sicher.

5.64 ••• Es sei A eine K-elementige Menge, wobei $K \geq 2$. Ein Element $a \in A$ heißt Fixpunkt einer Permutation von A, wenn es auf sich selbst abgebildet wird. Wir starten mit einer rein zufälligen Permutation $P1$ von A. Sollte $P1$ weniger als K Fixpunkte ergeben, so unterwerfen wir in einer zweiten Runde die „Nicht-Fixpunkte von A" einer rein zufälligen Permutation $P2$. Die evtl. vorhandenen „Nicht-Fixpunkte" *dieser* Permutation unterwerfen wir einer dritten rein zufälligen Permutation $P3$ usw. Die Zufallsvariable τ bezeichne die zufällige Anzahl der Runden, bis jedes Element von A als Fixpunkt aufgetreten ist. Zeigen Sie:

a) $\mathbb{E}(\tau) = K$.
b) $\mathbb{V}(\tau) = K$.

Hinweise

Verständnisfragen

5.1 –

5.2 –

5.3 Machen Sie sich eine Skizze!

5.4 Bezeichnet $N_B := \sum_{j=1}^{n} \mathbb{1}\{X_j \in B\}$ die Anzahl der X_j, die in die Menge $B \subseteq \mathbb{R}$ fallen, so besitzt der Zufallsvektor $(N_{(-\infty, t)}, N_{[t, t+\varepsilon]}, N_{(t+\varepsilon, \infty)})$ die Multinomialverteilung Mult$(n; F(t), F(t+\varepsilon) - F(t), 1 - F(t+\varepsilon))$. Es gilt $\mathbb{P}(N_{[t, t+\varepsilon]} \geq 2) = O(\varepsilon^2)$ für $\varepsilon \to 0$.

5.5 –

5.6 –

Kapitel 5

5.7 Sie müssen die Kovarianzmatrix nicht kennen!

5.8 –

Rechenaufgaben

5.9 –

5.10 –

5.11 a) $F(t^{1/4}) - F(-t^{1/4})$ für $t \geq 0$ b) $F(t) - F(-t)$ für $t \geq 0$ c) $1 - F(-t)$, $t \in \mathbb{R}$.

5.12 –

5.13 –

5.14 Verwenden Sie Tab. 5.1.

5.15 Potenzreihenentwicklung von φ!

5.16 –

5.17 Versuchen Sie, direkt die Verteilungsfunktion G von Y zu bestimmen.

5.18 –

5.19 –

5.20 Sind Z_1, Z_2, Z_3 unabhängig und je $N(0, 1)$-normalverteilt, so besitzt $Z := Z_1^2 + Z_2^2 + Z_3^2$ eine χ_3^2-Verteilung.

5.21 Verwenden Sie Gleichung (5.30) sowie Polarkoordinaten.

5.22 –

5.23 Box-Muller-Methode!

5.24 Die Verteilung hängt nicht von a ab.

5.25 –

5.26 Welche Gestalt besitzt die gemeinsame Dichte von $X_1, \ldots, X_k$?

5.27 –

5.28 –

5.29 –

5.30 –

5.31 Verwenden Sie die Faltungsformel.

5.32 Für c) und d) ist bei Integralberechnungen die Substitution $u = \log x$ hilfreich.

5.33 a) Verwenden Sie (5.59) und die Gleichung $\Gamma(t + 1) = t\Gamma(t)$, $t > 0$. c) Bestimmen Sie zunächst die Dichte von W/V.

5.34 –

Beweisaufgaben

5.35 –

5.36 Es ist $\mathbb{P}(\mathbf{X} \in (x, y]) = F(y_1, \ldots, y_k) - \mathbb{P}(\bigcup_{j=1}^{k} A_j)$, wobei $A_j = \{X_1 \leq y_1, \ldots, X_{j-1} \leq y_{j-1}, X_j \leq x_j, X_{j+1} \leq y_{j+1}, \ldots, X_k \leq y_k\}$.

5.37 –

5.38 –

5.39 –

5.40 Der Ansatz $\prod_{j=1}^{k} f(x_j) = g(x_1^2 + \ldots + x_k^2)$ für eine Funktion g führt nach Logarithmieren und partiellem Differenzieren auf eine Differenzialgleichung für f.

5.41 Integrieren Sie die Indikatorfunktion der Menge $B := \{(x, y) \in \mathbb{R}^2 : x \geq 0, 0 \leq y < x\}$ bzgl. des Produktmaßes $\mathbb{P}^X \otimes \lambda^1$ und beachten Sie dabei den Satz von Tonelli.

5.42 Setze $Y := |X|^p$.

5.43 –

5.44 Betrachten Sie für $a := (1 + \sqrt{5})/2$ das Polynom $p(x) = (x - a)^2(x + 1/a)^2$.

5.45 Verwenden Sie die Darstellungsformel

$$\mathbb{E}(X) = \int\limits_0^\infty (1 - F(x))\,\mathrm{d}x - \int\limits_{-\infty}^0 F(x)\,\mathrm{d}x$$

für den Erwartungswert (vgl. Abschn. 5.3) und spalten Sie den Integrationsbereich geeignet auf.

5.46 Schätzen Sie die Indikatorfunktion der Menge $A := \mathbb{R}^2 \setminus (-\varepsilon, \varepsilon)^2$ durch eine geeignete quadratische Form nach oben ab.

5.47 Es kann o.B.d.A. $a_0 = 0$ gesetzt werden. Betrachten Sie die Funktion $x \mapsto |x - a| - |x|$ getrennt für $a > 0$ und $a < 0$ und schätzen Sie nach unten ab.

5.48 Es kann o.B.d.A. $\mathbb{E}X = 0$ angenommen werden. Dann gilt $\mathbb{P}(|X| \ge Q_{3/4}) = 0.5$.

5.49 Es gilt $\mathbf{X} \sim A\mathbf{Y} + \mu$ mit $\Sigma = AA^\top$ und $\mathbf{Y} \sim \mathrm{N}_k(0, \mathrm{I}_k)$.

5.50 –

5.51 Verwenden Sie Aufgabe 5.8.

5.52 Verwenden Sie für b) Teil a) und Aufgabe 5.51.

5.53 Für die Richtung „b) $\Rightarrow$ a)" ist die Implikation

$$\varphi_X\left(\frac{2\pi}{h}\right) = \mathrm{e}^{\mathrm{i}\alpha} \Rightarrow 0 = \int\limits_{-\infty}^\infty \left[1 - \cos\left(\frac{2\pi}{h}x - \alpha\right)\right]\mathbb{P}^X(\mathrm{d}x)$$

hilfreich.

5.54 Gehen Sie wie beim Beweis des Satzes über die Umkehrformeln vor.

5.55 –

5.56 –

5.57 –

5.58 Turmeigenschaft!

5.59 Verwenden Sie Folgerung a) aus der Markov-Ungleichung in Abschn. 8.6

5.60 –

5.61 –

5.62 Turmeigenschaft bedingter Erwartungen!

5.63 –

5.64 Seien M_n die Anzahl der Elemente von A, die nach n Runden noch nicht als Fixpunkte aufgetreten sind und X_n die Anzahl der Fixpunkte in der n-ten Runde. Mit $M_0 := K$ gilt dann $M_{n+1} = M_n - X_{n+1}$, $n \ge 0$. Sei $\mathcal{F}_n := \sigma(M_0, \dots, M_n)$, $n \ge 0$. Überlegen Sie sich, dass $(M_n + n)_{n \ge 0}$ und $((M_n + n)^2 + M_n)_{n \ge 0}$ Martingale bzgl. $(\mathcal{F}_n)$ sind und wenden Sie den Satz von Doob auf diese Martingale an. Beachten Sie auch Aufgabe 4.52.

Lösungen

Verständnisfragen

5.1 –

5.2 –

5.3 Die Verteilungsfunktion von Y ist $G(y) = \frac{1}{2} + \frac{1}{\pi}\arcsin y$, $-1 \le y \le 1$.

5.4 –

5.5 –

5.6 –

5.7 –

5.8 –

Rechenaufgaben

5.9 b) $\mathbb{P}(X \le 10) = 10/11$, $\mathbb{P}(5 \le X \le 8) = 1/18$.

c) Ja.

5.10 $f(x) = 2\sqrt{1 - x^2}/\pi$ für $|x| \le 1$. X und Y sind nicht unabhängig.

Kapitel 5

5.11 –

5.12 $a = 1/2$. Die Verteilungsfunktion ist $F(x) = 1 - \exp(-x)/2$ für $x \geq 0$ und $F(x) = 1 - F(-x)$ für $x < 0$.

5.13 $2\Phi(1) - 1 \approx 0.6826$ ($2\Phi(2) - 1 \approx 0.9544$).

5.14 $k = 1: 0.6826$, $k = 2: 0.9544$, $k = 3: 0.9974$

5.15 –

5.16 –

5.17 Es gilt $G(y) = 1 - \sqrt{1 - y}$, $0 \leq y \leq 1$.

5.18 a) Die Dichte von X_1 (und von X_2) ist

$$f_1(x_1) = \frac{1}{\sigma\sqrt{2\pi}} \exp\left(-\frac{x_1^2}{2\sigma^2}\right), \quad x_1 \in \mathbb{R}.$$

X_1 und X_2 sind nicht stochastisch unabhängig.

b) Die gemeinsame Dichte von Y_1 und Y_2 ist

$$g(y_1, y_2) = \frac{1}{\pi\sqrt{2}} \exp\left(-y_1^2 - \frac{y_2^2}{2}\right).$$

Y_1 und Y_2 sind stochastisch unabhängig.

5.19 –

5.20 –

5.21 –

5.22 –

5.23 –

5.24 Die Dichte von X/Y ist

$$g(t) = \frac{1}{2} \cdot (\min(1, 1/t))^2 \quad \text{für } t > 0 \text{ und } g(t) = 0 \text{ sonst.}$$

5.25 –

5.26 –

5.27 –

5.28 –

5.29 –

5.30 –

5.31 –

5.32 –

5.33 –

5.34 Die negative Binomialverteilung $\mathrm{NB}(r, p)$ mit $p = \beta/(1 + \beta)$).

Beweisaufgaben

5.35 –

5.36 –

5.37 –

5.38 –

5.39 –

5.40 –

5.41 –

5.42 Die Aussagen sind äquivalent.

5.43 –

5.44 Es gilt

$$\mathbb{E}X^4 = 2 \iff \mathbb{P}(X = a) = \frac{2}{5 + \sqrt{5}} = 1 - \mathbb{P}\left(X = -\frac{1}{a}\right).$$

5.45 –

5.46 –

5.47 –

5.48 –

5.49 –

5.50 –

5.51 –

5.52 Es ist $\varphi_Z(t) = 1/(1 + t^2)$, $t \in \mathbb{R}$.

5.53 –

5.54 –

5.55 –

5.56 –

5.57 –

5.58 –

5.59 –

5.60 –

5.61 –

5.62 –

5.63 –

5.64 –

Lösungswege

Verständnisfragen

5.1 a) Wegen $\{X \le b\} = \{X \le a\} + \{a < X \le b\}$ liefert die Additivität von $\mathbb{P}$ die Gleichung

$$F(b) = F(a) + \mathbb{P}(a < X \le b),$$

woraus a) folgt.

b) Gilt $x_n \to x$, wobei $x_n \le x_{n+1}$, $n \ge 1$, so bilden die Mengen $A_n := (-\infty, x_n]$, $n \ge 1$, eine aufsteigende Folge mit $\bigcup_{n=1}^{\infty} A_n = (-\infty, x)$. Da $\mathbb{P}^X$ stetig von unten ist, ergibt sich

$$\mathbb{P}(X < x) = \mathbb{P}^X((-\infty, x)) = \lim_{n \to \infty} \mathbb{P}^X(A_n) = \lim_{n \to \infty} F(x_n).$$

und damit wegen $\mathbb{P}(X < x) = F(x-)$ die Behauptung.

5.2 Es seien X eine Zufallsvariable mit Verteilungsfunktion F und D die Menge der Unstetigkeitsstellen von F. Wegen der Monotonie von F ist jedes $x \in D$ eine Sprungstelle von F. Es gilt also $D = \{x \in \mathbb{R} \mid \mathbb{P}(X = x) > 0\}$. Mit $D_n := \{x \in \mathbb{R} \mid \mathbb{P}(X = x) \ge 1/n\}$ stellt sich D in der Form

$$D = \bigcup_{n=1}^{\infty} D_n$$

dar. Da die Menge D_n wegen der Normierungsbedingung für ein Wahrscheinlichkeitsmaß höchstens n Elemente enthält, ist D als abzählbare Vereinigung endlicher Mengen abzählbar. Ein alternativer Beweis verwendet, dass die Sprungintervalle $(F(x-), F(x)]$ von F für verschiedene Unstetigkeitsstellen x paarweise disjunkt sind, jedes Intervall mindestens eine rationale Zahl enthält und die Menge der rationalen Zahlen abzählbar ist.

5.3 Die Zufallsvariable X nimmt Werte im Intervall $[-1, 1]$ an. Bezeichnet G die Verteilungsfunktion von Y, so gilt zunächst

$$G(0) = \mathbb{P}(Y \le 0) = \mathbb{P}(\pi \le X \le 2\pi) = \frac{\pi}{2\pi} = \frac{1}{2}.$$

Für y mit $0 < y \le 1$ ist das Ereignis $\{Y \le y\}$ die Vereinigung der drei sich paarweise ausschließenden Ereignisse $\{\pi \le X \le 2\pi\}$, $\{X \le \arcsin y\}$ und $\{\pi - \arcsin y \le X < \pi\}$, vgl. nachstehende Abbildung.

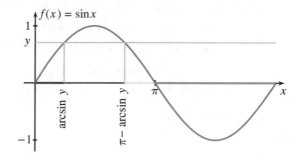

Da die Wahrscheinlichkeit, dass X in ein Intervall fällt, gleich der durch 2π dividierten Intervalllänge ist, folgt

$$\begin{aligned} G(y) &= \frac{\pi}{2\pi} + \frac{\arcsin y}{2\pi} + \frac{\pi - (\pi - \arcsin y)}{2\pi} \\ &= \frac{1}{2} + \frac{1}{\pi} \arcsin y. \end{aligned}$$

Aus Symmetriegründen gilt $G(y) + G(-y) = 1$, sodass man die Verteilungsfunktion auch für $y \in [-1, 0)$ zu

$$\begin{aligned} G(y) &= 1 - \left(\frac{1}{2} + \frac{1}{\pi} \arcsin(-y) \right) \\ &= \frac{1}{2} + \frac{1}{\pi} \arcsin y \end{aligned}$$

erhält. Es gilt somit

$$G(y) = \frac{1}{2} + \frac{1}{\pi} \arcsin y, \qquad -1 \leq y \leq 1.$$

Natürlich gilt $G(y) = 0$ für $y < -1$ und $G(y) = 1$ für $y > 1$. Die Dichte von Y ist

$$g(y) = \frac{1}{\pi(1 - y^2)}, \qquad |y| < 1,$$

und $g(y) = 0$ sonst.

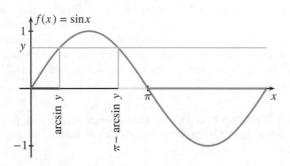

Verteilungsfunktion von sin X

5.4 Wir überlegen uns zunächst, dass die zweite Aussage im Hinweis richtig ist. Wegen $N_\varepsilon := N_{[t,t+\varepsilon]} \sim \mathrm{Bin}(n, p_\varepsilon)$, wobei $p_\varepsilon = F(t + \varepsilon) - F(t) \sim f(t)\varepsilon$ für $\varepsilon \to 0$ gilt

$$\begin{aligned}
\mathbb{P}(N_\varepsilon \geq 2) &= 1 - \mathbb{P}(N_\varepsilon = 0) - \mathbb{P}(N_\varepsilon = 1) \\
&= 1 - (1 - p_\varepsilon)^n - np_\varepsilon(1 - p_\varepsilon)^{n-1} \\
&= 1 - \left(1 - np_\varepsilon + O(p_\varepsilon^2)\right) \\
&\quad - np_\varepsilon\left(1 - (n-1)p_\varepsilon + O(p_\varepsilon^2)\right) \\
&= O(p_\varepsilon^2) \\
&= O(\varepsilon^2).
\end{aligned}$$

Folglich ist

$$\begin{aligned}
\mathbb{P}(t \leq X_{r:n} \leq t + \varepsilon) &= \mathbb{P}(t \leq X_{r:n} \leq t + \varepsilon, N_\varepsilon = 1) \\
&\quad + \mathbb{P}(t \leq X_{r:n} \leq t + \varepsilon, N_\varepsilon \geq 2) \\
&= \mathbb{P}(t \leq X_{r:n} \leq t + \varepsilon, N_\varepsilon = 1) + O(\varepsilon^2).
\end{aligned}$$

Das Ereignis $\{t \leq X_{r:n} \leq t + \varepsilon, N_\varepsilon = 1\}$ tritt genau dann ein, wenn $r - 1$ der X_j in das Intervall $(-\infty, t)$ fallen, genau eines der X_j im Intervall $[t, t + \varepsilon]$ liegt und $n - r$ der X_j größer als $t + \varepsilon$ sind. Gleichbedeutend hiermit ist, dass für den im Hinweis eingeführten Zufallsvektor das Ereignis $\{(N_{(-\infty,t)} = r - 1, N_{[t,t+\varepsilon]} = 1, N_{(t+\varepsilon,\infty)} = n - r)\}$ eintritt, und die Wahrscheinlichkeit hierfür ist

$$\frac{n!}{(r-1)!(n-r)!} F(t)^{r-1}(F(t + \varepsilon) - F(t))(1 - F(t + \varepsilon))^{n-r}.$$

Teilt man hier durch ε, so folgt wegen

$$\lim_{\varepsilon \to 0} \frac{F(t + \varepsilon) - F(t)}{\varepsilon} = f(t)$$

und $F(t + \varepsilon) \to F(t)$ bei $\varepsilon \to 0$ die Behauptung.

5.5 Das Ereignis $\{\max_{j=1,\ldots,n} X_j \leq t\}$ tritt genau dann ein, wenn jedes der Ereignisse $\{X_j \leq t\}$, $j = 1, \ldots, n$, eintritt; es gilt also

$$\left\{\max_{j=1,\ldots,n} X_j \leq t\right\} = \bigcap_{j=1}^{n} \{X_j \leq t\}.$$

Behauptung a) folgt somit wegen der vorausgesetzten stochastischen Unabhängigkeit. In gleicher Weise gilt

$$\left\{\min_{j=1,\ldots,n} X_j > t\right\} = \bigcap_{j=1}^{n} \{X_j > t\}$$

und somit $\mathbb{P}(\min_{j=1,\ldots,n} X_j > t) = \prod_{j=1}^{n}(1 - F_j(t))$, was b) beweist.

5.6 Die Voraussetzung der Jensen-Ungleichung aus Abschn. 5.3 ist erfüllt. In a) ist $M = (0, \infty)$ und $g(x) = 1/x$. Bei b) betrachte man die auf $M = (0, \infty)$ konvexe Funktion $g(x) = -\log x$, und im Fall c) ist $M = \mathbb{R}$ sowie $g(x) = \exp(x)$. Da alle Funktionen strikt konvex sind und die Verteilung von X nicht in einem Punkt degeneriert ist, folgt die Behauptung.

5.7 Für einen Zufallsvektor $\mathbf{X} = (X_1, \ldots, X_s) \sim \mathrm{Mult}(n; p_1, \ldots, p_s)$ gilt

$$\mathbb{P}\left(\sum_{j=1}^{s} X_j = n\right) = 1$$

(vgl. die Definition der Multinomialverteilung in Abschn. 4.3). Es besteht also eine lineare Beziehung zwischen den Komponenten von $\mathbf{X}$, was die Behauptung zeigt.

5.8 „$\Rightarrow$": Besitzen X und $-X$ dieselbe Verteilung, so besitzen sie auch dieselbe charakteristische Funktion. Es gilt also $\varphi_X(t) = \varphi_{-X}(t)$, $t \in \mathbb{R}$. Wegen $\varphi_{-X}(t) = \overline{\varphi_X(t)}$ ist $\varphi_X(t)$ reellwertig.

„$\Leftarrow$": Gilt $\varphi_X(t) \in \mathbb{R}$ $\forall t \in \mathbb{R}$, so ist

$$\varphi_X(t) = \overline{\varphi_X(t)} = \varphi_{-X}(t), \quad t \in \mathbb{R}.$$

Somit besitzen X und $-X$ dieselbe charakteristische Funktion und damit nach dem Eindeutigkeitssatz für charakteristische Funktionen dieselbe Verteilung.

Rechenaufgaben

5.9 a) Die Funktion F ist monoton wachsend und stetig, also insbesondere rechtsseitig stetig, und es gilt $F(x) \to 0$ für $x \to -\infty$ sowie $F(x) \to 1$ für $x \to \infty$. Somit ist F eine Verteilungsfunktion.

b) Es ist

$$\mathbb{P}(X \leq 10) = F(10) = 1 - 1/(1 + 10) = 10/11 \approx 0.909$$

sowie wegen der Stetigkeit von F

$$\mathbb{P}(5 \leq X \leq 8) = \mathbb{P}(5 < X \leq 8) = F(8) - F(5)$$
$$= \frac{1}{6} - \frac{1}{9} = \frac{1}{18} \approx 0.0556.$$

c) Die Funktion F ist mit Ausnahme des Punktes $x = 0$ stetig differenzierbar, und die Ableitung ist $F'(x) = 0$ für $x < 0$ und $F'(x) = 1/(1 + x)^2$ für $x > 0$. Setzen wir $f(x) := F'(x)$ für $x \neq 0$ und $f(0) := 0$, so gilt $F(x) = \int_{-\infty}^{x} f(t)\,\mathrm{d}t$ für jedes $x \in \mathbb{R}$. Also ist f eine Dichte von F.

5.10 X und Y haben die gemeinsame Dichte

$$h(x, y) := \frac{1}{\pi}, \quad \text{falls } x^2 + y^2 \leq 1$$

und $h(x, y) := 0$ sonst. Wegen $h(x, y) = 0$, falls $|x| > 1$ oder $|y| > 1$ ergibt sich die marginale Dichte von X aus der gemeinsamen Dichte gemäß (5.14) zu

$$f(x) = \frac{1}{\pi} \int_{-\sqrt{1-x^2}}^{\sqrt{1-x^2}} 1\,\mathrm{d}y = \frac{2}{\pi}\sqrt{1 - x^2}, \quad (5.112)$$

falls $|x| \leq 1$ und $f(x) = 0$ für $|x| > 1$ (s. nachstehende Abbildung). Aus Symmetriegründen besitzt Y die gleiche marginale Dichte wie X.

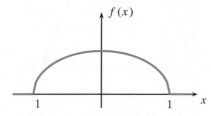

Marginale Dichte der Gleichverteilung im Einheitskreis

X und Y sind nicht unabhängig, denn es gilt etwa $\mathbb{P}(X > 0.8, Y > 0.8) = 0$, aber $\mathbb{P}(X > 0.8)\,\mathbb{P}(Y > 0.8) > 0$.

5.11 a) Nach Definition ist die Verteilungsfunktion G einer Zufallsvariablen Y durch $G(t) := \mathbb{P}(Y \leq t)$, $t \in \mathbb{R}$, gegeben. Hiermit folgt wegen $\{X^4 \leq t\} = \emptyset$ für $t < 0$ und $\{X^4 \leq t\} = \{-t^{1/4} \leq X \leq t^{1/4}\}$ sowie $\mathbb{P}(-t^{1/4} \leq X \leq t^{1/4}) = F(t^{1/4}) - F(-t^{1/4})$ (hier ging $\mathbb{P}(X = -t^{1/4}) = 0$ und somit die Stetigkeit von F ein!)

$$G(t) := \mathbb{P}(X^4 \leq t) = \begin{cases} F(t^{1/4}) - F(-t^{1/4}), & \text{falls } t \geq 0, \\ 0 & \text{sonst.} \end{cases}$$

b) Analog zu oben ist

$$G(t) := \mathbb{P}(|X| \leq t) = \begin{cases} F(t) - F(-t), & \text{falls } t \geq 0, \\ 0 & \text{sonst.} \end{cases}$$

die Verteilungsfunktion von $|X|$.

c) Wegen der Stetigkeit von F gilt

$$G(t) := \mathbb{P}(-X \leq t) = \mathbb{P}(X \geq -t) = 1 - \mathbb{P}(X < -t)$$
$$= 1 - \mathbb{P}(X \leq -t) = 1 - F(-t), \quad t \in \mathbb{R}.$$

5.12 Für jedes $a > 0$ liegt eine Borel-messbare nichtnegative Funktion vor. Eine Dichte entsteht, wenn die Normierungsbedingung $\int_{-\infty}^{\infty} f(x)\mathrm{d}x = 1$ erfüllt ist. Wegen $f(x) = f(-x)$, $x \in \mathbb{R}$, gilt

$$\int_{-\infty}^{\infty} f(x)\,\mathrm{d}x = 2a \int_{0}^{\infty} \exp(-x)\,\mathrm{d}x = 2a.$$

Eine Dichte entsteht also für $a = 1/2$. Wegen der Symmetrie der Dichte um 0 genügt die zugehörige Verteilungsfunktion F der Gleichung $F(x) + F(-x) = 1$, $x \in \mathbb{R}$. Insbesondere gilt also $F(0) = 1/2$. Für $x > 0$ folgt

$$F(x) = \frac{1}{2} + \frac{1}{2} \int_{0}^{x} \exp(-t)\,\mathrm{d}t$$
$$= \frac{1}{2} + \frac{1}{2}(-\exp(-t))\Big|_{0}^{x} = 1 - \frac{1}{2}\exp(-x).$$

5.13 Modellieren wir den Messfehler als Zufallsvariable X mit der Verteilung $N(0, 0.2025)$, so gilt wegen $0.2025 = 0.45^2$ unter Verwendung von Tab. 5.21

$$\mathbb{P}(|X| \leq 0.45) = \mathbb{P}\left(-1 \leq \frac{X}{0.45} \leq 1\right)$$
$$= \Phi(1) - \Phi(-1) = 2\Phi(1) - 1$$
$$\approx 2 \cdot 0.8413 - 1 = 0.6826.$$

In gleicher Weise folgt

$$\mathbb{P}(|X| \leq 0.9) = \mathbb{P}\left(-2 \leq \frac{X}{0.45} \leq 2\right)$$
$$= \Phi(2) - \Phi(-2) = 2\Phi(2) - 1$$
$$\approx 2 \cdot 0.9772 - 1 = 0.9544.$$

5.14 Gesucht ist

$$\mathbb{P}(|X - \mu| \le k\,\sigma) = \mathbb{P}\left(\left|\frac{X - \mu}{\sigma}\right| \le k\right)$$

für $k = 1, 2, 3$. Da $\widetilde{X} := (X - \mu)/\sigma$ standardnormalverteilt ist, ergibt sich

$$\begin{aligned}
\mathbb{P}(|X - \mu| \le k\,\sigma) &= \mathbb{P}(|\widetilde{X}| \le k) \\
&= \Phi(k) - \Phi(-k) \\
&= 2\Phi(k) - 1.
\end{aligned}$$

Mit $\Phi(1) = 0.8413$, $\Phi(2) = 0.9772$ und $\Phi(3) = 0.9987$ folgt

$$\begin{aligned}
\mathbb{P}(|X - \mu| \le \sigma) &= 0.6826, \\
\mathbb{P}(|X - \mu| \le 2\sigma) &= 0.9544, \\
\mathbb{P}(|X - \mu| \le 3\sigma) &= 0.9974
\end{aligned}$$

(sog. *k-Sigma-Grenzen*).

5.15 Die Dichte φ der Standard-Normalverteilung besitzt die Potenzreihenentwicklung

$$\begin{aligned}
\varphi(t) &= \frac{1}{\sqrt{2\pi}} \exp\left(-\frac{t^2}{2}\right) = \frac{1}{\sqrt{2\pi}} \sum_{k=0}^{\infty} \frac{(-t^2/2)^k}{k!} \\
&= \frac{1}{\sqrt{2\pi}} \sum_{k=0}^{\infty} \frac{(-1)^k t^{2k}}{2^k k!}, \qquad t \in \mathbb{R}.
\end{aligned}$$

Da die Konvergenz dieser Reihe auf dem kompakten Intervall $[0, x]$ gleichmäßig ist, kann über diesem Intervall gliedweise integriert werden. Wegen

$$\Phi(x) = \frac{1}{2} + \int_0^x \varphi(t)\,\mathrm{d}t$$

für $x > 0$ folgt die Behauptung.

5.16 a) Es gilt

$$\lim_{x \to -\infty} F_0(x) = \lim_{x \to -\infty} \frac{1}{1 + \mathrm{e}^{-x}} = 0,$$

$$\lim_{x \to \infty} F_0(x) = \lim_{x \to \infty} \frac{1}{1 + \mathrm{e}^{-x}} = 1.$$

F ist stetig auf $\mathbb{R}$, und für x, y mit $x \le y$ gilt

$$F_0(x) = \frac{1}{1 + \mathrm{e}^{-x}} \le \frac{1}{1 + \mathrm{e}^{-y}} = F_0(y).$$

Somit ist F_0 eine Verteilungsfunktion. Außerdem gilt für jedes $x \in \mathbb{R}$

$$\begin{aligned}
1 - F_0(x) &= 1 - \frac{1}{1 + \mathrm{e}^{-x}} = \frac{1 + \mathrm{e}^{-x} - 1}{1 + \mathrm{e}^{-x}} \\
&= \frac{\mathrm{e}^{-x}}{1 + \mathrm{e}^{-x}} = \frac{1}{\mathrm{e}^x + 1} \\
&= F_0(-x).
\end{aligned}$$

b) Die Dichte f_0 ergibt sich durch Differenziation von F_0 zu

$$f_0(x) = \frac{\mathrm{e}^{-x}}{(1 + \mathrm{e}^{-x})^2}, \quad x \in \mathbb{R}.$$

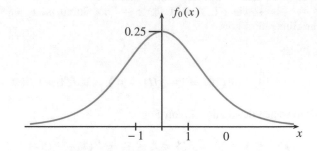

Dichte der logistischen Verteilung L(0, 1)

c) Aufgrund der Gleichung

$$f(x) = \frac{1}{\sigma} f_0\left(\frac{x - a}{\sigma}\right)$$

ist

$$f_0(y) = F_0(y)\,(1 - F_0(y)), \quad y \in \mathbb{R},$$

zu zeigen. Wegen

$$1 - F_0(y) = \frac{\mathrm{e}^{-y}}{1 + \mathrm{e}^{-y}}$$

folgt diese Gleichung sofort aus der Gestalt von f_0.

5.17 Wegen $\mathbb{P}(0 < X < 1) = 1$ gilt $\mathbb{P}(0 < Y < 1) = 1$. Bezeichnet G die Verteilungsfunktion von Y, so gilt somit $G(y) = 0$, falls $y \le 0$ und $G(y) = 1$, falls $y \ge 1$. Für $y \in (0, 1)$ gilt (siehe nachstehende Abbildung des Graphen von $x \longmapsto 4\,x\,(1 - x)$)

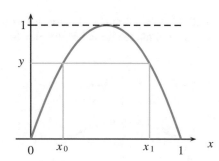

$$\{x \in (0, 1) \mid 4x(1 - x) \le y\} = (0, x_0] + [x_1, 1),$$

wobei

$$x_0 = \frac{1 - \sqrt{1 - y}}{2}, \quad x_1 = \frac{1 + \sqrt{1 - y}}{2}.$$

Es folgt

$$G(y) = \mathbb{P}(Y \le y)$$

$$= \mathbb{P}\left(0 < X \le \frac{1 - \sqrt{1-y}}{2}\right)$$

$$+ \mathbb{P}\left(\frac{1 + \sqrt{1-y}}{2} \le X < 1\right)$$

$$= \frac{1 - \sqrt{1-y}}{2} + 1 - \frac{1 + \sqrt{1-y}}{2}$$

$$= 1 - \sqrt{1-y}.$$

Die Dichte von Y ist $g(y) = (2\sqrt{1-y})^{-1/2}\, \mathbb{1}_{(0,1)}(y)$.

5.18 a) Die Dichte f_1 von X_1 ergibt sich durch Integration gemäß

$$f_1(x_1) = \frac{\sqrt{2}}{\pi} \exp\left(-\frac{3}{2}x_1^2\right) \int_{-\infty}^{\infty} \exp\left(-\frac{3}{2}x_2^2 - x_1 x_2\right) \mathrm{d}x_2.$$

Quadratische Ergänzung liefert mit $a := -x_1/3$ und $\tau^2 := 1/3$

$$f_1(x_1) = \frac{2}{\sqrt{3\pi}} \exp\left(-\frac{4}{3}x_1^2\right) \int_{-\infty}^{\infty} \frac{1}{\sigma\sqrt{2\pi}} \exp\left(-\frac{(x_2-a)^2}{2\tau^2}\right)\mathrm{d}x_2.$$

Da das Integral aufgrund der Normierungsbedingung für die Dichte der $\mathrm{N}(a, \tau^2)$-Normalverteilung gleich 1 ist, folgt mit $\sigma^2 := 3/8$

$$f_1(x_1) = \frac{1}{\sigma\sqrt{2\pi}} \exp\left(-\frac{x_1^2}{2\sigma^2}\right), \quad x_1 \in \mathbb{R},$$

und damit $X_1 \sim \mathrm{N}(0, \sigma^2)$. Weil die Dichte f symmetrisch in x_1 und x_2 ist, ist die Dichte f_2 von X_2 identisch mit f_1, und somit folgt auch $X_2 \sim \mathrm{N}(0, \sigma^2)$.

X_1 und X_2 sind nicht stochastisch unabhängig, denn sonst wäre

$$\widetilde{f}(x_1, x_2) := f_1(x_1)f_2(x_2) = \frac{1}{\sigma^2 2\pi} \exp\left(-\frac{x_1^2 + x_2^2}{2\sigma^2}\right)$$

eine gemeinsame Dichte von X_1 und X_2. Da f und $\widetilde{f}$ verschieden sind (es reicht, eine Umgebung von $(0, 0)$ zu betrachten), sind nach dem Satz über stochastische Unabhängigkeit und Dichten in Abschn. 5.1 X_1 und X_2 nicht stochastisch unabhängig.

b) Es gilt

$$\begin{pmatrix} Y_1 \\ Y_2 \end{pmatrix} = A \begin{pmatrix} X_1 \\ X_2 \end{pmatrix},$$

wobei

$$A = \begin{pmatrix} 1 & 1 \\ 1 & -1 \end{pmatrix}.$$

Die Matrix A definiert eine bijektive Abbildung $T(x) := Ax$, $x = (x_1, x_2)^\top \in \mathbb{R}^2$, des $\mathbb{R}^2$ auf sich, wobei $|\det A| = 2$. Setzen wir $y = (y_1, y_2)^\top$, so ist die Umkehrabbildung T^{-1} durch

$$T^{-1}(y_1, y_2) = \frac{1}{2} \begin{pmatrix} 1 & 1 \\ 1 & -1 \end{pmatrix} \begin{pmatrix} y_1 \\ y_2 \end{pmatrix}, \quad (y_1, y_2)^\top \in \mathbb{R}^2,$$

gegeben. Mit dem Transformationssatz in Abschn. 5.2 ergibt sich die gemeinsame Dichte g von Y_1 und Y_2 zu

$$g(y_1, y_2) = \frac{f((y_1 + y_2)/2, (y_1 - y_2)/2)}{|\det A|}.$$

Setzt man $(y_1+y_2)/2$ für x_1 und $(y_1-y_2)/2$ für x_2 in die Definition der Dichte $f(x_1, x_2)$ ein, so wird der Exponentialausdruck zu

$$-\frac{3}{2}\left(\frac{y_1 + y_2}{2}\right)^2 - \frac{(y_1 + y_2)(y_1 - y_2)}{4} - \frac{3}{2}\left(\frac{y_1 - y_2}{2}\right)^2$$

$$= -y_1^2 - \frac{1}{2}y_2^2.$$

Die gemeinsame Dichte von Y_1 und Y_2 ist somit

$$g(y_1, y_2) = \frac{1}{\pi\sqrt{2}} \exp\left(-y_1^2 - \frac{y_2^2}{2}\right)$$

$$= \frac{1}{\sigma}\varphi\left(\frac{y_1}{\sigma}\right)\varphi(y_2), \quad (y_1, y_2) \in \mathbb{R}^2.$$

Dabei wurde kurz $\sigma := 1/\sqrt{2}$ gesetzt, und φ bezeichnet wie früher die Dichte der Standardnormalverteilung $\mathrm{N}(0, 1)$. Die Zufallsvariablen Y_1 und Y_2 besitzen also die Normalverteilungen $\mathrm{N}(0, 1/2)$ bzw. $\mathrm{N}(0, 1)$, und sie sind nach dem Satz über stochastische Unabhängigkeit und Dichten in Abschn. 5.1 stochastisch unabhängig.

5.19 Für $t > 0$ ist

$$G(t) = \mathbb{P}(X < tY)$$

$$= \int_0^\infty \left(\int_0^{ty} \lambda\, \mathrm{e}^{-\lambda x}\, \mathrm{d}x \right) \lambda\, \mathrm{e}^{-\lambda y}\, \mathrm{d}y$$

$$= \int_0^\infty (1 - \exp(-\lambda t y))\, \lambda\, \mathrm{e}^{-\lambda y}\, \mathrm{d}y$$

$$= 1 - \lambda \int_0^\infty \exp(-\lambda(t + 1)y)\, \mathrm{d}y$$

$$= 1 - \frac{1}{t + 1}$$

$$= \frac{t}{t + 1}.$$

Wegen $\mathbb{P}(X/Y > 0) = 1$ ist $G(t) = 0$ für $t \le 0$.

5.20 Es gilt

$$(V_1, V_2, V_3) \sim \sqrt{\frac{kT}{m}} \, (Z_1, Z_2, Z_3),$$

wobei Z_1, Z_2, Z_3 stochastisch unabhängig und je N$(0, 1)$-normalverteilt sind. Somit gilt mit dem Hinweis

$$Y = \sqrt{V_1^2 + V_2^2 + V_3^2} \sim \sqrt{\frac{kT}{m}} \, \sqrt{Z},$$

wobei Z eine χ_3^2-Verteilung und somit die Dichte

$$f(x) = \frac{1}{2^{3/2} \, \Gamma(3/2)} \exp\left(-\frac{x}{2}\right) x^{3/2 - 1}, \quad x > 0,$$

und $f(x) := 0$ sonst besitzt. Mit der Abkürzung $a := \sqrt{(kT)/m}$ hat Y nach dem Satz „Methode Verteilungsfunktion" in Abschn. 5.2 die Verteilungsfunktion

$$G(y) := \mathbb{P}(Y \le y) = \mathbb{P}(a\sqrt{Z} \le y) = \mathbb{P}\left(Z \le \frac{y^2}{a^2}\right), \; y > 0,$$

sowie $G(y) := 0$ für $y \le 0$. Somit ist die Dichte von Y durch

$$g(y) = f\left(\frac{y^2}{a^2}\right) \frac{2y}{a^2}$$
$$= \sqrt{\frac{2}{\pi}} \left(\frac{m}{kT}\right)^{3/2} y^2 \exp\left(-\frac{m \, y^2}{2 \, k \, T}\right)$$

für $y > 0$ und $g(y) = 0$ sonst gegeben.

5.21 Durch Übergang zu Polarkoordinaten $x = r\cos\theta$, $y = r\sin\theta$, $\mathrm{d}x\mathrm{d}y = r\mathrm{d}r\mathrm{d}\theta$ erhält man

$$1 = \int_{-\infty}^{\infty} \int_{-\infty}^{\infty} \psi(x^2 + y^2) \, \mathrm{d}x\mathrm{d}y = \int_0^{\infty} \psi(r^2) r \mathrm{d}r \int_0^{2\pi} 1 \mathrm{d}\theta$$

und somit

$$\int_0^{\infty} \psi(r^2) r \mathrm{d}r = \frac{1}{2\pi}.$$

Mit (5.30) ergibt sich dann die Dichte von X/Y zu

$$g(t) = \int_{-\infty}^{\infty} f(ts, s) \, |s| \, \mathrm{d}s = \int_{-\infty}^{\infty} \psi((t^2 + 1)s^2) \, |s| \, \mathrm{d}s$$
$$= 2 \int_0^{\infty} \psi((t^2 + 1)s^2) \, s \, \mathrm{d}s = \frac{2}{1 + t^2} \int_0^{\infty} \psi(r^2) \, r \mathrm{d}r$$
$$= \frac{1}{\pi(1 + t^2)}.$$

5.22 Nach der im Beispiel zur Box-Muller-Methode in Abschn. 5.2 formulierten Aussage sind mit unabhängigen und je U$(0, 1)$-verteilten Zufallsvariablen U_1, U_2 die Zufallsvariablen

$$Y_1 := \sqrt{-2 \log U_1} \, \sin(2\pi U_2),$$
$$Y_2 := \sqrt{-2 \log U_1} \, \cos(2\pi U_2)$$

unabhängig und je standardnormalverteilt. Aus diesem Grund besitzt der Quotient zweier unabhängiger und je standardnormalverteilter Zufallsvariablen die gleiche Verteilung wie $Y_1/Y_2 = \tan(2\pi U_2)$. Da die Tangensfunktion die Periode π besitzt, hat $\tan(2\pi U_2)$ die gleiche Verteilung wie $T := \tan(\pi U_2)$. Aus dem Verlauf des Graphen der Tangensfunktion auf dem Intervall $(0, \pi)$ ergibt sich für $t \ge 0$

$$\mathbb{P}(T \le t) = \frac{1}{2} + \mathbb{P}\left(U_2 \le \frac{1}{\pi} \arctan t\right)$$
$$= \frac{1}{2} + \frac{1}{\pi} \arctan t$$

und aus Symmetriegründen für $t < 0$ ebenfalls

$$\mathbb{P}(T \le t) = 1 - \mathbb{P}(T \le -t)$$
$$= 1 - \left(\frac{1}{2} + \frac{1}{\pi} \arctan(-t)\right)$$
$$= \frac{1}{2} + \frac{1}{\pi} \arctan t.$$

Durch Ableiten erhält man die Dichte $f(t) = 1/(\pi(1 + t^2))$. Man beachte, dass die in der Aufgabenstellung geschilderte Situation ein Spezialfall von Aufgabe 5.21 ist.

5.23 Es gilt $(X_1, X_2) \sim (Y_1, Y_2)$, wobei

$$Y_1 := \sqrt{-2 \log U_1} \, \sin(2\pi U_2),$$
$$Y_2 := \sqrt{-2 \log U_1} \, \cos(2\pi U_2)$$

und die Zufallsvariablen U_1, U_2 unabhängig und je U$(0, 1)$-verteilt sind. Es folgt mit der Abkürzung $R := \sqrt{-2 \log U_1}$ und der trigonometrischen Gleichung $\sin(2\alpha) = 2 \sin\alpha \cos\alpha$

$$\frac{X_1 X_2}{\sqrt{X_1^2 + X_2^2}} \sim \frac{Y_1 Y_2}{\sqrt{Y_1^2 + Y_2^2}}$$
$$= \frac{R^2 \sin(2\pi U_2) \cos(2\pi U_2)}{R}$$
$$= R \sin(2\pi U_2) \cos(2\pi U_2)$$
$$= \frac{1}{2} R \sin(4\pi U_2).$$

Da $\sin(4\pi U_2)$ die gleiche Verteilung wie $\sin(2\pi U_2)$ besitzt und $R \sin(2\pi U_2)$ standardnormalverteilt ist, folgt die Behauptung.

5.24 Da X und Y die gleichen Verteilungen wie $a X_0$ und $a Y_0$ besitzen, wobei X_0 und Y_0 im Intervall $(0, 1)$ gleichverteilt sind, kann o.B.d.A. $a = 1$ angenommen werden. Die Dichten von X und Y sind dann $f_X(s) = f_Y(s) = \mathbb{1}_{(0,1)}(t)$, $t \in \mathbb{R}$. Nach Teil c) des Satzes über die Dichte von Differenz, Produkt und Quotient in Abschn. 5.2 ist

$$g(t) = \int_{-\infty}^{\infty} \mathbb{1}_{(0,1)}(ts)\mathbb{1}_{(0,1)}(s)\,|s|\,\mathrm{d}s,$$

also unter Berücksichtigung der Positivitätsbereiche beider Dichten für $t > 0$

$$g(t) = \int_0^{\min(1,1/t)} s\,\mathrm{d}s = \frac{1}{2}\left(\min(1, 1/t)\right)^2.$$

Die zugehörige Verteilungsfunktion ist

$$G(t) = \mathbb{P}(X/Y \le t) = \begin{cases} t/2, & \text{falls } 0 \le t \le 1, \\ 1 - \frac{1}{2t}, & \text{falls } 1 < t < \infty, \end{cases}$$

sowie $G(t) := 0$ sonst.

5.25 Im Beispiel zu Abb. 5.11 links wurden die marginalen Dichten f und g von X und Y zu

$$f(x) = 2(1 - x), \quad g(x) = 2x, \qquad 0 \le x \le 1,$$

und $f(x) = g(x) := 0$ sonst bestimmt. Hieraus ergeben sich a) und b) wie folgt:

$$\mathbb{E}\,X = 2\int_0^1 x(1 - x)\,\mathrm{d}x = \frac{1}{3},$$

$$\mathbb{E}\,Y = 2\int_0^1 y^2\,\mathrm{d}y = \frac{2}{3},$$

$$\mathbb{E}X^2 = 2\int_0^1 x^2(1 - x)\,\mathrm{d}x = \frac{1}{6},$$

$$\mathbb{V}(X) = \mathbb{E}X^2 - (\mathbb{E}X)^2 = \frac{1}{18},$$

$$\mathbb{E}Y^2 = 2\int_0^1 y^3\,\mathrm{d}y = \frac{1}{2},$$

$$\mathbb{V}(Y) = \mathbb{E}Y^2 - (\mathbb{E}Y)^2 = \frac{1}{18}.$$

Nach der allgemeinen Transformationsformel (5.39) gilt weiter

$$\mathbb{E}(XY) = \iint x\,y\,2\,\mathbb{1}_A(x, y)\,\mathrm{d}x\mathrm{d}y = 2\int_0^1 x\left(\int_x^1 y\,\mathrm{d}y\right)\mathrm{d}x$$

$$= 2\int_0^1 x\,\frac{1}{2}(1 - x^2)\,\mathrm{d}x = \frac{1}{4},$$

und somit erhält man

$$\mathrm{Cov}(X, Y) = \mathbb{E}(XY) - \mathbb{E}X\,\mathbb{E}Y = \frac{1}{36},$$

$$\rho(X, Y) = \frac{\mathrm{Cov}(X, Y)}{\sqrt{\mathbb{V}(X)\mathbb{V}(Y)}} = \frac{1}{2},$$

also c).

5.26 Es sei $\Sigma =: \mathrm{diag}(\sigma_1^2, \ldots, \sigma_k^2)$. Dann gilt

$$\Sigma^{-1} = \mathrm{diag}\left(\sigma_1^{-2}, \ldots, \sigma_k^{-2}\right)$$

sowie $\det(\Sigma) = \sigma_1^2 \ldots \sigma_k^2$, und die gemeinsame Dichte von $X_1, \ldots, X_k$ hat somit die Gestalt

$$f(x) = \frac{1}{(2\pi)^{k/2}\sigma_1 \ldots \sigma_k} \exp\left(-\sum_{j=1}^k \frac{(x_j - \mu_j)^2}{2\sigma_j^2}\right)$$

$$= \prod_{j=1}^k \left(\frac{1}{\sigma_j\sqrt{2\pi}}\exp\left(-\frac{(x_j - \mu_j)^2}{2\sigma_j^2}\right)\right),$$

$x = (x_1, \ldots, x_k) \in \mathbb{R}^k$. Die gemeinsame Dichte ist also das Produkt der marginalen Dichten von $X_1, \ldots, X_k$. Nach dem Satz über stochastische Unabhängigkeit und Dichten in Abschn. 5.1 sind $X_1, \ldots, X_k$ stochastisch unabhängig.

5.27 Wir beziehen uns im Folgenden auf Abb. 5.23. Da zwischen Θ und X die Gleichung

$$\tan\left(\Theta - \frac{\pi}{2}\right) = \frac{X - \alpha}{\beta}$$

besteht, folgt mit $\mathbb{P}(\Theta \le y) = y/\pi$, $0 \le y \le \pi$, für die Verteilungsfunktion F von X

$$F(x) = \mathbb{P}(X \le x) = \mathbb{P}\left(\frac{X - \alpha}{\beta} \le \frac{x - \alpha}{\beta}\right)$$

$$= \mathbb{P}\left(\Theta \le \frac{\pi}{2} + \arctan\left(\frac{x - \alpha}{\beta}\right)\right)$$

$$= \frac{1}{2} + \frac{1}{\pi}\arctan\left(\frac{x - \alpha}{\beta}\right), \qquad x \in \mathbb{R}.$$

Nach (5.47) gilt $X \sim \mathrm{C}(\alpha, \beta)$.

5.28 Die Verteilungsfunktion von X ist

$$F(x) = \frac{1}{2} + \frac{1}{\pi}\arctan\left(\frac{x - \alpha}{\beta}\right), \qquad x \in \mathbb{R}.$$

Es gilt

$$F(\alpha) = \frac{1}{2},$$

$$F(\alpha + \beta) = \frac{1}{2} + \frac{1}{\pi}\arctan(1) = \frac{3}{4},$$

$$F(\alpha - \beta) = \frac{1}{2} + \frac{1}{\pi}\arctan(-1) = \frac{1}{4}.$$

Da F stetig und streng monoton wachsend ist, folgt $\alpha = Q_{1/2}$ sowie $\alpha + \beta = Q_{3/4}$, $\alpha - \beta = Q_{1/4}$, was zu zeigen war.

5.29 Wir schreiben wie üblich $S \sim T$, wenn Zufallsvariablen S und T die gleiche Verteilung besitzen. Es sei $X \sim \text{Wei}(\alpha, 1)$ und $Y := (1/\lambda)^{1/\alpha} X$. Weiter sei $U \sim \text{Exp}(1)$. Nach Erzeugungsweise der Weibull-Verteilung (vgl. (5.52)) gilt $X \sim U^{1/\alpha}$ und somit $Y \sim (U/\lambda)^{1/\alpha}$. Wegen $U/\lambda \sim \text{Exp}(\lambda)$ folgt (wiederum aufgrund von (5.52)) die Behauptung. Alternativ kann man auch direkt die Verteilungsfunktion und dann die Dichte von Y ausrechnen.

5.30 a) Mit der in (5.51) gegebenen Dichte ergibt sich

$$\mathbb{E} X^k = \alpha\,\lambda \int_0^\infty x^{k+\alpha-1} \exp\left(-\lambda x^\alpha\right) \, dx.$$

Substituiert man hier $y = \lambda\,x^\alpha$, so folgt

$$\mathbb{E} X^k = \frac{1}{\lambda^{k/\alpha}} \int_0^\infty y^{k/\alpha}\, e^{-y}\, dy = \frac{\Gamma(1+k/\alpha)}{\lambda^{k/\alpha}}.$$

b) Nach a) gilt

$$\mathbb{E} X = \frac{\Gamma\left(1+\frac{1}{\alpha}\right)}{\lambda^{1/\alpha}}.$$

Da eine Wei(α, λ)-verteilte Zufallsvariable X die Verteilungsfunktion

$$F(x) = 1 - \exp\left(-\lambda\,x^\alpha\right), \quad x > 0,$$

besitzt, ist die Quantilfunktion durch

$$F^{-1}(p) = \left[-\frac{1}{\lambda}\log(1-p)\right]^{1/\alpha}, \quad 0 < p < 1,$$

gegeben. Der Median $Q_{1/2} = F^{-1}(1/2)$ ergibt sich somit zu

$$Q_{1/2} = \frac{(\log 2)^{1/\alpha}}{\lambda^{1/\alpha}}.$$

Wegen

$$(\log 2)^{1/\alpha} < 1 < \Gamma\left(1+\frac{1}{\alpha}\right)$$

folgt die Behauptung.

5.31 Wir zeigen das Resultat durch Induktion über k. Dabei gehen wir von der Erzeugungsweise

$$X \sim Y_1^2 + Y_2^2 + \ldots + Y_k^2$$

der χ_k^2-Verteilung mit unabhängigen und je N$(0,1)$-normalverteilten Zufallsvariablen $Y_1, \ldots, Y_k$ aus. Für den Induktionsanfang $k = 1$ verwenden wir das Resultat (5.26) über die Dichte des Quadrates einer Zufallsvariablen. Setzen wir in (5.26) für f die Dichte φ der Standardnormalverteilung

ein, so ergibt sich unmittelbar der Induktionsanfang. Für den Induktionsschluss von k auf $k + 1$ sei

$$X \sim Y_1^2 + Y_2^2 + \ldots + Y_k^2 + Y_{k+1}^2$$

mit unabhängigen standardnormalverteilten Zufallsvariablen $Y_1, \ldots, Y_{k+1}$. Wir setzen

$$U := Y_1^2 + \ldots + Y_k^2, \quad V := Y_{k+1}^2.$$

Nach dem Blockungslemma sind U und V stochastisch unabhängig, und X besitzt die gleiche Verteilung wie die Summe $U + V$. Die Dichte f_{k+1} von $U + V$ erhalten wir über die Faltungsformel aus der Dichte f_k von U (Induktionsvoraussetzung!) und die Dichte f_1 von V (Induktionsanfang!). Es ergibt sich für $t > 0$

$$f_{U+V}(t) = \int_{-\infty}^{\infty} f_U(s)\, f_V(t-s)\, ds$$

$$= \int_0^t \frac{e^{-s/2} s^{k/2-1}}{2^{k/2}\Gamma(\frac{k}{2})} \frac{e^{-(t-s)/2}(t-s)^{1/2-1}}{2^{1/2}\Gamma(\frac{1}{2})}\, dt$$

$$= \frac{e^{-t/2}}{2^{(k+1)/2}\Gamma(\frac{k}{2})\,\Gamma(\frac{1}{2})} \int_0^t s^{k/2-1}(t-s)^{-1/2}\, dt$$

$$= \frac{e^{-t/2}\, t^{(k+1)/2-1}}{2^{(k+1)/2}\,\Gamma(\frac{k}{2})\,\Gamma(\frac{1}{2})} \int_0^1 u^{k/2-1}(1-u)^{1/2-1}\, du.$$

Nach (5.58) gilt

$$\int_0^1 u^{k/2-1}(1-u)^{1/2-1}\, du = \frac{\Gamma\left(\frac{k}{2}\right)\Gamma\left(\frac{1}{2}\right)}{\Gamma\left(\frac{k+1}{2}\right)},$$

und somit folgt

$$f_{U+V}(t) = \frac{1}{2^{(k+1)/2}\Gamma\left(\frac{k+1}{2}\right)}\, e^{-\frac{t}{2}}\, t^{\frac{k+1}{2}-1} = f_{k+1}(t),$$

was zu zeigen war.

5.32 a) Die Dichte der Lognormalverteilung LN(μ, σ^2) ist

$$f(x) = \frac{1}{\sigma x \sqrt{2\pi}} \exp\left(-\frac{(\log x - \mu)^2}{2\sigma^2}\right), \quad x > 0,$$

und $f(x) = 0$ sonst. Aufgrund der strengen Monotonie der Logarithmusfunktion können wir auch die Funktion

$$x \mapsto \log f(x) = -\log x - \frac{(\log x - \mu)^2}{2\sigma^2} - \log(\sigma\sqrt{2\pi})$$

im Bereich $x > 0$ maximieren. Die Substitution $y := \log x$ zeigt, dass wir auch die Funktion

$$y \mapsto -y - \frac{(y-\mu)^2}{2\sigma^2}$$

bzgl. y maximieren können. Der Wert y_0, an dem diese Funktion ihr Maximum annimmt, ist $y_0 = \mu - \sigma^2$. Die Rücktransformation $x = \exp(y)$ liefert dann a).

b) Da die Lognormalverteilung $LN(\mu, \sigma^2)$ die Verteilungsfunktion $F(x) = \Phi((\log x - \mu)/\sigma)$, $x > 0$, besitzt, führt die Gleichung $F(x) = 1/2$ auf die Lösung $x = \exp(\mu)$.

c) Mit der Substitution $u = \log x$ und quadratischer Ergänzung ergibt sich

$$\mathbb{E}\,X = \frac{1}{\sigma\sqrt{2\pi}} \int_0^\infty x \cdot \frac{1}{x} \exp\left(-\frac{(\log x - \mu)^2}{2\sigma^2}\right) dx$$

$$= \frac{1}{\sigma\sqrt{2\pi}} \int_{-\infty}^\infty e^u \exp\left(-\frac{(u-\mu)^2}{2\sigma^2}\right) du$$

$$= \exp\left(-\frac{\mu^2}{2\sigma^2}\right) \exp\left(\frac{(\mu+\sigma^2)^2}{2\sigma^2}\right)$$

$$\cdot \frac{1}{\sigma\sqrt{2\pi}} \int_{-\infty}^\infty \exp\left(-\frac{(u-(\mu+\sigma^2))^2}{2\sigma^2}\right) du$$

$$= \exp\left(\mu + \sigma^2/2\right).$$

d) Wir substituieren wieder $u = \log x$ und erhalten

$$\mathbb{E}\,X^2 = \frac{1}{\sqrt{2\pi}} \int_0^\infty x \exp\left(-\frac{(\log x - \mu)^2}{2\sigma^2}\right) dx$$

$$= \frac{1}{\sqrt{2\pi}} \int_0^\infty e^{2u} \exp\left(-\frac{(u-\mu)^2}{2\sigma^2}\right) du$$

$$= e^{2(\mu+\sigma^2)} \int_{-\infty}^\infty \frac{1}{\sigma\sqrt{2\pi}} \exp\left(-\frac{(u-(\mu+2\sigma^2))^2}{2\sigma^2}\right) du$$

$$= e^{2(\mu+\sigma^2)}.$$

Wegen $\mathbb{V}(X) = \mathbb{E}\,X^2 - (\mathbb{E}\,X)^2$ folgt jetzt d) zusammen mit c) und direkter Rechnung.

5.33 Unter Verwendung von (5.59) und der Funktionalgleichung $\Gamma(t+1) = t\,\Gamma(t)$, $t > 0$, für die Gammafunktion ist

$$\mathbb{E}\,X^k = \int_{-\infty}^\infty x\,f(x)\,dx = \frac{1}{B(\alpha,\beta)} \int_0^\infty x^{k+\alpha-1}(1-x)^{\beta-1}\,dx$$

$$= \frac{B(\alpha+k,\beta)}{B(\alpha,\beta)} = \frac{\Gamma(\alpha+k)\,\Gamma(\beta)\,\Gamma(\alpha+\beta)}{\Gamma(\alpha+k+\beta)\,\Gamma(\alpha)\Gamma(\beta)}$$

$$= \frac{\Gamma(\alpha+k)}{\Gamma(\alpha)}\frac{\Gamma(\alpha+\beta)}{\Gamma(\alpha+\beta+k)} = \prod_{j=0}^{k-1} \frac{\alpha+j}{\alpha+\beta+j}.$$

b) Die Behauptung folgt unmittelbar aus a) und $\mathbb{V}(X) = \mathbb{E}\,X^2 - (\mathbb{E}\,X)^2$.

c) Wir bestimmen zunächst die Dichte von $Y := W/V$. Diese ergibt sich nach Teil c) des Satzes über die Dichte einer Differenz, eines Produktes und eines Quotienten unabhängiger Zufallsvariablen in Abschn. 5.2 zu

$$f_Y(t) = \int_0^\infty f_W(ts)\,f_V(s)\,s\,ds$$

$$= \frac{\lambda^\beta}{\Gamma(\beta)}\frac{\lambda^\alpha}{\Gamma(\alpha)} \int_0^\infty (ts)^{\beta-1}e^{-\lambda ts}s^{\alpha-1}e^{-\lambda s}\,s\,ds$$

$$= \frac{\lambda^{\alpha+\beta}\,t^{\beta-1}}{\Gamma(\alpha)\Gamma(\beta)} \int_0^\infty s^{\alpha+\beta-1}\,e^{-\lambda(t+1)s}\,ds.$$

Mit der Substitution $u := \lambda(t+1)s$ und

$$\int_0^\infty u^{\alpha+\beta-1}\,e^{-u}\,du = \Gamma(\alpha+\beta)$$

folgt

$$f_Y(t) = \frac{\lambda^{\alpha+\beta}\,t^{\beta-1}}{\Gamma(\alpha)\Gamma(\beta)}\frac{\Gamma(\alpha+\beta)}{(\lambda(t+1))^{\alpha+\beta}}$$

$$= \frac{t^{\beta-1}}{B(\alpha,\beta)(t+1)^{\alpha+\beta}}$$

für $t > 0$ und $f_Y(t) = 0$ sonst. Man beachte, dass der Skalenparameter λ der Gammaverteilung nach (5.56) keine Rolle spielt. Wir hätten ihn schon zu Beginn o.B.d.A. zu $\lambda = 1$ setzen können.

Die Dichte von

$$X = \frac{V}{V+W} = \frac{1}{1+Y}$$

ergibt sich jetzt nach dem Satz „Methode Verteilungsfunktion" in Abschn. 5.2 mit $O = (0,\infty)$ und $T(y) := 1/(1+y)$, $y \in O$, sowie $T'(y) = -1/(1+y)^2$, $T^{-1}(x) = 1/x - 1$ zu

$$f_X(x) = \frac{f_Y\left(\frac{1}{x}-1\right)}{\frac{1}{(1+1/x-1)^2}}$$

$$= x^{-2} f_Y\left(\frac{1-x}{x}\right)$$

$$= x^{-2} \frac{1}{B(\alpha,\beta)}\frac{(1-x)^{\beta-1}}{x^{\beta-1}}\,x^{\alpha+\beta}$$

$$= \frac{x^{\alpha-1}(1-x)^{\beta-1}}{B(\alpha,\beta)}$$

für $0 < x < 1$ und $f_X(x) = 0$ sonst. Somit gilt $X \sim BE(\alpha,\beta)$.

5.34 Die Dichte g der Verteilung $\Gamma(r, \beta)$ ist

$$g(z) = \frac{\beta^r}{\Gamma(r)} z^{r-1} e^{-\beta z}$$

für $z > 0$ und $g(z) = 0$ sonst. Mit

$$\mathbb{P}(X = k \mid Z = z) = e^{-z} \frac{z^k}{k!}, \quad k \in \mathbb{N}_0, \ z > 0,$$

gilt dann gemäß (5.80) für jedes $k \in \mathbb{N}_0$

$$\mathbb{P}(X = k) = \int_0^\infty \mathbb{P}(X = k \mid Z = z) \, g(z) \, \mathrm{d}z$$

$$= \int_0^\infty e^{-z} \frac{z^k}{k!} \frac{\beta^r}{\Gamma(r)} z^{r-1} e^{-\beta z} \, \mathrm{d}z$$

$$= \frac{\beta^r}{\Gamma(r) \, k!} \int_0^\infty z^{k+r-1} \exp(-(1+\beta)z) \, \mathrm{d}z$$

$$= \frac{\beta^r}{(r-1)! \, k! \, (1+\beta)^{k+r}} \int_0^\infty u^{k+r-1} e^{-u} \, \mathrm{d}u$$

$$= \frac{\beta^r}{(r-1)! \, k! \, (1+\beta)^{k+r}} \, \Gamma(k+r)$$

$$= \binom{k+r-1}{r-1} \left(\frac{\beta}{1+\beta}\right)^r \left(\frac{1}{1+\beta}\right)^k.$$

Nach Definition der negativen Binomialverteilung folgt hieraus die Behauptung.

Beweisaufgaben

5.35 a) Es seien $M := \{x \in \mathbb{R} \mid F(x) = G(x)\}$ und $x_0 \in \mathbb{R}$ beliebig. Da M in $\mathbb{R}$ dicht liegt, gibt es eine Folge (x_n) aus M, die von rechts gegen x_0 konvergiert. Wegen der rechtsseitigen Stetigkeit von F und G in x_0 folgt $F(x_0) = \lim_{n \to \infty} F(x_n) = \lim_{n \to \infty} G(x_n) = G(x_0)$.

b) Wir zeigen zunächst, dass das Komplement $W(F)^c$ offen ist, womit $W(F)$ als abgeschlossen nachgewiesen wäre. Ist $x \in W(F)^c$, so gibt es ein $\varepsilon > 0$ mit $F(x + \varepsilon) - F(x - \varepsilon) = 0$. Dann gehört aber auch jedes y mit $|y - x| < \varepsilon/2$ zu $W(F)^c$, denn es gilt wegen der Monotonie von F

$$F(y + \varepsilon/2) - F(y - \varepsilon/2) \leq F(x + \varepsilon) - F(x - \varepsilon) = 0.$$

Um $W(F) \neq \emptyset$ zu zeigen, können wir o.B.d.A. annehmen, dass F stetig ist, denn andernfalls gäbe es mindestens eine Sprungstelle und damit einen Wachstumspunkt. Dann gibt es wegen $F(x) \to 0$ bei $x \to -\infty$ und $F(x) \to 1$ bei $x \to \infty$ ein $x_0 \in \mathbb{R}$ mit $F(x_0) = 1/2$. Wäre $W(F) = \emptyset$, so gäbe es zu jedem $y \in \mathbb{R}$ ein von y abhängendes $\varepsilon > 0$ mit

$F(y + \varepsilon) - F(y - \varepsilon) = 0$, also insbesondere $F(y + \varepsilon) = F(y)$. Setzen wir $A := \{x \in \mathbb{R} \mid F(x) = 1/2\}$, so ist $A \neq \emptyset$, denn es gilt $x_0 \in A$. Die Menge A ist nach oben unbeschränkt, denn wäre $u := \sup A < \infty$, so gälte zunächst wegen der Stetigkeit von F die Gleichung $F(u) = 1/2$. Wegen der Annahme $W(F) = \emptyset$ gäbe es ein $\varepsilon > 0$ mit $F(u + \varepsilon) = F(u) = 1/2$, was der Definition von u als Supremum der Menge A widerspräche. Folglich ist A nach oben unbeschränkt. Diese Eigenschaft widerspricht aber der Konvergenz $F(x) \to 1$ bei $x \to \infty$.

c) Es seien $\mathbb{Q} =: \{q_1, q_2, \ldots\}$ eine Aufzählung von $\mathbb{Q}$, X eine Zufallsvariable mit $\mathbb{P}(X = q_j) = 2^{-j}$ für $j \geq 1$ und F die Verteilungsfunktion von X. Wegen $\mathbb{P}(X \in \mathbb{Q}) = 1$ und der Abzählbarkeit von $\mathbb{Q}$ ist F eine diskrete Verteilungsfunktion. Zu beliebigem $x \in \mathbb{R}$ und beliebigem $\varepsilon > 0$ gibt es mindestens eine rationale Zahl im Intervall $(x - \varepsilon, x + \varepsilon]$. Folglich ist $0 < \mathbb{P}(x - \varepsilon < X \leq x + \varepsilon) = F(x + \varepsilon) - F(x - \varepsilon)$, was $W(F) = \mathbb{R}$ zeigt.

5.36 Die im Hinweis gegebene Darstellung spiegelt die Tatsache wider, dass das Ereignis $\{\mathbf{X} \leq x\}$ die Vereinigung der disjunkten Ereignisse $\{\mathbf{X} \in (x, y]\}$ und $\bigcup_{j=1}^n A_j$ ist. Nach der Formel des Ein- und Ausschließens gilt

$$\mathbb{P}\left(\bigcup_{j=1}^k A_j\right) = \sum_{r=1}^k (-1)^{r-1} S_r,$$

wobei

$$S_r = \sum_{1 \leq i_1 < \ldots < i_r \leq n} \mathbb{P}\left(A_{i_1} \cap \ldots \cap A_{i_r}\right).$$

Nun ist

$$\{A_{i_1} \cap \ldots \cap A_{i_r}\} = \{X_1 \leq y_1^{\rho_1} x_1^{1-\rho_1}, \ldots, X_k \leq y_k^{\rho_k} x_k^{1-\rho_k}\},$$

wobei $\rho := (\rho_1, \ldots, \rho_k) \in \{0, 1\}^k$ mit $\rho_\nu = 0$ für $\nu \in \{i_1, \ldots, i_r\}$ und $\rho_\nu = 1$ sonst. Nach Definition der Verteilungsfunktion ist damit

$$\mathbb{P}(A_{i_1} \cap \ldots \cap A_{i_r}) = F(y_1^{\rho_1} x_1^{1-\rho_1}, \ldots, y_k^{\rho_k} x_k^{1-\rho_k}).$$

Schreiben wir $s(\rho) := \rho_1 + \ldots + \rho_k$ für die Anzahl der Einsen im Tupel ρ, so folgt

$$S_r = \sum_{\rho \in \{0,1\}^k : s(\rho) = k-r} F(y_1^{\rho_1} x_1^{1-\rho_1}, \ldots, y_k^{\rho_k} x_k^{1-\rho_k}),$$

und somit

$$\mathbb{P}(\mathbf{X} \in (x, y])$$
$$= F(y_1, \ldots, y_k)$$
$$- \sum_{r=1}^k (-1)^{r-1} \sum_{\rho \in \{0,1\}^k : s(\rho) = k-r} F(y_1^{\rho_1} x_1^{1-\rho_1}, \ldots, y_k^{\rho_k} x_k^{1-\rho_k})$$
$$= \sum_{\rho \in \{0,1\}^k} (-1)^{k-s(\rho)} F(y_1^{\rho_1} x_1^{1-\rho_1}, \ldots, y_k^{\rho_k} x_k^{1-\rho_k})$$
$$= \Delta_x^y F,$$

was zu zeigen war.

5.37 Zu $u, v \in [0,1]$ mit $0 \le u < v \le 1$ existieren $i, j \in \mathbb{Z}$ mit $0 \le i \le j \le m - 1$ und $i/m \le u < (i+1)/m$, $j/m \le v < (j+1)/m$. Es gilt

$$\mathbb{P}_m(\{a \in \Omega_m : u \le a \le v\}) = (j - i + 1)/m$$

im Fall $u = i/m$ (bzw. $\ldots = (j-i)/m$ im Fall $u > i/m$). Wegen

$$\frac{j-i}{m} \le v - u \le \frac{j+1-i}{m}$$

im Fall $u = i/m$ (bzw. $(j-i-1)/m < v-u < (j+1-i)/m$ im Fall $u > i/m$) folgt die Behauptung.

5.38 a) Wir zeigen die Behauptung durch Induktion über n, wobei der Induktionsanfang $n = 1$ unmittelbar klar ist. Der Induktionsschluss $n \to n + 1$ folgt wegen $r_1 \ldots r_{n+1} - s_1 \ldots s_{n+1} = (r_1 \ldots r_n - s_1 \ldots s_n)r_{n+1} + s_1 \ldots s_n(r_{n+1} - s_{n+1})$ aus der Dreiecksungleichung und $0 \le r_j, s_j \le 1$.

b) Wenden wir (5.111) auf $r_j := \mathbb{P}_m(\{a_j \in \Omega_m : u_j \le a_j \le v_j\})$ und $s_j := v_j - u_j$ an, wobei $0 \le u_j < v_j \le 1$, $j = 1, \ldots, n$, so ergibt sich unter Beachtung von (5.110) die Behauptung.

5.39 a) Durch Induktion nach s ergibt sich aus dem iterativen Kongruenzschema unmittelbar

$$z_{i+s} - z_s \equiv a^s(z_i - z_0) \pmod{m}, \quad i, s \ge 0$$

und somit die Behauptung. Dabei ist die Kongruenz modulo m komponentenweise zu verstehen.

b) Nach Definition der Kongruenzrelation folgt aus a)

$$Z_i - Z_0 = (z_i - z_0)\begin{pmatrix} 1 \\ a \\ \vdots \\ a^{d-1} \end{pmatrix} + m\begin{pmatrix} k_1 \\ k_2 \\ \vdots \\ k_d \end{pmatrix}, \quad i \ge 0,$$

mit ganzen Zahlen $k_1, \ldots, k_d$. Die Differenz $Z_i - Z_0$ ist somit eine *ganzzahlige* Linearkombination der $d + 1$ Vektoren

$$\begin{pmatrix} 1 \\ a \\ \vdots \\ a^{d-1} \end{pmatrix}, \begin{pmatrix} m \\ 0 \\ \vdots \\ 0 \end{pmatrix}, \begin{pmatrix} 0 \\ m \\ \vdots \\ 0 \end{pmatrix}, \ldots, \begin{pmatrix} 0 \\ 0 \\ \vdots \\ m \end{pmatrix}.$$

Da der Vektor $(m, 0, \ldots, 0)^\top$ als ganzzahlige Linearkombination der übrigen Vektoren sogar redundant ist, liegen die Differenzen $Z_i - Z_0$ für jedes i in der Menge G, die ein *Gitter* im $\mathbb{R}^d$ darstellt.

Die vom Pseudozufallszahlengenerator erzeugten Punkte $(x_i, x_{i+1}, \ldots, x_{i+d-1})^\top$, $i \ge 0$, liegen somit aufgrund der Normierungsvorschrift $x_i = z_i/m$ auf einem Gitter, das sich aus G durch Verschiebung um Z_0 und Skalierung mit dem Faktor $1/m$ ergibt.

5.40 Aus

$$\prod_{j=1}^k f(x_j) = g(x_1^2 + \ldots + x_k^2)$$

für eine Funktion $g : [0, \infty) \to (0, \infty)$ folgt

$$\sum_{j=1}^k \log f(x_j) = \log g(x_1^2 + \ldots + x_k^2)$$

und somit für festes $m \in \{1, \ldots, k\}$

$$\frac{f'(x_m)}{f(x_m)} = \frac{g'(x_1^2 + \ldots + x_k^2)}{g(x_1^2 + \ldots + x_k^2)}2x_m, \quad (x_1, \ldots, x_k) \in \mathbb{R}^k.$$

Es existiert somit ein $c \ne 0$ mit

$$\frac{f'(t)}{2tf(t)} = c, \quad t \in \mathbb{R} \setminus \{0\}.$$

Diese Differenzialgleichung besitzt die allgemeine Lösung

$$f(t) = K\exp(ct^2), \quad t \in \mathbb{R},$$

für ein $K > 0$. Da f eine Wahrscheinlichkeitsdichte ist, kann nur $c < 0$ gelten. Hieraus folgt die Behauptung.

5.41 Führt man die im Hinweis angegebene Integration aus, so ergibt sich

$$\iint \mathbb{1}_B \, d\mathbb{P}^X \otimes \lambda^1 = \int_0^\infty \int_0^x \mathbb{1}_B(x, y)\lambda^1(dy)\mathbb{P}^X(dx)$$

$$= \int_0^\infty x\,\mathbb{P}^X(dx).$$

Integriert man in umgekehrter Reihenfolge, so folgt wegen $1 - F(y) = \mathbb{P}^X((y, \infty))$

$$\iint \mathbb{1}_B \, d\mathbb{P}^X \otimes \lambda^1 = \int_0^\infty \int_y^\infty \mathbb{1}_B(x, y)\mathbb{P}^X(dx)\lambda^1(dy)$$

$$= \int_0^\infty (1 - F(y))\,dy.$$

Nach dem Satz von Tonelli liefert iterierte Integration in unterschiedlicher Reihenfolge das gleiche Ergebnis, woraus

$$\int_0^\infty (1 - F(y))\,dy = \int_0^\infty x\,\mathbb{P}^X(dx)$$

folgt. Integriert man die Indikatorfunktion der Menge

$$A := \{(x, y) \in \mathbb{R}^2 \mid -\infty \le x \le y \le 0\}$$

bzgl. $\mathbb{P}^X \otimes \lambda^1$, so erhält man in gleicher Weise

$$-\int\limits_{-\infty}^{0} F(y)\, \mathrm{d}y = \int\limits_{-\infty}^{0} x\, \mathbb{P}^X(\mathrm{d}x).$$

Aufgrund der Äquivalenz

$$\mathbb{E}|X| < \infty \iff \int\limits_{-\infty}^{\infty} |x|\, \mathbb{P}^X(\mathrm{d}x) < \infty$$

und

$$\mathbb{E}\,X = \int\limits_{0}^{\infty} x\, \mathbb{P}^X(\mathrm{d}x) + \int\limits_{-\infty}^{0} x\, \mathbb{P}^X(\mathrm{d}x)$$

folgt die Behauptung.

5.42 Sei $Y := |X|^p$. Wir zeigen

$$\mathbb{E}\,Y < \infty \iff \sum_{n=1}^{\infty} \mathbb{P}(Y > n) < \infty,$$

sodass a) und b) in der Tat äquivalent sind. Sei hierzu $G(t) := \mathbb{P}(Y \le t)$, $t \in \mathbb{R}$, die Verteilungsfunktion von Y. Wegen der Monotonie von G gilt für jedes $k \in \mathbb{N}$ unter Verwendung der Darstellungsformel

$$\sum_{n=1}^{k} \mathbb{P}(Y > n) = \sum_{n=1}^{k} (1 - G(n)) \le \int\limits_{0}^{k} (1 - G(t))\, \mathrm{d}t$$

$$\le \int\limits_{0}^{\infty} (1 - G(t))\, \mathrm{d}t = \mathbb{E}\,Y,$$

was „$\Rightarrow$" zeigt, wenn man k gegen unendlich streben lässt. Die umgekehrte Implikation folgt aus der Darstellungsformel und der für jedes $k \in \mathbb{N}$ geltenden Ungleichungskette

$$\int\limits_{0}^{k+1} (1 - G(t))\, \mathrm{d}t = \sum_{n=1}^{k+1} \int\limits_{n-1}^{n} (1 - G(t))\, \mathrm{d}t$$

$$\le \sum_{n=1}^{k+1} (1 - G(n-1))$$

$$= 1 - G(0) + \sum_{n=1}^{k} \mathbb{P}(Y > n)$$

$$\le 1 + \sum_{n=1}^{\infty} \mathbb{P}(Y > n)$$

beim Grenzübergang $k \to \infty$.

5.43

a) Es gilt (punktweise auf Ω) $|X|^q \le 1 + |X|^p$. Hieraus folgt

$$\mathbb{E}|X|^q \le 1 + \mathbb{E}|X|^p < \infty.$$

b) Es sei $X \sim \mathrm{C}(0, 1)$ mit Dichte $f(x) = 1/(\pi(1 + x^2))$, $x \in \mathbb{R}$. Dann gilt

$$\mathbb{E}|X| = \int\limits_{-\infty}^{\infty} \frac{|x|}{\pi(1 + x^2)}\, \mathrm{d}x = \infty.$$

Ist $p \in (0, 1)$, so folgt

$$\mathbb{E}|X|^p = \frac{2}{\pi} \int\limits_{0}^{\infty} \frac{x^p}{1 + x^2}\, \mathrm{d}x,$$

und wegen

$$\int\limits_{0}^{\infty} \frac{x^p}{1 + x^2}\, \mathrm{d}x \le 1 + \int\limits_{1}^{\infty} \frac{1}{x^{2-p}}\, \mathrm{d}x < \infty$$

ergibt sich $\mathbb{E}|X|^p < \infty$.

5.44 Multipliziert man das im Hinweis angegebene Polynom aus, so ergibt sich

$$p(x) = x^4 - 2\left(a - \frac{1}{a}\right)x^3$$
$$+ \left(a^2 - 4 + \frac{1}{a^2}\right)x^2 + 2\left(a - \frac{1}{a}\right)x + 1.$$

Wegen $p(x) \ge 0$, $x \in \mathbb{R}$, folgt aufgrund der Monotonie und Linearität der Erwartungswertbildung

$$0 \le \mathbb{E}\,p(X)$$
$$= \mathbb{E}X^4 - 2\left(a - \frac{1}{a}\right)\mathbb{E}X^3$$
$$+ \left(a^2 - 4 + \frac{1}{a^2}\right)\mathbb{E}X^2 + 2\left(a - \frac{1}{a}\right)\mathbb{E}X + 1$$
$$= \mathbb{E}X^4 - 2\left(a - \frac{1}{a}\right) + \left(a^2 - 4 + \frac{1}{a^2}\right) + 1.$$

Mit

$$\frac{1}{a} = -\frac{1 - \sqrt{5}}{2}$$

gilt

$$2\left(a - \frac{1}{a}\right) - \left(a^2 - 4 + \frac{1}{a^2}\right) - 1 = 2,$$

und somit folgt $\mathbb{E}X^4 \geq 2$. Weiter gilt

$$\mathbb{E}X^4 = 2 \iff \mathbb{P}(X = a) + \mathbb{P}\left(X = -\frac{1}{a}\right) = 1.$$

Setzen wir $p := \mathbb{P}(X = a)$, so liefert die Bedingung $\mathbb{E}X = 0$ die Gleichung

$$0 = p\,a - (1-p)\frac{1}{a} = p\left(a + \frac{1}{a}\right) - \frac{1}{a}$$

und somit

$$p = \frac{1}{1+a^2} = \frac{2}{5+\sqrt{5}}.$$

Direktes Nachrechnen ergibt, dass hiermit auch die Bedingungen $\mathbb{E}X^2 = \mathbb{E}X^3 = 1$ erfüllt sind.

5.45 Zunächst existiert der rechts stehende Erwartungswert, denn es ist

$$\max_{j=1,\dots,n} |X_j| \leq \sum_{j=1}^{n} |X_j|$$

und $\mathbb{E}|X_j| = \mathbb{E}|X_1| < \infty$. Nach obiger Darstellungsformel gilt für jedes a mit $0 < a < \infty$

$$\mathbb{E}\left(\max_{j=1\dots,n} |X_j|\right) = \int_0^\infty \mathbb{P}\left(\max_{j=1,\dots,n} |X_j| > t\right) \mathrm{d}t$$

$$\leq a + \int_a^\infty \mathbb{P}\left(\max_{j=1,\dots,n} |X_j| > t\right) \mathrm{d}t.$$

Aufgrund der identischen Verteilung der X_j gilt

$$\mathbb{P}\left(\max_{j-1\dots,n} |X_j| > t\right) = \mathbb{P}\left(\bigcup_{j=1}^{n}\{|X_j| > t\}\right)$$

$$\leq \sum_{j=1}^{n} \mathbb{P}\left(|X_j| > t\right)$$

$$= n\,\mathbb{P}\left(|X_1| > t\right)$$

und somit – wenn wir $a := \sqrt{n}$ setzen –

$$\mathbb{E}\left(\max_{j=1\dots,n} |X_j|\right) \leq \sqrt{n} + n\int_{\sqrt{n}}^\infty \mathbb{P}\left(|X_1| > t\right) \mathrm{d}t.$$

Dividiert man beide Seiten durch n, so folgt die Behauptung, denn wegen

$$\mathbb{E}|X_1| = \int_0^\infty \mathbb{P}\left(|X_1| > t\right) \mathrm{d}t < \infty$$

gilt $\int_{\sqrt{n}}^\infty \mathbb{P}\left(|X_1| > t\right) \mathrm{d}t \to 0$ für $n \to \infty$.

5.46 Wir setzen

$$Y_j := \frac{X_j - \mathbb{E}X_j}{\sqrt{\mathbb{V}(X_j)}}, \quad j = 1, 2.$$

Dann gilt $\mathbb{E}Y_j = 0$, $\mathbb{V}(Y_j) = 1$ $(j = 1, 2)$ sowie $\rho = \mathbb{E}(Y_1 Y_2)$. Zu zeigen ist

$$\mathbb{P}\left(\bigcup_{j=1}^{2}\{|Y_j| > \varepsilon\}\right) \leq \frac{1 + \sqrt{1-\rho^2}}{\varepsilon^2}.$$

Für $a \in \mathbb{R}$ mit $|a| < 1$ ist die quadratische Form

$$g(x_1, x_2) := \begin{pmatrix} x_1 & x_2 \end{pmatrix} \frac{1}{1-a^2} \begin{pmatrix} 1 & -a \\ -a & 1 \end{pmatrix} \begin{pmatrix} x_1 \\ x_2 \end{pmatrix}$$

$$= \frac{x_1^2 - 2ax_1x_2 + x_2^2}{1-a^2}$$

positiv definit. Wegen

$$g(x_1, x_2) = x_1^2 + \frac{(-ax_1 + x_2)^2}{1-a^2} = x_2^2 + \frac{(-ax_2 + x_1)^2}{1-a^2}$$

gilt weiter

$$\mathbb{1}\{\mathbb{R}^2 \setminus (-\varepsilon, \varepsilon)^2\} \leq \frac{1}{\varepsilon^2}\, g(x_1, x_2), \quad (x_1, x_2) \in \mathbb{R}^2.$$

Die Monotonie des Erwartungswertoperators liefert somit

$$\mathbb{P}\left(\bigcup_{j=1}^{2}\{|Y_j| > \varepsilon\}\right) = \mathbb{E}\left\lfloor \mathbb{1}\{\mathbb{R}^2 \setminus (-\varepsilon, \varepsilon)^2\}(Y_1, Y_2)\right\rfloor$$

$$\leq \frac{1}{\varepsilon^2}\,\mathbb{E}\left[g(Y_1, Y_2)\right]$$

$$= \frac{1}{\varepsilon^2}\,\frac{\mathbb{E}Y_1^2 - 2a\mathbb{E}(Y_1 Y_2) + \mathbb{E}Y_2^2}{1-a^2}$$

$$= \frac{1}{\varepsilon^2}\,\frac{2 - 2a\rho}{1-a^2}.$$

Setzt man speziell

$$a = \frac{\rho}{1 + \sqrt{1-\rho^2}},$$

so folgt die Behauptung für den Fall $\rho^2 \neq 1$. Im Fall $\rho^2 = 1$ gilt $\mathbb{P}(|Y_1| = |Y_2|) = 1$, sodass sich die Behauptung in diesem Fall aus der Tschebyschow-Ungleichung ergibt.

5.47 Es sei $a_0 := 0$ gesetzt. Für $a > 0$ gilt

$$|x - a| - |x| = \begin{cases} a, & \text{falls } x \leq 0, \\ -2x + a, & \text{falls } 0 < x \leq a, \\ -a, & \text{falls } a < x \end{cases}$$

$$\geq \begin{cases} a, & \text{falls } x \leq 0, \\ -a, & \text{falls } x > 0. \end{cases}$$

Wegen $\mathbb{P}(X \leq 0) \geq 1/2$ folgt

$$
\begin{aligned}
&\mathbb{E}(|X-a|-|X|) \\
&= \int (|x-a|-|x|)\,\mathbb{P}^X(\mathrm{d}x) \\
&\geq a \int \mathbb{1}_{(-\infty,0]}(x)\mathbb{P}^X(\mathrm{d}x) - a \int \mathbb{1}_{(0,\infty)}(x)\mathbb{P}^X(\mathrm{d}x) \\
&= a\,(\mathbb{P}(X \leq 0) - \mathbb{P}(X > 0)) \\
&\geq 0,
\end{aligned}
$$

also $\mathbb{E}(|X-a|) \geq \mathbb{E}|X|$. Für $a < 0$ gilt

$$
|x-a|-|x| = \begin{cases} a, & \text{falls } x < a, \\ 2x-a, & \text{falls } a \leq x < 0, \\ -a, & \text{falls } 0 \leq x \end{cases}
$$

$$
\geq \begin{cases} a, & \text{falls } x < 0, \\ -a, & \text{falls } x \geq 0. \end{cases}
$$

Hieraus folgt

$$
\begin{aligned}
&\mathbb{E}(|X-a|-|X|) \\
&= \int (|x-a|-|x|)\,\mathbb{P}^X(\mathrm{d}x) \\
&\geq a \int \mathbb{1}_{(-\infty,0)}(x)\mathbb{P}^X(\mathrm{d}x) - a \int \mathbb{1}_{[0,\infty)}(x)\mathbb{P}^X(\mathrm{d}x) \\
&= a\,(\mathbb{P}(X < 0) - \mathbb{P}(X \geq 0)) \\
&\geq 0,
\end{aligned}
$$

da $\mathbb{P}(X < 0) \leq 1/2$ und $\mathbb{P}(X \geq 0) \geq 1/2$. Es gilt also

$$
\mathbb{E}|X| \leq \mathbb{E}|X-a|, \quad a \in \mathbb{R},
$$

was zu zeigen war.

5.48 Da sich der Quartilsabstand und die Varianz unter Translationen $X \mapsto X + a$ nicht ändern, kann o.B.d.A. angenommen werden, dass X symmetrisch um 0 verteilt ist. Wegen $X \sim -X$ folgt dann $\mathbb{E}X = 0$ und $Q_{1/4} = -Q_{3/4}$. Aufgrund der Voraussetzung über F gilt weiter $Q_{3/4} > 0$. Die Tschebyschow-Ungleichung liefert

$$
\frac{1}{2} = \mathbb{P}(|X| \geq Q_{3/4}) \leq \frac{\mathbb{V}(X)}{Q_{3/4}^2}
$$

und somit $Q_{3/4} \leq \sqrt{2\,\mathbb{V}(X)}$. Wegen

$$
Q_{3/4} - Q_{1/4} = 2\,Q_{3/4}
$$

folgt die Behauptung.

5.49 Mit dem Hinweis gilt

$$
\begin{aligned}
(\mathbf{X}-\mu)^\top \Sigma^{-1}(\mathbf{X}-\mu) &\sim (A\mathbf{Y})^\top (AA^\top)^{-1}A\mathbf{Y} \\
&= \mathbf{Y}^\top A^\top (A^\top)^{-1} A^{-1} A\mathbf{Y} \\
&= \mathbf{Y}^\top \mathbf{Y} \\
&= \sum_{j=1}^k Y_j^2,
\end{aligned}
$$

wobei $\mathbf{Y} = (Y_1, \ldots, Y_k)^\top$. Da $Y_1, \ldots, Y_k$ stochastisch unabhängig und je $N(0,1)$-verteilt sind, folgt die Behauptung nach Definition der χ_k^2-Verteilung.

5.50 a) Es gilt

$$
\begin{aligned}
\varphi_X(-t) &= \int e^{-\mathrm{i}tx}\,\mathbb{P}^X(\mathrm{d}x) \\
&= \int \overline{e^{\mathrm{i}tx}}\,\mathbb{P}^X(\mathrm{d}x) \\
&= \overline{\varphi_X(t)}.
\end{aligned}
$$

Dabei folgt das letzte Gleichheitszeichen aus der Definition des Erwartungswertes einer $\mathbb{C}$-wertigen Zufallsvariablen.

b) Es gilt

$$
\begin{aligned}
\varphi_{aX+b}(t) &= \mathbb{E}\left(e^{\mathrm{i}t(aX+b)}\right) \\
&= e^{\mathrm{i}tb}\,\mathbb{E}\left(e^{\mathrm{i}atX}\right) \\
&= e^{\mathrm{i}tb}\,\varphi_X(at).
\end{aligned}
$$

5.51 a) Wegen $\varphi(0) = 1$ und der Stetigkeit von φ gilt $c = \int \varphi(t)\,\mathrm{d}t > 0$. Da φ reellwertig und nichtnegativ ist, ist g eine Dichte.

b) Sei Y eine Zufallsvariable mit der Dichte g. Nach der Umkehrformel (5.70) für Dichten gilt für die charakteristische Funktion von Y

$$
\begin{aligned}
\psi(t) &= \int e^{\mathrm{i}tx} g(x)\,\mathrm{d}x \\
&= \frac{2\pi}{c}\,\frac{1}{2\pi}\int e^{-\mathrm{i}(-t)x}\varphi(x)\,\mathrm{d}x \\
&= \frac{2\pi}{c}\,f(-t).
\end{aligned}
$$

Wegen der Reellwertigkeit von φ gilt nach Aufgabe 5.8

$$
f(t) = f(-t), \quad t \in \mathbb{R},
$$

und damit

$$
\psi(t) = \frac{2\pi}{c}\,f(t), \quad t \in \mathbb{R}.
$$

5.52 a) Nach Teil a) des Satzes über die Dichte von Differenz, Produkt und Quotient in Abschn. 5.5 besitzt Z die Dichte

$$f_Z(t) = \int_{-\infty}^{\infty} f_X(t+s) f_Y(s)\,ds.$$

Wegen $f_X(u) = f_Y(u) = \exp(-u)$ für $u \geq 0$ und $f_X(u) = f_Y(u) = 0$ sonst, folgt

$$f_Z(t) = \begin{cases} \int_0^{\infty} e^{-(t+s)} e^{-s}\,ds = \frac{e^{-t}}{2}, & t \geq 0, \\ \int_{-t}^{\infty} e^{-(t+s)} e^{-s}\,ds = \frac{e^{t}}{2}, & t < 0, \end{cases}$$

und somit

$$f_Z(t) = \frac{1}{2} e^{-|t|}, \quad t \in \mathbb{R}.$$

Die charakteristische Funktion von Z ist

$$\varphi_Z(t) = \int_{-\infty}^{\infty} e^{itx} \frac{1}{2} e^{-|x|}\,dx$$

$$= \frac{1}{2}\left(\int_{-\infty}^{0} e^{(it+1)x}\,dx + \int_0^{\infty} e^{(it-1)x}\,dx \right)$$

$$= \frac{1}{2}\left(\frac{1}{1+it} + \frac{1}{1-it} \right)$$

$$= \frac{1}{1+t^2}.$$

b) Es ist

$$c := \int_{-\infty}^{\infty} \varphi_Z(t)\,dz = \pi,$$

und somit ist die durch

$$g(t) := \frac{1}{c} \varphi_Z(t) = \frac{1}{\pi(1+t^2)}, \quad t \in \mathbb{R},$$

definierte Funktion eine Dichte (die Dichte der Cauchy-Verteilung $C(0,1)$). Nach Aufgabe 5.51 b) hat eine Zufallsvariable Y mit der Cauchy-Verteilung $C(0,1)$ die charakteristische Funktion

$$\psi(t) = \frac{2\pi f_Z(t)}{c} = e^{-|t|}, \quad t \in \mathbb{R}.$$

c) Es gilt $X_j \sim \beta Y_j + \alpha$, $j = 1, \ldots, n$, wobei $Y_j \sim C(0,1)$. Wegen der allgemeinen Eigenschaft

$$\varphi_{aX+b}(t) = e^{itb} \cdot \varphi_X(at), \quad a,b,t \in \mathbb{R}, \tag{5.113}$$

charakteristischer Funktionen hat X_j die (von j unabhängige) charakteristische Funktion

$$\varphi(t) = e^{it\alpha} \varphi_{Y_j}(\beta t) = e^{it\alpha} e^{-\beta|t|}, \quad t \in \mathbb{R}.$$

d) Nach der Multiplikationsformel für charakteristische Funktionen hat $\sum_{j=1}^{n} X_j$ die charakteristische Funktion $\exp(in\alpha t) \exp(-n\beta|t|)$. Wiederum mit (5.113) besitzt das arithmetische Mittel $n^{-1} \sum_{j=1}^{n} X_j$ die charakteristische Funktion φ. Das arithmetische Mittel hat also die gleiche Verteilung wie jeder einzelne Summand.

5.53 „a) $\Rightarrow$ c)“: Aus der Voraussetzung folgt mit $p_{a,h,m} := \mathbb{P}(X = a + hm)$ die Darstellung

$$\varphi_X(t) = \sum_{m=-\infty}^{\infty} p_{a,h,m}\, e^{it(a+hm)}$$

und somit

$$\left| \varphi_X\left(t + k\frac{2\pi}{h}\right) \right|$$

$$= \left| \sum_{m=-\infty}^{\infty} p_{a,h,m} \exp\left(i(a+hm)\left(t + k\frac{2\pi}{h}\right) \right) \right|.$$

Wegen $\exp(2\pi i k m) = 1$ ergibt sich

$$\exp\left(i(a+hm)\left(t + k\frac{2\pi}{h}\right) \right) = e^{i(a+hm)t}\, e^{2\pi iak/h}$$

und deshalb

$$\left| \varphi_X\left(t + k\frac{2\pi}{h}\right) \right| = \left| \exp\left(2\pi i \frac{k}{h} \right) \right| |\varphi_X(t)|$$

$$= |\varphi_X(t)|.$$

„c) $\Rightarrow$ b)“: Diese Implikation folgt unmittelbar wegen $\varphi_X(0) = 1$.

„b) $\Rightarrow$ a)“: Sei $\varphi_X(2\pi/h) =: e^{i\alpha}$ mit $0 \leq \alpha < 2\pi$. Es folgt

$$0 = 1 - \varphi_X\left(\frac{2\pi}{h} \right) e^{-i\alpha}$$

$$= 1 - \int \exp\left(i\frac{2\pi}{h}x \right) e^{-i\alpha}\, \mathbb{P}^X(dx)$$

$$= \int \left[1 - \exp\left(i\left(\frac{2\pi}{h}x - \alpha \right) \right) \right] \mathbb{P}^X(dx)$$

$$= \int \left[1 - \cos\left(\frac{2\pi}{h}x - \alpha \right) \right] \mathbb{P}^X(dx).$$

Das letzte Gleichheitszeichen gilt wegen $0 \in \mathbb{R}$. Da der Integrand nichtnegativ ist und die Gleichung $0 = 1 - \cos(2\pi x/h - \alpha)$ zu

$$x \in \left\{ \frac{\alpha h}{2\pi} + mh \,\middle|\, m \in \mathbb{Z} \right\}$$

äquivalent ist, folgt die Behauptung mit $a := \alpha h/(2\pi)$, denn ganz allgemein gilt ja für Maßintegrale die Implikation „$f \geq 0$ und $\int f\,d\mu = 0 \implies f = 0\ \mu$-f.ü.“.

5.54 Es ist

$$\frac{1}{2T}\int_{-T}^{T}\mathrm{e}^{-\mathrm{i}ta}\varphi(t)\,\mathrm{d}t = \frac{1}{2T}\int_{-T}^{T}\mathrm{e}^{-\mathrm{i}ta}\int_{-\infty}^{\infty}\mathrm{e}^{\mathrm{i}tx}\,\mathbb{P}^{X}(\mathrm{d}x)\,\mathrm{d}t$$

$$= \frac{1}{2T}\int_{-\infty}^{\infty}\int_{-T}^{T}\mathrm{e}^{\mathrm{i}t(x-a)}\mathrm{d}t\,\mathbb{P}^{X}(\mathrm{d}x)$$

$$= \frac{1}{2T}\int_{\infty}^{\infty}\frac{\mathrm{e}^{\mathrm{i}t(x-a)}}{\mathrm{i}(x-a)}\bigg|_{-T}^{T}\,\mathbb{P}^{X}(\mathrm{d}x)$$

$$= \frac{1}{2T}\int_{-\infty}^{\infty}\frac{2\sin(T(x-a))}{x-a}\,\mathbb{P}^{X}(\mathrm{d}x)$$

$$= \int_{-\infty}^{\infty}\frac{\sin(T(x-a))}{T(x-a)}\,\mathbb{P}^{X}(\mathrm{d}x).$$

Dabei wurde beim zweiten Gleichheitszeichen der Satz von Fubini verwendet. Der Integrand im letzten Integral konvergiert für $T\to\infty$ gegen 0, falls $x\neq a$ bzw. gegen 1, falls $x = a$. Da der Integrand betragsmäßig durch 1 nach oben beschränkt ist, ergibt sich mit dem Satz von der dominierten Konvergenz

$$\lim_{T\to\infty}\frac{1}{2T}\int_{-T}^{T}\mathrm{e}^{-\mathrm{i}ta}\varphi(t)\,\mathrm{d}t = \int_{-\infty}^{\infty}\mathbb{1}_{\{a\}}(x)\,\mathbb{P}^{X}(\mathrm{d}x)$$

$$= \mathbb{P}(X = a).$$

5.55 Es gelten $|X| = X^{+} + X^{-}$ und $X = X^{+} - X^{-}$. Die Additivität der bedingten Erwartung liefert dann (jeweils $\mathbb{P}$-fast sicher):

$$\mathbb{E}(|X||\mathcal{G}) = \mathbb{E}(X^{+}|\mathcal{G}) + \mathbb{E}(X^{-}|\mathcal{G}),$$

$$\mathbb{E}(X|\mathcal{G}) = \mathbb{E}(X^{+}|\mathcal{G}) - \mathbb{E}(X^{-}|\mathcal{G}).$$

Wegen $X^{+}\geq 0$ und $X^{-}\geq 0$ erhalten wir mit der Monotonie der bedingten Erwartung

$$\mathbb{E}(X^{+}|\mathcal{G})\geq 0,\quad \mathbb{E}(X^{-}|\mathcal{G})\geq 0$$

(jeweils $\mathbb{P}$-fast sicher) und damit die Behauptung.

5.56 Es gilt für jedes $n\geq 0$

$$\{\max(\sigma,\tau)\leq n\} = \{\sigma\leq n\}\cap\{\tau\leq n\},$$

$$\{\min(\sigma,\tau)\leq n\} = \{\sigma\leq n\}\cup\{\tau\leq n\}.$$

Da $\mathcal{F}_{n}$ eine σ-Algebra ist und jede der Mengen $\{\sigma\leq n\}$ und $\{\tau\leq n\}$ in $\mathcal{F}_{n}$ liegt, sind $\max(\sigma,\tau)$ und $\min(\sigma,\tau)$ Stoppzeiten bzgl. $\mathbb{F}$. Weiter gilt

$$\{\sigma + \tau = n\} = \bigcup_{k=0}^{n}(\{\sigma = k\}\cap\{\tau = n-k\}).$$

Nach Definition einer Stoppzeit gelten $\{\sigma = k\}\in\mathcal{F}_{k}$ und $\{\tau = n - k\}\in\mathcal{F}_{n-k}$. Wegen $k\leq n$ und $n - k\leq n$ folgt $\mathcal{F}_{k}\subseteq\mathcal{F}_{n}$ sowie $\mathcal{F}_{n-k}\subseteq\mathcal{F}_{n}$. Da $\mathcal{F}_{n}$ eine σ-Algebra ist, erhalten wir $\{\sigma + \tau = n\}\in\mathcal{F}_{n}$, und somit ist auch $\sigma + \tau$ eine Stoppzeit bzgl. $\mathbb{F}$.

5.57 Zu einer Stoppzeit τ bzgl. einer Filtration $(\mathcal{F}_{n})_{n\geq 0}$ ist die σ-Algebra der τ-Vergangenheit durch

$$\mathcal{A}_{\tau} := \{A\in\mathcal{A}: A\cap\{\tau\leq n\}\in\mathcal{F}_{n}\ \forall\,n\geq 0\}$$

definiert. Zunächst gilt $\Omega\in\mathcal{A}_{\tau}$, denn für jedes n gehört $\Omega\cap\{\tau\leq n\} = \{\tau\leq n\}$ zu $\mathcal{F}_{n}$. Gilt $A\in\mathcal{A}_{\tau}$, so gehört auch das Komplement A^{c} von A zu $\mathcal{A}_{\tau}$, denn es gilt für jedes $n\geq 0$

$$A^{c}\cap\{\tau\leq n\} = \{\tau\leq n\}\cap(A\cap\{\tau\leq n\})^{c}.$$

Wegen $\{\tau\leq n\}\in\mathcal{F}_{n}$ und $A\cap\{\tau\leq n\}\in\mathcal{F}_{n}$ gilt dann auch $A^{c}\cap\{\tau\leq n\}\in\mathcal{F}_{n}$, da $\mathcal{F}_{n}$ eine σ-Algebra ist. Folglich gilt $A^{c}\in\mathcal{A}_{\tau}$.

Wir müssen noch zeigen, dass mit Mengen $A_{1}, A_{2},\ldots\in\mathcal{A}_{\tau}$ auch die Vereinigung $\bigcup_{j=1}^{\infty}A_{j}$ zu $\mathcal{A}_{\tau}$ gehört. Nach dem Distributivgesetz gilt

$$\left(\bigcup_{j=1}^{\infty}A_{j}\right)\cap\{\tau\leq n\} = \bigcup_{j=1}^{\infty}\left(A_{j}\cap\{\tau\leq n\}\right).$$

Da jede der Mengen $A_{j}\cap\{\tau\leq n\}$, $j\geq 1$, zu $\mathcal{F}_{n}$ gehört und $\mathcal{F}_{n}$ eine σ-Algebra ist, folgt $\bigcup_{j=1}^{\infty}A_{j}\in\mathcal{A}_{\tau}$.

5.58 Wir verwenden die Monotonieeigenschaft d) und die Turmeigenschaft h) der bedingten Erwartung in Abschn. 5.7. Für $m = n + 1$ gilt die obige Ungleichung nach Definition eines Submartingals. Es reicht, deren Gültigkeit für $m = n + 2$ zu zeigen, da sich dann der allgemeine Fall induktiv ergibt. Nach der Turmeigenschaft gilt $\mathbb{P}$-fast sicher

$$\mathbb{E}(X_{n+2}|\mathcal{F}_{n}) = \mathbb{E}\big[\mathbb{E}(X_{n+2}|\mathcal{F}_{n+1})|\mathcal{F}_{n}\big].$$

Nach Definition eines Submartingals gilt $\mathbb{E}(X_{n+2}|\mathcal{F}_{n+1})\geq X_{n+1}$ $\mathbb{P}$-f.s. Mit der Monotonieeigenschaft d) ist dann die obige rechte Seite $\mathbb{P}$-fast sicher größer oder gleich X_{n}, und das war zu zeigen.

5.59 Sei (X_{n}) o.B.d.A. ein Submartingal. Zu zeigen ist nur, dass die Gleichheit $\mathbb{E}(X_{n}) = \mathbb{E}(X_{0})$, $n\geq 1$, die Martingaleigenschaft zur Folge hat. Da (X_{n}) ein Submartingal ist, gilt

$$\mathbb{E}\big[X_{n+1}|\mathcal{F}_{n}\big] - X_{n}\geq 0\ \mathbb{P}\text{-f.s.}.$$

Wegen

$$\int_{\Omega}\big(\mathbb{E}\big[X_{n+1}|\mathcal{F}_{n}\big] - X_{n}\big)\,\mathrm{d}\mathbb{P} = \mathbb{E}X_{n+1} - \mathbb{E}X_{n} = 0$$

liefert Folgerung a) aus der Markov-Ungleichung, dass der Integrand $\mathbb{P}$-fast sicher gleich Null sein muss, und das ist die Martingaleigenschaft.

5.60 Wir setzen kurz $Z_n := \max(X_n, Y_n)$. Zu zeigen ist $\mathbb{E}[Z_{n+1}|\mathcal{F}_n] \geq Z_n$ $\mathbb{P}$-f.s., $n \geq 0$. Nun ist

$$\mathbb{E}[Z_{n+1}|\mathcal{F}_n] = \mathbb{E}[\max(X_{n+1}, Y_{n+1})|\mathcal{F}_n]$$
$$\geq \mathbb{E}[X_{n+1}|\mathcal{F}_n] \ \mathbb{P}\text{-f.s.}$$
$$\geq X_n \ \mathbb{P}\text{-f.s.}$$

Dabei wurde beim ersten Ungleichheitszeichen die Monotonie der bedingten Erwartung verwendet. In gleicher Weise gilt

$$\mathbb{E}[Z_{n+1}|\mathcal{F}_n] \geq Y_n \ \mathbb{P}\text{-f.s.},$$

woraus die Behauptung folgt.

5.61 Nach Definition gilt für $\rho \in \{\sigma, \tau\}$

$$\mathcal{A}_\rho = \{A \in \mathcal{A} \mid A \cap \{\rho \leq n\} \in \mathcal{F}_n \ \forall \, n \geq 0\}.$$

Seien $A \in \mathcal{A}_\sigma$ beliebig und $n \geq 0$ beliebig. Wir müssen zeigen, dass $A \cap \{\tau \leq n\} \in \mathcal{F}_n$ gilt. Wegen $\sigma \leq \tau$ folgt aus $\{\tau \leq n\}$ das Ereignis $\{\sigma \leq n\}$. Es gilt also $\{\sigma \leq n\} \cap \{\tau \leq n\} = \{\tau \leq n\}$ und somit

$$A \cap \{\tau \leq n\} = A \cap \{\sigma \leq n\} \cap \{\tau \leq n\}.$$

Wegen $A \in \mathcal{A}_\sigma$ gilt $A \cap \{\sigma \leq n\} \in \mathcal{F}_n$, und da τ eine Stoppzeit bzgl. $\mathbb{F}$ ist, gilt $\{\tau \leq n\} \in \mathcal{F}_n$. Da $\mathcal{F}_n$ eine σ-Algebra ist, folgt damit auch $A \cap \{\tau \leq n\} \in \mathcal{F}_n$, was zu zeigen war.

5.62 a) Sei $\mathbb{F} = (\mathcal{F}_n)_{n \geq 0}$ die Filtration, und sei o.B.d.A. $m > \ell$. Weiter sei allgemein $\Delta_j := X_j - X_{j-1}$ gesetzt. Da (X_n) ein Martingal ist, gilt $\mathbb{E}(\Delta_\ell|\mathcal{F}_{\ell-1}) = 0$ $\mathbb{P}$-f.s. Nun gilt (jeweils $\mathbb{P}$-fast sicher)

$$\mathbb{E}(\Delta_m \Delta_\ell = \mathbb{E}[\mathbb{E}(\Delta_m \Delta_\ell|\mathcal{F}_\ell)]$$
$$= \mathbb{E}[\Delta_\ell \mathbb{E}(\Delta_m|\mathcal{F}_\ell)].$$

Dabei folgt das letzte Gleichheitszeichen aus der $\mathcal{F}_\ell$-Messbarkeit von Δ_ℓ. Mit der Turmeigenschaft bedingter Erwartungen gilt

$$\mathbb{E}(\Delta_m|\mathcal{F}_\ell) = \mathbb{E}[\mathbb{E}(\Delta_m|\mathcal{F}_{m-1})|\mathcal{F}_\ell].$$

Wegen $\mathbb{E}(\Delta_m|\mathcal{F}_{m-1}) = 0$ (Martingaleigenschaft!) folgt die Behauptung.

b) Da Martingale einen konstanten Erwartungswert besitzen, kann o.B.d.A. $\mathbb{E}(X_j) = 0$, $j \geq 0$, angenommen werden. Es gilt

$$X_n - X_0 = \sum_{j=1}^{n}(X_j - X_{j-1}).$$

Nach Teil a) folgt

$$\mathbb{E}(X_n - X_0)^2 = \sum_{j=1}^{n} \mathbb{E}\left[(X_j - X_{j-1})^2\right].$$

Nun gilt

$$\mathbb{E}(X_n - X_0)^2 = \mathbb{E}(X_n^2) - 2\mathbb{E}(X_n X_0) + \mathbb{E}(X_0^2)$$
$$= \mathbb{V}(X_n) - 2\mathbb{E}(X_n X_0) + \mathbb{V}(X_0).$$

Für jedes $n \geq 1$ gilt wegen der $\mathcal{F}_{n-1}$-Messbarkeit von X_0

$$\mathbb{E}(X_n X_0) = \mathbb{E}[\mathbb{E}(X_n X_0|\mathcal{F}_{n-1})]$$
$$= \mathbb{E}[X_0 \mathbb{E}(X_n|\mathcal{F}_{n-1})]$$
$$= \mathbb{E}(X_0 X_{n-1}).$$

Induktiv ergibt sich $\mathbb{E}(X_n X_0) = \mathbb{E}(X_0^2) = \mathbb{V}(X_n)$, sodass die Behauptung folgt.

5.63 Sei $\mathbb{F} = (\mathcal{F}_n)_{n \geq 0}$ die Filtration. Da (X_n) ein Martingal bzgl. $\mathbb{F}$ ist, gilt für jedes $n \geq 0$

$$\mathbb{E}(X_{n+1}|\mathcal{F}_n) = X_n \ \mathbb{P}\text{-f.s.}$$

Da (X_n) auch vorhersagbar ist, ist für jedes $n \geq 0$ die Zufallsvariable X_{n+1} $\mathcal{F}_n$-messbar. Nach Eigenschaft b) der bedingten Erwartung in Abschn. 5.7 gilt dann

$$\mathbb{E}(X_{n+1}|\mathcal{F}_n) = X_{n+1} \ \mathbb{P}\text{-f.s..}$$

Also gilt $X_n = X_{n+1}$ $\mathbb{P}$-f.s. für jedes $n \geq 0$. Hieraus folgt die Behauptung.

5.64 Unter der Bedingung $\mathcal{F}_n$ zählt X_{n+1} die Fixpunkte einer Permutation von $K - M_n$ Elementen. Nach Aufgabe 4.52 sind sowohl Erwartungswert als auch Varianz der Anzahl der Fixpunkte einer rein zufälligen Permutation einer mindestens zweielementigen Menge gleich Eins. Daher gelten $\mathbb{E}(X_{n+1}|\mathcal{F}_n) = 1$ und

$$1 = \mathbb{V}(X_{n+1}|\mathcal{F}_n) = \mathbb{E}(X_{n+1}^2|\mathcal{F}_n) - \mathbb{E}(X_{n+1}|\mathcal{F}_n)^2$$
$$= \mathbb{E}(X_{n+1}^2|\mathcal{F}_n) - 1^2,$$

also $\mathbb{E}(X_{n+1}^2|\mathcal{F}_n) = 2$ für jedes $n \geq 1$.

Wir zeigen hiermit die beiden Punkte des Hinweises. Zunächst gilt

$$\mathbb{E}[M_{n+1} + (n+1)|\mathcal{F}_n] = \mathbb{E}[M_n - X_{n+1} + (n+1)|\mathcal{F}_n]$$
$$= \mathbb{E}(M_n|\mathcal{F}_n) - \mathbb{E}[X_{n+1}|\mathcal{F}_n] + n + 1$$
$$= M_n - 1 + n + 1$$
$$= M_n + n.$$

Folglich ist $(M_n + n)$ ein Martingal. Um $\mathbb{E}[(M_{n+1}+(n+1))^2 + M_{n+1}|\mathcal{F}_n]$ zu behandeln, ersetzen wir das zweifach auftretende M_{n+1} jeweils durch $M_n - X_{n+1}$, quadrieren aus und verwenden die Linearität der bedingten Erwartung. Es ergibt sich

$$\mathbb{E}[(M_{n+1} + (n+1))^2 + M_{n+1}|\mathcal{F}_n]$$
$$= \mathbb{E}(M_n^2|\mathcal{F}_n) + \mathbb{E}(X_{n+1}^2|\mathcal{F}_n) + (n+1)^2 - 2\mathbb{E}(M_n X_{n+1}|\mathcal{F}_n)$$
$$\quad + 2(n+1)\mathbb{E}(M_n|\mathcal{F}_n) - 2(n+1)\mathbb{E}(X_{n+1}|\mathcal{F}_n)$$
$$\quad + \mathbb{E}(M_n|\mathcal{F}_n) - \mathbb{E}(X_{n+1}|\mathcal{F}_n).$$

Da M_n und M_n^2 $\mathcal{F}_n$-messbar sind, folgt mit $\mathbb{E}(X_{n+1}|\mathcal{F}_n) = 1$ und $\mathbb{E}(X_{n+1}^2|\mathcal{F}_n) = 2$ nach direkter Rechnung

$$\mathbb{E}\left[(M_{n+1} + (n+1))^2 + M_{n+1}|\mathcal{F}_n\right] = (M_n + n)^2 + M_n.$$

Die Folge $((M_n + n)^2 + M_n)$ ist also in der Tat ein Martingal.

Kapitel 5

Es gilt $\mathbb{E}(\tau) < \infty$, denn wir können die Wartezeit τ nach oben durch $\sum_{k=1}^{K} W_k$ mit unabhängigen Zufallsvariablen abschätzen, die jeweils eine geometrische Verteilung besitzen. Der Parameter dieser Verteilungen ist jeweils die Wahrscheinlichkeit, dass mindestens ein Fixpunkt in einer Permutation einer k-elementigen Menge auftritt. Mit dieser Überlegung gilt auch $\mathbb{E}(\tau^2) < \infty$.

Wir können jetzt den Satz von Doob auf $Y_n := M_n + n$ anwenden, denn die technische Bedingung (5.108) ist wegen $|Y_n - Y_{n+1}| \leq K + 1$ erfüllt. Der Satz von Doob besagt $\mathbb{E}(Y_\tau) = \mathbb{E}(Y_0)$. Wegen

$$\mathbb{E}(Y_\tau) = \mathbb{E}(M_\tau) + \mathbb{E}(\tau) = 0 + \mathbb{E}(\tau)$$

und $\mathbb{E}(Y_0) = \mathbb{E}(M_0) + 0$ folgt $\mathbb{E}(\tau) = K$.

Setzen wir kurz $Z_n := (M_n + n)^2 + M_n$, so ist nach dem Gezeigten (Z_n) ein Martingal. Nach dem Satz von Doob gilt $\mathbb{E}(Z_\tau) = \mathbb{E}(Z_0)$. Nun gilt

$$\begin{aligned}
\mathbb{E}(Z_\tau) &= \mathbb{E}\left[(M_\tau + \tau)^2 + M_\tau\right] \\
&= \mathbb{E}\left[(0 + \tau)^2 + 0\right] = \mathbb{E}(\tau^2)
\end{aligned}$$

und

$$\mathbb{E}(Z_0) = \mathbb{E}\left[(M_0 + 0)^2 + M_0\right] = K^2 + K.$$

Hieraus folgt

$$\mathbb{V}(\tau) = \mathbb{E}(\tau^2) - \mathbb{E}(\tau)^2 = K^2 + K - K^2 = K.$$

Kapitel 6: Konvergenzbegriffe und Grenzwertsätze – Stochastik für große Stichproben

Aufgaben

Verständnisfragen

6.1 • Zeigen Sie, dass die in (6.1) stehende Menge zu $\mathcal{A}$ gehört.

6.2 • Es sei $(X_n)_{n \geq 1}$ eine Folge von Zufallsvariablen auf einem Wahrscheinlichkeitsraum $(\Omega, \mathcal{A}, \mathbb{P})$ mit $X_n \leq X_{n+1}$, $n \geq 1$, und $X_n \xrightarrow{\mathbb{P}} X$. Zeigen Sie: $X_n \xrightarrow{\text{f.s.}} X$.

6.3 •• Zeigen Sie, dass in einem diskreten Wahrscheinlichkeitsraum die Begriffe fast sichere Konvergenz und stochastische Konvergenz zusammenfallen.

6.4 • Es seien $\mathbf{X}, \mathbf{X}_1, \mathbf{X}_2, \ldots$ (als Spaltenvektoren aufgefasste) d-dimensionale Zufallsvektoren auf einem Wahrscheinlichkeitsraum $(\Omega, \mathcal{A}, \mathbb{P})$ mit $\mathbf{X}_n \xrightarrow{\mathbb{P}} \mathbf{X}$ und $A, A_1, A_2, \ldots$ reelle $(k \times d)$-Matrizen mit $A_n \to A$. Zeigen Sie: $A_n \mathbf{X}_n \xrightarrow{\mathbb{P}} A\mathbf{X}$.

6.5 •• Es sei $(X_n, Y_n)_{n \geq 1}$ eine Folge unabhängiger, identisch verteilter zweidimensionaler Zufallsvektoren auf einem Wahrscheinlichkeitsraum $(\Omega, \mathcal{A}, \mathbb{P})$ mit $\mathbb{E}X_1^2 < \infty$, $\mathbb{E}Y_1^2 < \infty$, $\mathbb{V}(X_1) > 0$, $\mathbb{V}(Y_1) > 0$ und

$$R_n := \frac{\frac{1}{n}\sum_{j=1}^{n}\left(X_j - \overline{X}_n\right)\left(Y_j - \overline{Y}_n\right)}{\sqrt{\frac{1}{n}\sum_{j=1}^{n}\left(X_j - \overline{X}_n\right)^2 \, \frac{1}{n}\sum_{j=1}^{n}\left(Y_j - \overline{Y}_n\right)^2}}$$

der sog. *empirische Korrelationskoeffizient* von $(X_1, Y_1), \ldots, (X_n, Y_n)$, wobei $\overline{X}_n := n^{-1}\sum_{j=1}^{n} X_j$, $\overline{Y}_n := n^{-1}\sum_{j=1}^{n} Y_j$. Zeigen Sie:

$$R_n \xrightarrow{\text{f.s.}} \frac{\text{Cov}(X_1, Y_1)}{\sqrt{V(X_1) \cdot V(Y_1)}} = \varrho(X_1, Y_1).$$

6.6 • Zeigen Sie, dass für den Beweis des starken Gesetzes großer Zahlen o.B.d.A. die Nichtnegativität der Zufallsvariablen X_n angenommen werden kann.

6.7 •• Formulieren und beweisen Sie ein starkes Gesetz großer Zahlen für Zufallsvektoren.

6.8 •• Für die Folge (X_n) unabhängiger Zufallsvariablen gelte

$$\mathbb{P}(X_n = 1) = \mathbb{P}(X_n = -1) = \frac{1}{2}(1 - 2^{-n}),$$

$$\mathbb{P}(X_n = 2^n) = \mathbb{P}(X_n = -2^n) = \frac{1}{2^{n-1}}.$$

a) Zeigen Sie, dass die Folge (X_n) nicht dem Kolmogorov-Kriterium genügt.
b) Zeigen Sie mit Aufgabe 6.26, dass für (X_n) ein starkes Gesetz großer Zahlen gilt.

6.9 •• Zeigen Sie, dass eine endliche Menge Q von Wahrscheinlichkeitsmaßen auf $\mathcal{B}^1$ straff ist.

6.10 •• In einer Folge $(X_n)_{n \geq 1}$ von Zufallsvariablen habe X_n die charakteristische Funktion

$$\varphi_n(t) := \frac{\sin(nt)}{nt}, \quad t \neq 0,$$

und $\varphi_n(0) := 1$. Zeigen Sie, dass X_n eine Gleichverteilung in $(-n, n)$ besitzt und folgern Sie hieraus, dass die Folge (X_n) nicht nach Verteilung konvergiert, obwohl die Folge (φ_n) punktweise konvergent ist. Welche Bedingung des Stetigkeitssatzes von Lévy-Cramér ist verletzt?

6.11 •• Es seien $Y_1, Y_2, \ldots$ Zufallsvariablen und (a_n), (σ_n) reelle Zahlenfolgen mit $\sigma_n > 0$, $n \geq 1$, und

$$\frac{Y_n - a_n}{\sigma_n} \xrightarrow{\mathcal{D}} Z$$

für eine Zufallsvariable Z. Zeigen Sie: Sind (b_n) und (τ_n) reelle Folgen mit $\tau_n > 0$, $n \geq 1$, und $(a_n - b_n)/\sigma_n \to 0$ sowie $\sigma_n/\tau_n \to 1$, so folgt

$$\frac{Y_n - b_n}{\tau_n} \xrightarrow{\mathcal{D}} Z.$$

© Springer-Verlag GmbH Deutschland, ein Teil von Springer Nature 2019
N. Henze, *Arbeitsbuch Stochastik*, https://doi.org/10.1007/978-3-662-59722-4_5

Kapitel 6

6.12 ••

a) Es seien $Y, Y_1, Y_2, \ldots$ Zufallsvariablen mit Verteilungsfunktionen $F, F_1, F_2, \ldots$, sodass $Y_n \overset{\mathcal{D}}{\to} Y$ für $n \to \infty$. Ferner sei t eine Stetigkeitsstelle von F und (t_n) eine Folge mit $t_n \to t$ für $n \to \infty$. Zeigen Sie:

$$\lim_{n \to \infty} F_n(t_n) = F(t).$$

b) Zeigen Sie, dass in den Zentralen Grenzwertsätzen von Lindeberg-Feller und Lindeberg-Lévy jedes der „$\leq$"-Zeichen durch das „$<$"-Zeichen ersetzt werden kann.

c) Es sei $S_n \sim \text{Bin}(n, 1/2)$, $n \in \mathbb{N}$. Bestimmen Sie den Grenzwert

$$\lim_{n \to \infty} \mathbb{P}\left(S_n \leq \frac{n}{2} \left(\sqrt{n} \, \sin\left(\frac{1}{n}\right) + 1 \right) \right).$$

6.13 •• In der Situation und mit den Bezeichnungen der Beispiel-Box zur Monte-Carlo-Integration in Abschn. 6.2 gilt $\sqrt{n}(I_n - I)/\sigma_f \overset{\mathcal{D}}{\to} \text{N}(0, 1)$. Es sei

$$J_n := |B| \cdot \frac{1}{n} \sum_{j=1}^{n} f^2(\mathbf{U}_j), \quad \sigma_n^2 := |B|^2 \left(\frac{J_n}{|B|} - \frac{I_n^2}{|B|^2} \right).$$

Zeigen Sie:

a) $\sigma_n^2 \overset{\text{f.s.}}{\to} \sigma_f^2$ für $n \to \infty$.

b) $\sqrt{n}(I_n - I)/\sigma_n \overset{\mathcal{D}}{\to} \text{N}(0, 1)$ für $n \to \infty$.

6.14 •• Zeigen Sie:

a) $\displaystyle \lim_{n \to \infty} \sum_{k=0}^{n} e^{-n} \frac{n^k}{k!} = \frac{1}{2}$,

b) $\displaystyle \lim_{n \to \infty} \sum_{k=0}^{2n} e^{-n} \frac{n^k}{k!} = 1$.

6.15 •• Die Zufallsvariable S_n besitze die Binomialverteilung $\text{Bin}(n, p_n)$, $n \geq 1$, wobei $0 < p_n < 1$ und $p_n \to p \in (0, 1)$ für $n \to \infty$. Zeigen Sie:

$$\frac{S_n - np_n}{\sqrt{np_n(1 - p_n)}} \overset{\mathcal{D}}{\to} \text{N}(0, 1) \quad \text{für } n \to \infty.$$

Rechenaufgaben

6.16 •• Der Lufthansa Airbus A380 bietet insgesamt 526 Fluggästen Platz. Da Kunden manchmal ihren Flug nicht antreten, lassen Fluggesellschaften zwecks optimaler Auslastung Überbuchungen zu. Es sollen möglichst viele Tickets verkauft werden, wobei jedoch die Wahrscheinlichkeit einer Überbuchung maximal 0.05 betragen soll. Wie viele Tickets dürfen dazu maximal verkauft werden, wenn bekannt ist, dass ein Kunde mit Wahrscheinlichkeit 0.04 nicht zum Flug erscheint und vereinfachend angenommen wird, dass das Nichterscheinen für verschiedene Kunden unabhängig voneinander ist?

6.17 •• Da jeder Computer nur endlich viele Zahlen darstellen kann, ist das Runden bei numerischen Auswertungen prinzipiell nicht zu vermeiden. Der Einfachheit halber werde jede reelle Zahl auf die nächstgelegene ganze Zahl gerundet, wobei der begangene Fehler durch eine Zufallsvariable R mit der Gleichverteilung $\text{U}(-1/2, 1/2)$ beschrieben sei. Für verschiedene zu addierende Zahlen seien diese Fehler stochastisch unabhängig. Addiert man 1200 Zahlen, so könnten sich die Rundungsfehler $R_1, \ldots, R_{1200}$ theoretisch zu ± 600 aufsummieren. Zeigen Sie: Es gilt

$$\mathbb{P}\left(\left| \sum_{j=1}^{1200} R_j \right| \leq 20 \right) \approx 0.9554.$$

6.18 •• Die Zufallsvariablen $X_1, X_2, \ldots$ seien stochastisch unabhängig, wobei $X_k \sim \text{N}(0, k!)$, $k \geq 1$. Zeigen Sie:

a) Es gilt der Zentrale Grenzwertsatz.

b) Die Lindeberg-Bedingung ist *nicht* erfüllt.

6.19 •• In einer Bernoulli-Kette mit Trefferwahrscheinlichkeit $p \in (0, 1)$ bezeichne T_n die Anzahl der Versuche, bis der n-te Treffer aufgetreten ist.

a) Zeigen Sie:

$$\lim_{n \to \infty} \mathbb{P}\left(T_n > \frac{n + a\sqrt{n(1-p)}}{p} \right) = 1 - \Phi(a), \quad a \in \mathbb{R}.$$

b) Wie groß ist ungefähr die Wahrscheinlichkeit, dass bei fortgesetztem Werfen eines echten Würfels die hundertste Sechs nach 650 Würfen noch nicht aufgetreten ist?

6.20 •• Wir hatten in Aufgabe 4.6 gesehen, dass in einer patriarchisch orientierten Gesellschaft, in der Eltern so lange Kinder bekommen, bis der erste Sohn geboren wird, die Anzahl der Mädchen in einer aus n Familien bestehenden Gesellschaft die negative Binomialverteilung $\text{Nb}(n, 1/2)$ besitzt. Zeigen Sie:

a) Für jede Wahl von $a, b \in \mathbb{R}$ mit $a < b$ gilt

$$\lim_{n \to \infty} \mathbb{P}(n + a\sqrt{n} \leq S_n \leq b + \sqrt{n}) = \Phi\left(\frac{b}{\sqrt{2}}\right) - \Phi\left(\frac{a}{\sqrt{2}}\right).$$

b) $\lim_{n \to \infty} \mathbb{P}(S_n \geq n) = \frac{1}{2}$.

Beweisaufgaben

6.21 • Beweisen Sie den Satz über die Äquivalenz der fast sicheren bzw. stochastischen Konvergenz von Zufallsvektoren zur jeweils komponentenweisen Konvergenz in Abschn. 6.1.

6.22 ••• Es sei $(X_n)_{n \geq 1}$ eine Folge von Zufallsvariablen auf einem Wahrscheinlichkeitsraum $(\Omega, \mathcal{A}, \mathbb{P})$.

a) Zeigen Sie: $X_n \xrightarrow{\text{f.s.}} 0 \implies \frac{1}{n} \sum_{j=1}^{n} X_j \xrightarrow{\text{f.s.}} 0$.
b) Gilt diese Implikation auch, wenn fast sichere Konvergenz durch stochastische Konvergenz ersetzt wird?

6.23 •• Es sei (X_n) eine Folge unabhängiger Zufallsvariablen auf einem Wahrscheinlichkeitsraum $(\Omega, \mathcal{A}, \mathbb{P})$ mit $\mathbb{P}(X_n = 1) = 1/n$ und $\mathbb{P}(X_n = 0) = 1 - 1/n$, $n \geq 1$. Zeigen Sie, dass die Folge (X_n) stochastisch, aber nicht fast sicher gegen null konvergiert.

6.24 •• Es sei V die Menge aller reellen Zufallsvariablen auf einem Wahrscheinlichkeitsraum $(\Omega, \mathcal{A}, \mathbb{P})$ und $d : V \times V \to [0,1]$ durch

$$d(X, Y) := \inf\{\varepsilon \geq 0 \mid \mathbb{P}(|X - Y| > \varepsilon) \leq \varepsilon\}$$

definiert. Zeigen Sie: Für $X, Y, Z, X_1, X_2, \ldots \in V$ gelten:

a) $d(X, Y) = \min\{\varepsilon > 0 \mid \mathbb{P}(|X - Y| > \varepsilon) \leq \varepsilon\}$.
b) $d(X, Y) = 0 \iff X = Y$ $\mathbb{P}$-f.s.,
c) $d(X, Z) \leq d(X, Y) + d(Y, Z)$,
d) $\lim_{n \to \infty} d(X_n, X) = 0 \iff X_n \xrightarrow{\mathbb{P}} X$.

6.25 •••

a) Es sei $(X_n)_{n \geq 1}$ eine Folge identisch verteilter Zufallsvariablen auf einem Wahrscheinlichkeitsraum $(\Omega, \mathcal{A}, \mathbb{P})$. Es existiere ein $k \geq 1$ so, dass X_m und X_n stochastisch unabhängig sind für $|m - n| \geq k$ ($m, n \geq 1$). Zeigen Sie:

$$\mathbb{E}|X_1| < \infty \implies \frac{1}{n} \sum_{j=1}^{n} X_j \xrightarrow{\text{f.s.}} \mathbb{E}X_1.$$

b) Ein echter Würfel werde in unabhängiger Folge geworfen. Die Zufallsvariable Y_j beschreibe die beim j-ten Wurf erzielte Augenzahl, $j \geq 1$. Zeigen Sie:

$$\frac{1}{n} \sum_{j=1}^{n} \mathbb{1}\{Y_j < Y_{j+1}\} \xrightarrow{\text{f.s.}} \frac{5}{12}.$$

6.26 •• Es seien $(X_n)_{n \geq 1}$ und $(Y_n)_{n \geq 1}$ Folgen von Zufallsvariablen auf einem Wahrscheinlichkeitsraum $(\Omega, \mathcal{A}, \mathbb{P})$ mit

$$\sum_{n=1}^{\infty} \mathbb{P}(X_n \neq Y_n) < \infty.$$

Zeigen Sie: $\frac{1}{n} \sum_{j=1}^{n} Y_j \xrightarrow{\text{f.s.}} 0 \implies \frac{1}{n} \sum_{j=1}^{n} X_j \xrightarrow{\text{f.s.}} 0$.

6.27 •• Es sei (X_n) eine Folge unabhängiger Zufallsvariablen auf einem Wahrscheinlichkeitsraum $(\Omega, \mathcal{A}, \mathbb{P})$ mit $X_n \sim \text{Bin}(1, 1/n)$, $n \geq 1$. Zeigen Sie:

$$\lim_{n \to \infty} \frac{1}{\log n} \sum_{j=1}^{n} X_j = 1 \quad \mathbb{P}\text{-fast sicher.}$$

6.28 •• Es sei (X_n) eine u.i.v.-Folge mit $X_1 \sim \text{U}(0, 1)$. Zeigen Sie:

a) $n \left(1 - \max_{1 \leq j \leq n} X_j\right) \xrightarrow{\mathcal{D}} \text{Exp}(1)$ für $n \to \infty$.
b) $n \min_{1 \leq j \leq n} X_j \xrightarrow{\mathcal{D}} \text{Exp}(1)$ für $n \to \infty$.

6.29 •• Es seien $X, X_1, X_2, \ldots ; Y_1, Y_2, \ldots$ Zufallsvariablen auf einem Wahrscheinlichkeitsraum $(\Omega, \mathcal{A}, \mathbb{P})$ mit $X_n \xrightarrow{\mathcal{D}} X$ und $Y_n \xrightarrow{\mathbb{P}} a$ für ein $a \in \mathbb{R}$. Zeigen Sie:

$$X_n Y_n \xrightarrow{\mathcal{D}} a X.$$

6.30 •• Es seien X_n, Y_n, $n \geq 1$, Zufallsvariablen auf einem Wahrscheinlichkeitsraum $(\Omega, \mathcal{A}, \mathbb{P})$ sowie (a_n), (b_n) beschränkte Zahlenfolgen mit $\lim_{n \to \infty} a_n = 0$. Weiter gelte $X_n = O_{\mathbb{P}}(1)$ und $Y_n = O_{\mathbb{P}}(1)$. Zeigen Sie:

a) $X_n + Y_n = O_{\mathbb{P}}(1)$, $\quad X_n Y_n = O_{\mathbb{P}}(1)$,
b) $X_n + b_n = O_{\mathbb{P}}(1)$, $\quad b_n X_n = O_{\mathbb{P}}(1)$,
c) $a_n X_n = o_{\mathbb{P}}(1)$.

6.31 •• Es sei $X_n \sim \text{N}(\mu_n, \sigma_n^2)$, $n \geq 1$. Zeigen Sie:

$$X_n = O_{\mathbb{P}}(1) \iff (\mu_n) \text{ und } (\sigma_n^2) \text{ sind beschränkte Folgen.}$$

6.32 ••• Es sei $(\Omega, \mathcal{A}, \mathbb{P}) := ((0,1), \mathcal{B}^1 \cap (0,1), \lambda^1_{|(0,1)})$ sowie $N := \{\omega \in \Omega \mid \exists n \in \mathbb{N} \, \exists \varepsilon_1, \ldots, \varepsilon_n \in \{0, 1\}, \varepsilon = 1, \text{ mit } \omega = \sum_{j=1}^{n} \varepsilon_j \, 2^{-j}\}$ die Menge aller Zahlen in $(0, 1)$ mit abbrechender dyadischer Entwicklung.

a) Zeigen Sie: $\mathbb{P}(N) = 0$.
b) Jedes $\omega \in \Omega \setminus N$ besitzt eine eindeutig bestimmte dyadische Entwicklung $\omega = \sum_{j=1}^{\infty} X_j(\omega) \, 2^{-j}$. Definieren wir zusätzlich $X_j(\omega) := 0$ für $\omega \in N$, $j \geq 1$, so sind $X_1, X_2, \ldots \{0, 1\}$-wertige Zufallsvariablen auf Ω. Zeigen Sie: $X_1, X_2, \ldots$ sind stochastisch unabhängig und je $\text{Bin}(1, 1/2)$-verteilt.
c) Nach Konstruktion gilt

$$\lim_{n \to \infty} \sum_{j=1}^{n} X_j \, 2^{-j} = \text{id}_\Omega \quad \mathbb{P}\text{-fast sicher,}$$

wobei id_Ω die Gleichverteilung $\text{U}(0, 1)$ besitzt. Die Gleichverteilung in $(0, 1)$ besitzt die charakteristische Funktion $t^{-1} \sin t$. Zeigen Sie unter Verwendung des Stetigkeitssatzes von Lévy-Cramér:

$$\frac{\sin t}{t} = \prod_{j=1}^{\infty} \cos\left(\frac{t}{2^j}\right), \quad t \in \mathbb{R}.$$

6.33 •• Es seien $\mu \in \mathbb{R}$, (Z_n) eine Folge von Zufallsvariablen und (a_n) eine Folge positiver reeller Zahlen mit

$$a_n(Z_n - \mu) \xrightarrow{\mathcal{D}} \text{N}(0, 1) \quad \text{und} \quad Z_n \xrightarrow{\mathbb{P}} \mu$$

für $n \to \infty$. Weiter sei $g : \mathbb{R} \to \mathbb{R}$ eine stetig differenzierbare Funktion mit $g'(\mu) \neq 0$. Zeigen Sie:

$$a_n \left(g(Z_n) - g(\mu) \right) \xrightarrow{\mathcal{D}} N\left(0, (g'(\mu))^2 \right) \text{ für } n \to \infty$$

(sog. *Fehlerfortpflanzungsgesetz*).

6.34 •• Es seien $X, X_1, X_2, \ldots$ Zufallsvariablen mit zugehörigen Verteilungsfunktionen $F, F_1, F_2, \ldots$ Zeigen Sie: Ist F stetig, so gilt:

$$X_n \xrightarrow{\mathcal{D}} X \iff \lim_{n \to \infty} \sup_{x \in \mathbb{R}} |F_n(x) - F(x)| = 0.$$

6.35 •• Es seien $X, X_1, X_2, \ldots$ Zufallsvariablen mit Verteilungsfunktionen $F, F_1, F_2, \ldots$ und zugehörigen Quantilfunktionen $F^{-1}, F_1^{-1}, F_2^{-1}, \ldots$ Zeigen Sie: Aus $F_n(x) \to F(x)$ für jede Stetigkeitsstelle x von F folgt $F_n^{-1}(p) \to F^{-1}(p)$ für jede Stetigkeitsstelle p von F^{-1}.

6.36 •• Zeigen Sie, dass aus dem Zentralen Grenzwertsatz von Lindeberg-Feller derjenige von Lindeberg-Lévy folgt.

6.37 •• Für eine u.i.v.-Folge (X_n) mit $0 < \sigma^2 := \mathbb{V}(X_1)$ und $\mathbb{E} X_1^4 < \infty$ sei

$$S_n^2 := \frac{1}{n-1} \sum_{j=1}^{n} (X_j - \overline{X}_n)^2$$

die sog. *Stichprobenvarianz*, wobei $\overline{X}_n := n^{-1} \sum_{j=1}^{n} X_j$. Zeigen Sie:

a) S_n^2 konvergiert $\mathbb{P}$-fast sicher gegen σ^2.
b) Mit $\mu := \mathbb{E} X_1$ und $\tau^2 := \mathbb{E}(X_1 - \mu)^4 - \sigma^4 > 0$ gilt

$$\sqrt{n} \left(S_n^2 - \sigma^2 \right) \xrightarrow{\mathcal{D}} N(0, \tau^2).$$

6.38 • Es seien $z_1, \ldots, z_n, w_1, \ldots, w_n \in \mathbb{C}$ mit $|z_j|, |w_j| \leq 1$ für $j = 1, \ldots, n$. Zeigen Sie:

$$\left| \prod_{j=1}^{n} z_j - \prod_{j=1}^{n} w_j \right| \leq \sum_{j=1}^{n} |z_j - w_j|$$

6.39 •• Es seien $W_1, W_2, \ldots,$ eine u.i.v.-Folge mit $\mathbb{E} W_1 = 0$ und $0 < \sigma^2 := \mathbb{V}(W_1) < \infty$ sowie (a_n) eine reelle Zahlenfolge mit $a_n \neq 0$, $n \geq 1$. Weiter sei $T_n := \sum_{j=1}^{n} a_j W_j$. Zeigen Sie:

$$\text{Aus } \lim_{n \to \infty} \frac{\max_{1 \leq j \leq n} |a_j|}{\sqrt{\sum_{j=1}^{n} a_j^2}} = 0 \text{ folgt } \frac{T_n}{\sqrt{\mathbb{V}(T_n)}} \xrightarrow{\mathcal{D}} N(0, 1).$$

6.40 •• Es sei $(X_n)_{n \geq 1}$ eine Folge von unabhängigen Indikatorvariablen und $S_n := \sum_{j=1}^{n} X_j$. Zeigen Sie: Aus $\sum_{n=1}^{\infty} \mathbb{V}(X_n) = \infty$ folgt die Gültigkeit des Zentralen Grenzwertsatzes $(S_n - \mathbb{E} S_n)/\sqrt{\mathbb{V}(S_n)} \xrightarrow{\mathcal{D}} N(0, 1)$.

Hinweise

Verständnisfragen

6.1 Betrachten Sie die Ereignisse $\{|X_n - X| \leq 1/k\}$.

6.2 Verwenden Sie die Charakterisierung der fast sicheren Konvergenz in Abschn. 6.1.

6.3 In einem diskreten Wahrscheinlichkeitsraum $(\Omega, \mathcal{A}, \mathbb{P})$ gibt es eine abzählbare Teilmenge $\Omega_0 \in \mathcal{A}$ mit $\mathbb{P}(\Omega_0) = 1$.

6.4 Verwenden Sie das Teilfolgenkriterium für stochastische Konvergenz.

6.5 Der Durchschnitt endlich vieler Eins-Mengen ist ebenfalls eine Eins-Menge.

6.6 Zerlegen Sie X_n in Positiv- und Negativteil.

6.7 Der Durchschnitt endlich vieler Eins-Mengen ist ebenfalls eine Eins-Menge.

6.8 Wählen Sie in b) $Y_n := X_n \mathbb{1}\{X_n = \pm 1\}$.

6.9 Die Vereinigung endlich vieler kompakter Mengen ist kompakt.

6.10 Rechnen Sie die charakteristische Funktion der Gleichverteilung $U(0, 1)$ aus.

6.11 Beachten Sie das Lemma von Sluzki.

6.12 –

6.13 Verwenden Sie für b) das Lemma von Sluzki.

6.14 Deuten Sie die Summen wahrscheinlichkeitstheoretisch.

6.15 Es liegt ein Dreiecksschema vor.

Rechenaufgaben

6.16 –

6.17 Zentraler Grenzwertsatz!

6.18 Wie verhält sich $n!$ zu $\sum_{k=1}^{n} k!$?

6.19 Stellen Sie T_n als Summe von unabhängigen Zufallsvariablen dar.

6.20 Verwenden Sie das Additionsgesetz für die negative Binomialverteilung und den Zentralen Grenzwertsatz von Lindeberg-Lévy.

Beweisaufgaben

6.21 –

6.22 Wählen Sie für b) unabhängige Zufallsvariablen $X_1, X_2, \ldots$ mit $\mathbb{P}(X_n = 0) = 1 - \frac{1}{n}$ und $\mathbb{P}(X_n = 2n) = \frac{1}{n}$, $n \geq 1$, und schätzen Sie die Wahrscheinlichkeit $\mathbb{P}(n^{-1} \sum_{j=1}^n X_j > 1)$ nach unten ab. Verwenden Sie dabei die Ungleichung $\log t \leq t - 1$ sowie die Beziehung

$$\sum_{j=1}^k \frac{1}{j} - \log k - \gamma \to 0 \text{ für } k \to \infty,$$

wobei γ die *Euler-Mascheronische Konstante* bezeichnet.

6.23 Wenden Sie das Lemma von Borel-Cantelli einmal auf die Ereignisse $A_n = \{X_n = 1\}$, $n \geq 1$, und zum anderen auf die Ereignisse $B_n = \{X_n = 0\}$, $n \geq 1$, an.

6.24 Überlegen Sie sich, dass das Infimum angenommen wird.

6.25 Betrachten Sie die Teilfolge $X_1, X_{k+1}, X_{2k+1}, \ldots$

6.26 Verwenden Sie das Lemma von Borel-Cantelli.

6.27 Verwenden Sie das Kolmogorov-Kriterium und beachten Sie $\sum_{n=2}^\infty 1/(n(\log n)^2) < \infty$.

6.28 Nutzen Sie für b) die Verteilungsgleichheit $(X_1, \ldots, X_n) \sim (1 - X_1, \ldots, 1 - X_n)$ aus.

6.29 Betrachten Sie die Fälle $a = 0$, $a > 0$ und $a < 0$ getrennt.

6.30 –

6.31 Verwenden Sie für „$\Leftarrow$" die Markov-Ungleichung $\mathbb{P}(|X_n| > L) \leq L^{-2}\mathbb{E}\,X_n^2$. Überlegen Sie sich für „$\Rightarrow$" zunächst, dass die Folge (μ_n) beschränkt ist.

6.32 –

6.33 Taylorentwicklung von g um μ!

6.34 Schätzen Sie die Differenz $F_n(x) - F(x)$ mithilfe der Differenzen $F_n(x_{jk}) - F(x_{jk})$ ab, wobei für $k \geq 2$ $x_{jk} := F^{-1}(j/k)$, $1 \leq j < k$, sowie $x_{0k} := -\infty$, $x_{kk} := \infty$.

6.35 –

6.36 Weisen Sie die Lindeberg-Bedingung nach.

6.37 Es ist $X_j - \overline{X}_n = X_j - \mu - (\overline{X}_n - \mu)$.

6.38 –

6.39 Prüfen Sie die Gültigkeit der Lindeberg-Bedingung.

6.40 Mit $a_j = \mathbb{E}\,X_j$ gilt $\mathbb{E}(X_j - a_j)^4 \leq a_j(1 - a_j)$.

Lösungen

Verständnisfragen

6.1 –

6.2 –

6.3 –

6.4 –

6.5 –

6.6 –

6.7 Es sei $(\mathbf{X}_n)_{n\geq 1}$ eine Folge stochastisch unabhängiger und identisch verteilter k-dimensionaler Zufallsvektoren auf einem Wahrscheinlichkeitsraum $(\Omega, \mathcal{A}, \mathbb{P})$ mit $\mathbb{E}\|\mathbf{X}\|_\infty < \infty$. Dann gilt

$$\frac{1}{n} \sum_{j=1}^n \mathbf{X}_j \xrightarrow{\text{f.s.}} \mathbb{E}\mathbf{X}_1,$$

wobei $\mathbb{E}\mathbf{X}_1$ der Vektor der Erwartungswerte der Komponenten von $\mathbf{X}_1$ ist.

6.8 –

6.9 –

6.10 –

6.11 –

6.12 c) $\Phi(1)$.

6.13 –

6.14 –

6.15 –

Rechenaufgaben

6.16 –

6.17 –

6.18 –

6.19 –

6.20 –

Beweisaufgaben

6.21 –

6.22 b) Nein.

6.23 –

6.24 –

6.25 –

6.26 –

6.27 –

6.28 –

6.29 –

6.30 –

6.31 –

6.32 –

6.33 –

6.34 –

6.35 –

6.36 –

6.37 –

6.38 –

6.39 –

6.40 –

Lösungswege

Verständnisfragen

6.1 Es gilt

$$\left\{\lim_{n\to\infty} X_n = X\right\} = \bigcap_{k\geq 1} \bigcup_{m\geq 1} \bigcap_{n\geq m} \left\{|X_n - X| \leq \frac{1}{k}\right\},$$

denn ein $\omega \in \Omega$ liegt genau dann in der links stehenden Menge, wenn es zu jedem $k \in \mathbb{N}$ ein $m \in \mathbb{N}$ gibt, sodass für jedes $n \geq m$ die Ungleichung $|X_n(\omega) - X(\omega)| \leq 1/k$ gilt. Da jede der Mengen $\{|X_n - X| \leq 1/k\}$ zu $\mathcal{A}$ gehört und $\mathcal{A}$ gegenüber abzählbaren Durchschnitten und Vereinigungen abgeschlossen ist, gilt $\{\lim_{n\to\infty} X_n = X\} \in \mathcal{A}$.

6.2 Aus der Voraussetzung folgt $0 \leq X - X_{n+1} \leq X - X_n$ für jedes $n \geq 1$ und somit

$$\sup_{k\geq n} |X_k - X| = |X_n - X|.$$

Nach Voraussetzung gilt $\mathbb{P}(|X_n - X| > \varepsilon) \to 0$ für jedes $\varepsilon > 0$. Aus obiger Gleichheit und dem Kriterium für fast sichere Konvergenz folgt die Behauptung.

6.3 In einem diskreten Wahrscheinlichkeitsraum $(\Omega, \mathcal{A}, \mathbb{P})$ gibt es eine abzählbare Teilmenge $\Omega_0 \in \mathcal{A}$ mit $\mathbb{P}(\Omega_0) = 1$. Wir zeigen, dass aus der stochastischen Konvergenz $X_n \xrightarrow{\mathbb{P}} X$ die Konvergenz $X_n(\omega_0) \to X(\omega_0)$ für jedes $\omega_0 \in \Omega_0$ mit $\mathbb{P}(\{\omega_0\}) > 0$ folgt, womit $X_n \xrightarrow{\text{f.s.}} X$ gezeigt wäre.

Sei hierzu $\omega_0 \in \Omega_0$ mit $\mathbb{P}(\{\omega_0\}) > 0$ beliebig, aber fest gewählt. Würde $X_n(\omega_0)$ nicht gegen $X(\omega_0)$ konvergieren, so gäbe es zu jedem $\varepsilon > 0$ eine Teilfolge $(X_{n_j})_{j \geq 1}$ mit $|X_{n_j}(\omega_0) - X(\omega_0)| > \varepsilon$ für jedes $j \geq 1$. Es würde also

$$\{\omega_0\} \subseteq \{\omega \in \Omega \mid |X_{n_j}(\omega) - X(\omega)| > \varepsilon\}$$
$$= \{|X_{n_j} - X| > \varepsilon\}, \quad j \geq 1,$$

und somit

$$\mathbb{P}(\{\omega_0\}) \leq \mathbb{P}(|X_{n_j} - X| > \varepsilon), \quad j \geq 1,$$

gelten. Da mit (X_n) auch die Teilfolge (X_{n_j}) stochastisch gegen X konvergiert, gilt

$$\lim_{j \to \infty} \mathbb{P}(|X_{n_j} - X| > \varepsilon) = 0$$

und somit $\mathbb{P}(\{\omega_0\}) = 0$, im Widerspruch zur Voraussetzung. Folglich gilt $X_n \xrightarrow{\text{f.s.}} X$.

6.4 Wir benutzen das Teilfolgenkriterium für stochastische Konvergenz in Abschn. 6.1. Es sei $(\mathbf{X}_{n_k})_{k \geq 1}$ eine beliebige Teilfolge von $(\mathbf{X}_n)_{n \geq 1}$. Nach besagtem Kriterium existiert eine weitere Teilfolge $(\mathbf{X}_{n'_k})_{k \geq 1}$ mit $\mathbf{X}_{n'_k} \xrightarrow{\text{f.s.}} \mathbf{X}$, also $\lim_{k \to \infty} \mathbf{X}_{n'_k}(\omega) = \mathbf{X}(\omega)$ für jedes ω aus einer Eins-Menge Ω_0 und somit wegen $A_{n'_k} \to A$ auch $\lim_{k \to \infty} A_{n'_k} \mathbf{X}_{n'_k}(\omega) = A\mathbf{X}(\omega)$, $\omega \in \Omega_0$. Die Behauptung folgt somit aus dem Teilfolgenkriterium.

6.5 Eine direkte Rechnung ergibt

$$R_n = \frac{\frac{1}{n}\sum_{j=1}^{n} X_j Y_j - \overline{X}_n \overline{Y}_n}{\sqrt{\left(\frac{1}{n}\sum_{j=1}^{n} X_j^2 - \overline{X}_n^2\right)\left(\frac{1}{n}\sum_{j=1}^{n} Y_j^2 - \overline{Y}_n^2\right)}}.$$

Wegen $\mathbb{E}|X_1 Y_1| \leq (\mathbb{E}X_1^2 \mathbb{E}Y_1^2)^{1/2} < \infty$ sowie $\mathbb{E}|X_1| < \infty$, $\mathbb{E}|Y_1| < \infty$ können wir das Starke Gesetz großer Zahlen jeweils auf die u.i.v.-Folgen $(X_j Y_j)$, (X_j), (Y_j), (X_j^2) und (Y_j^2) anwenden und erhalten auf Eins-Mengen $\Omega_1, \ldots, \Omega_5$

$$\frac{1}{n}\sum_{j=1}^{n} X_j(\omega) Y_j(\omega) \to \mathbb{E}X_1 Y_1, \quad \omega \in \Omega_1,$$

$$\frac{1}{n}\sum_{j=1}^{n} X_j(\omega) \to \mathbb{E}X_1, \quad \omega \in \Omega_2,$$

$$\frac{1}{n}\sum_{j=1}^{n} Y_j(\omega) \to \mathbb{E}Y_1, \quad \omega \in \Omega_3,$$

$$\frac{1}{n}\sum_{j=1}^{n} X_j^2(\omega) \to \mathbb{E}X_1^2, \quad \omega \in \Omega_4,$$

$$\frac{1}{n}\sum_{j=1}^{n} Y_j^2(\omega) \to \mathbb{E}Y_1^2, \quad \omega \in \Omega_5.$$

Wegen $0 < \mathbb{V}(X_1) = \mathbb{E}X_1^2 - (\mathbb{E}X_1)^2$, $0 < \mathbb{V}(Y_1) = \mathbb{E}Y_1^2 - (\mathbb{E}Y_1)^2$ gilt dann für jedes ω aus der Eins-Menge $\Omega_1 \cap \ldots \cap \Omega_5$ die Konvergenz $R_n(\omega) \to \varrho(X_1, Y_1)$.

6.6 Es sei $X_n = X_n^+ - X_n^-$ die Zerlegung von X_n in Positivteil $X_n^+ = \max(X_n, 0)$ und Negativteil $X_n^- = -\min(X_n, 0)$. Gilt

$$\frac{1}{n}\sum_{j=1}^{n} X_j^+ \xrightarrow{\text{f.s.}} \mathbb{E}X_1^+, \quad \frac{1}{n}\sum_{j=1}^{n} X_j^- \xrightarrow{\text{f.s.}} \mathbb{E}X_1^-$$

und somit punktweise Konvergenz der Folge der ersten bzw. zweiten Mittelwerte auf Eins-Mengen Ω_1 bzw. Ω_2, so folgt für jedes $\omega \in \Omega_1 \cap \Omega_2$ die Konvergenz

$$\frac{1}{n}\sum_{j=1}^{n} X_j(\omega) = \frac{1}{n}\sum_{j=1}^{n} X_j^+(\omega) - \frac{1}{n}\sum_{j=1}^{n} X_j^-(\omega)$$
$$\to \mathbb{E}X_1^+ - \mathbb{E}X_1^- = \mathbb{E}X_1.$$

Wegen $\mathbb{P}(\Omega_1 \cap \Omega_2) = 1$ gilt also $n^{-1}\sum_{j=1}^{n} X_j \xrightarrow{\text{f.s.}} \mathbb{E}X_1$.

6.7 Es sei $\mathbf{X}_n = (X_n^{(1)}, \ldots, X_n^{(k)})$, $n \geq 1$, sowie $\mathbb{E}\mathbf{X}_1 = (\mathbb{E}X_1^{(1)}, \ldots, \mathbb{E}X_1^{(k)})$. Nach Voraussetzung ist für jedes $j \in \{1, \ldots, k\}$ die j-te Komponentenfolge $(X_n^{(j)})_{n \geq 1}$ eine Folge von unabhängigen identisch verteilten Zufallsvariablen mit existierendem Erwartungswert $\mathbb{E}X_1^{(j)}$. Nach dem starken Gesetz großer Zahlen gibt es eine Menge $\Omega_j \in \mathcal{A}$ mit $\mathbb{P}(\Omega_j) = 1$, sodass für jedes $\omega \in \Omega_j$ die Konvergenz

$$\lim_{n \to \infty} \frac{1}{n}\sum_{k=1}^{n} X_k^{(j)}(\omega) = \mathbb{E}X_1^{(j)}$$

besteht. Für die Menge $\Omega_0 := \bigcap_{j=1}^{k} \Omega_j$ gilt $\mathbb{P}(\Omega_0) = 1$, und für jedes $\omega \in \Omega_0$ gilt die (vektorielle) Konvergenz

$$\lim_{n \to \infty} \frac{1}{n}\sum_{\ell=1}^{n} \mathbf{X}_\ell(\omega) = \mathbb{E}\mathbf{X}_1,$$

was zu zeigen war.

6.8 a) Es gilt $\mathbb{E}X_n = 0$ und

$$\mathbb{V}(X_n) = \mathbb{E}X_n^2$$
$$= \frac{1}{2}(1 - 2^{-n}) \cdot 2 + \frac{2^{2n}}{2^{n+1}}$$
$$= 1 - 2^{-n} + 2^n.$$

Es folgt

$$\sum_{n=1}^{\infty} \frac{\mathbb{V}(X_n)}{n^2} = \sum_{n=1}^{\infty} \frac{1 - 2^{-n} + 2^n}{n^2} \geq \sum_{n=1}^{\infty} \frac{2^n}{n^2}$$
$$\geq \sum_{n=1}^{\infty} \frac{n}{n^2} = \infty,$$

sodass die Folge (X_n) nicht dem Kolmogorov-Kriterium genügt.

b) Wir setzen $Y_n := X_n \mathbb{1}\{X_n = \pm 1\}$, also

$$\mathbb{P}(Y_n = 1) = \mathbb{P}(Y_n = -1) = \frac{1}{2}(1 - 2^{-n}), \quad \mathbb{P}(Y_n = 0) = \frac{1}{2^n}.$$

Es gilt

$$\sum_{n=1}^{\infty} \mathbb{P}(X_n \neq Y_n) = \sum_{n=1}^{\infty} \mathbb{P}(Y_n = 0) = \sum_{n=1}^{\infty} \frac{1}{2^n} < \infty$$

sowie $\mathbb{V}(Y_n) = \mathbb{E}Y_n^2 = 1 - 2^{-n}$. Nach dem Kolmogorov-Kriterium gilt $n^{-1} \sum_{j=1}^n Y_j \xrightarrow{\text{f.s.}} 0$ und zusammen mit Aufgabe 6.26 dann auch $n^{-1} \sum_{j=1}^n X_j \xrightarrow{\text{f.s.}} 0$.

6.9 Es seien $Q = \{Q_1, \dots, Q_\ell\}$ und $\varepsilon > 0$ beliebig. Wegen $[-n, n] \uparrow \mathbb{R}$ und der Tatsache, dass ein Wahrscheinlichkeitsmaß stetig von unten ist, existiert zu jedem $j \in \{1, \dots, \ell\}$ eine kompakte Menge K_j mit $Q_j(K_j) \geq 1 - \varepsilon$. Die Menge $K := K_1 \cup \dots \cup K_\ell$ ist kompakt, und es gilt $Q_m(K) \geq 1 - \varepsilon$ für jedes $m = 1, \dots, \ell$, was zu zeigen war.

6.10 Eine Zufallsvariable mit der Gleichverteilung $U(-n, n)$ besitzt die auf $(-n, n)$ konstante Dichte $1/(2n)$ und somit aus Symmetriegründen die charakteristische Funktion

$$\psi(t) = \frac{1}{2n} \int_{-n}^{n} e^{itx} \, dx = \frac{1}{2n} \int_{-n}^{n} \cos(tx) \, dx$$

$$= \frac{1}{n} \int_{0}^{n} \cos(tx) \, dx = \frac{\sin(nt)}{nt}, \quad t \neq 0,$$

und $\psi(0) = 1$. Nach dem Eindeutigkeitssatz für charakteristische Funktionen gilt $X_n \sim U(-n, n)$. Ist $k \in \mathbb{N}$ beliebig, so gilt für $n \geq k$

$$\mathbb{P}(|X_n| \leq k) = \frac{2k}{2n}$$

und folglich $\lim_{n \to \infty} \mathbb{P}(|X_n| \leq k) = 0$. Also ist die Folge (X_n) nicht straff; sie kann somit auch nicht nach Verteilung konvergieren. Die Folge (φ_n) konvergiert punktweise gegen die durch $\varphi(t) = 0$ für $t \neq 0$ und $\varphi(0) = 1$ gegebene Funktion. Da diese nicht stetig im Nullpunkt ist, liegt kein Widerspruch zum Stetigkeitssatz von Lévy-Cramér vor.

6.11 Es ist

$$\frac{Y_n - b_n}{\tau_n} = \frac{Y_n - a_n}{\sigma_n} \cdot \frac{\sigma_n}{\tau_n} + \frac{a_n - b_n}{\sigma_n} \cdot \frac{\sigma_n}{\tau_n}$$

$$=: \frac{Y_n - a_n}{\sigma_n} \cdot u_n + v_n.$$

Nach Voraussetzung gelten $u_n \to 1$ und $v_n \to 0$, und somit folgt die Behauptung aus dem Lemma von Sluzki in Abschn. 6.3.

Setzt man speziell mit der n-ten harmonischen Zahl $H_n = \sum_{j=1}^n j^{-1}$

$$a_n = H_n, \quad \sigma_n^2 = H_n - \sum_{j=1}^n \frac{1}{j^2}, \quad b_n = \log n, \quad \tau_n^2 = \log n,$$

so liegen nach dem sich dem Satz von Ljapunov anschließenden Beispiel die obigen Voraussetzungen für $R_n = Y_n$ (Anzahl der Rekorde) vor und es folgt die am Ende dieses Beispiels behauptete Asymptotik.

6.12 a) Es sei $\varepsilon > 0$ beliebig. Wir wählen $a > 0$ so, dass $t + a \in C(F)$ und $t - a \in C(F)$ und

$$F(t + a) \leq F(t) + \varepsilon, \quad F(t - a) \geq F(t) - \varepsilon.$$

Für $n \geq n_0(\varepsilon)$ gilt $t - a \leq t_n \leq t + a$. Wegen der Monotonie von F_n und $Y_n \xrightarrow{D} Y$ ergibt sich für solche n

$$F_n(t_n) \leq F_n(t + a) \to F(t + a) \leq F(t) + \varepsilon,$$
$$F_n(t_n) \geq F_n(t - a) \to F(t - a) \leq F(t) - \varepsilon.$$

Es folgt

$$F(t) - \varepsilon \leq \liminf_{n \to \infty} F_n(t_n) \leq \limsup_{n \to \infty} F_n(t_n) \leq F(t) + \varepsilon$$

und damit die Behauptung, da ε beliebig klein gewählt werden kann.

b) Sei S_n^* die standardisierte Partialsumme in den oben genannten Sätzen. Nach Voraussetzung gilt

$$\lim_{n \to \infty} \mathbb{P}(S_n^* \leq t) = \Phi(t), \; t \in \mathbb{R}.$$

Nun ist $\mathbb{P}(S_n^* < t) \leq \mathbb{P}(S_n^* \leq t)$ und somit

$$\limsup_{n \to \infty} \mathbb{P}(S_n^* < t) \leq \Phi(t).$$

Andererseits gibt es zu beliebig vorgegebenem $\varepsilon > 0$ ein $a > 0$ mit $\Phi(t - a) \geq \Phi(t) - \varepsilon$. Es folgt

$$\Phi(t) - \varepsilon \leq \Phi(t - a) \Leftarrow \mathbb{P}(S_n^* \leq t - a) \leq \mathbb{P}(S_n^* < t)$$

und somit $\liminf_{n \to \infty} \mathbb{P}(S_n^* < t) \geq \Phi(t) - \varepsilon$. Lässt man ε gegen 0 streben, so ergibt sich die Behauptung.

c) Bezeichnet

$$S_n^* = \frac{S_n - \frac{n}{2}}{\frac{\sqrt{n}}{2}}$$

die standardisierte Zufallsvariable, so folgt mit $t_n := n \sin(\frac{1}{n})$

$$\mathbb{P}\left(S_n \leq \frac{n}{2}\left(\sqrt{n} \, \sin\left(\frac{1}{n}\right) + 1\right)\right) = \mathbb{P}(S_n^* \leq t_n).$$

Wegen $t_n \to 1$ folgt nach a)

$$\lim_{n \to \infty} \mathbb{P}\left(S_n \leq \frac{n}{2}\left(\sqrt{n} \, \sin\left(\frac{1}{n}\right) + 1\right)\right) = \Phi(1).$$

6.13 a) Da $\int_B f^2(x)\,\mathrm{d}x < \infty$ vorausgesetzt ist, gilt nach dem starken Gesetz großer Zahlen

$$J_n \xrightarrow{\text{f.s.}} |B| \cdot \mathbb{E} f^2(\mathbf{U}_1) = \int_B f^2(x)\,\mathrm{d}x.$$

Zusammen mit (6.14) folgt

$$\sigma_n^2 = |B|^2 \left(\frac{J_n}{|B|} - \frac{I_n^2}{|B|^2} \right)$$

$$\xrightarrow{\text{f.s.}} |B|^2 \left(\frac{1}{|B|} \int_B f^2(x)\,\mathrm{d}x - \frac{1}{|B|^2} \left(\int_B f(x)\mathrm{d}x \right)^2 \right)$$

$$= \sigma_f^2.$$

b) Nach a) gilt $\sigma_n/\sigma_f \xrightarrow{\text{f.s.}} 1$ und somit auch $\sigma_f/\sigma_n \xrightarrow{\text{f.s.}} 1$, also auch $\sigma_f/\sigma_n \xrightarrow{\mathbb{P}} 1$. Wegen

$$\frac{\sqrt{n}(I_n - I)}{\sigma_n} = \frac{\sqrt{n}(I_n - I)}{\sigma_f} \cdot \frac{\sigma_f}{\sigma_n}$$

folgt die Behauptung aus Teil b) des Lemmas von Sluzki.

6.14 a) Seien $X_1, X_2, \ldots$ unabhängige und je Po(1)-verteilte Zufallsvariablen. Nach dem Additionsgesetz für die Poisson-Verteilung gilt dann $S_n := X_1 + \ldots + X_n \sim \text{Po}(n)$, und wegen $\mathbb{E}X_1 = \mathbb{V}(X_1) = 1$ liefert der Zentrale Grenzwertsatz von Lindeberg-Lévy

$$\sum_{k=0}^{n} \mathrm{e}^{-n} \frac{n^k}{k!} = \mathbb{P}(S_n \leq n)$$

$$= \mathbb{P}\left(\frac{S_n - n}{\sqrt{n}} \leq 0 \right)$$

$$\to \Phi(0)$$

$$= \frac{1}{2}.$$

b) Mit den Bezeichnungen von a) gilt

$$\sum_{k=0}^{2n} \mathrm{e}^{-n} \frac{n^k}{k!} = \mathbb{P}(S_n \leq 2n)$$

$$= \mathbb{P}\left(\frac{S_n - n}{\sqrt{n}} \leq \frac{2n - n}{\sqrt{n}} \right)$$

$$= \mathbb{P}\left(\frac{S_n - n}{\sqrt{n}} \leq \sqrt{n} \right).$$

Sei $\varepsilon > 0$ beliebig und a so, dass $\Phi(a) \geq 1 - \varepsilon$. Für genügend großes n gilt $\sqrt{n} \geq a$ und somit

$$\mathbb{P}\left(\frac{S_n - n}{\sqrt{n}} \leq \sqrt{n} \right) \geq \mathbb{P}\left(\frac{S_n - n}{\sqrt{n}} \leq a \right)$$

$$\to \Phi(a)$$

$$\geq 1 - \varepsilon.$$

Insgesamt folgt

$$\liminf_{n \to \infty} \sum_{k=0}^{2n} \mathrm{e}^{-n} \frac{n^k}{k!} \geq 1 - \varepsilon$$

und damit die Behauptung, da $\varepsilon > 0$ beliebig war.

6.15 Es gilt $S_n \sim X_{n,1} + \ldots + X_{n,n}$ mit unabhängigen Zufallsvariablen $X_{n,j} \sim \text{Bin}(1, p_n)$, $1 \leq j \leq n$. Es liegt also ein Dreiecksschema $\{X_{n,j} : n \geq 1, 1 \leq j \leq n\}$ vor. Wir prüfen die Gültigkeit der Ljapunov-Bedingung (6.36) mit $\delta = 2$ nach. Es gilt

$$\sigma_n^2 = \mathbb{V}(S_n) = np_n(1 - p_n)$$

und $a_{n,j} = \mathbb{E}(X_{n,j}) = p_n$. Wegen $|X_{n,j} - a_{n,j}|^4 \leq 1$ ergibt sich

$$\frac{1}{\sigma_n^4} \sum_{j=1}^{n} \mathbb{E}|X_{n,j} - a_{n,j}|^4 \leq \frac{n \cdot 1}{n^2 p_n^2 (1 - p_n)^2}$$

$$\to 0$$

für $n \to \infty$, was zu zeigen war.

Rechenaufgaben

6.16 Bezeichnet S_n die Anzahl erscheinender Passagiere bei n verkauften Tickets, so liefern die gemachten Annahmen den Ansatz $S_n \sim \text{Bin}(n, p)$ mit $p = 0.96$. Gesucht ist das größte n, sodass $\mathbb{P}(S_n \geq 527) \leq 0.05$. Mit $u := (526 - np)/\sqrt{np(1 - p)}$ gilt nach dem Zentralen Grenzwertsatz von de Moivre-Laplace für großes n

$$\mathbb{P}(S_n \geq 527) = 1 - \mathbb{P}(S_n \leq 526)$$

$$= 1 - \mathbb{P}\left(\frac{S_n - np}{\sqrt{np(1 - p)}} \leq u \right)$$

$$\approx 1 - \Phi(u).$$

Die Lösung n ergibt sich also approximativ aus der Gleichung $u = \Phi^{-1}(0.95) = 1.645$. Quadriert man die u definierende Gleichung und löst die nach Multiplikation mit $np(1 - p)$ entstehende quadratische Gleichung nach n auf, so ergeben sich die Lösungen $n_1 \approx 555.8$ und $n_2 \approx 540.1$. Wegen $u > 0$ ergibt sich die (sogar exakte) Antwort „540 Tickets dürfen verkauft werden".

6.17 Bei der Addition von n Zahlen ist $S_n := R_1 + \ldots + R_n$ die Summe der Rundungsfehler. Da die R_j stochastisch unabhängig und identisch verteilt sind, liegt die Situation des Zentralen Grenzwertsatzes von Lindeberg-Lévy vor. Wegen $\mathbb{E}R_1 = 0$ und $\mathbb{V}(R_1) = \frac{1}{12}$ gilt nach diesem Satz

$$\frac{\sqrt{12}\, S_n}{\sqrt{n}} \xrightarrow{\mathcal{D}} \text{N}(0, 1) \quad \text{für } n \to \infty.$$

Für $n = 1200$ folgt

$$\mathbb{P}\left(\left|\frac{\sqrt{12}\,S_{1200}}{\sqrt{1200}}\right| \le 2\right) = \mathbb{P}\left(|S_{1200}| \le 20\right)$$

$$\approx \Phi(2) - \Phi(-2) = 2\,\Phi(2) - 1$$

$$\approx 0.9554.$$

6.18 a) Mit $S_n := X_1 + \ldots + X_n$ gilt wegen des Additionsgesetzes für die Normalverteilung

$$S_n^* = \frac{S_n}{\sqrt{\mathbb{V}(S_n)}} \sim N(0,1)$$

für jedes n und somit insbesondere $S_n^* \overset{\mathcal{D}}{\to} N(0,1)$ für $n \to \infty$. Es gilt also der Zentrale Grenzwertsatz.

b) Mit $\sigma_n^2 := \mathbb{V}(S_n) = 1 + 2! + \ldots + n!$ ergibt sich

$$n! \le \sigma_n^2 \le n! + n(n-1)! = 2n!$$

und somit

$$\frac{1}{2} \le \frac{n!}{\sigma_n^2} \le 1.$$

Wegen $X_k \sim \sqrt{k!}\,N$ mit $N \sim N(0,1)$ folgt

$$L_n(\varepsilon) = \frac{1}{\sigma_n^2}\sum_{k=1}^{n} \mathbb{E}\left[X_k^2 \mathbb{1}\{|X_k| > \varepsilon\sigma_n\}\right]$$

$$\ge \frac{1}{\sigma_n^2}\mathbb{E}\left[X_n^2 \mathbb{1}\{|X_n| > \varepsilon\sigma_n\}\right]$$

$$= \frac{1}{\sigma_n^2}n!\mathbb{E}\left[N^2 \mathbb{1}\{|N| > \varepsilon\sigma_n/\sqrt{n!}\}\right]$$

$$\ge \frac{1}{2}\mathbb{E}\left[N^2 \mathbb{1}\{|N| > \sqrt{2}\varepsilon\}\right].$$

Somit ist die Lindeberg-Bedingung $L_n(\varepsilon) \to 0 \,\forall\, \varepsilon > 0$ nicht erfüllt.

6.19 a) Die Zufallsvariable $T_n - n$ zählt die Zahl der Nieten vor dem n-ten Treffer und besitzt folglich die negative Binomialverteilung $NB(n, p)$. Nach dem Additionsgesetz für die negative Binomialverteilung gilt $T_n - n \sim Y_1 + \ldots + Y_n$, wobei $Y_1, \ldots, Y_n$ stochastisch unabhängig sind und die gleiche geometrische Verteilung $G(p)$ besitzen. Somit ergibt sich

$$T_n \sim X_1 + \ldots + X_n\,,$$

wobei $X_j = Y_j + 1$, $j = 1, \ldots, n$. Die Zufallsvariablen $X_1, \ldots, X_n$ sind unabhängig und identisch verteilt mit

$$\mathbb{E}X_j = \mathbb{E}Y_j + 1 = \frac{1}{p},$$

$$\mathbb{V}(X_j) = \mathbb{V}(Y_j) = \frac{1-p}{p^2}.$$

Mit dem Zentralen Grenzwertsatz von Lindeberg-Lévy folgt

$$\mathbb{P}\left(\frac{T_n - \frac{n}{p}}{\sqrt{n}\,\sqrt{\frac{1-p}{p^2}}} \le a\right) = \mathbb{P}\left(T_n - \frac{n}{p} \le \frac{a\,\sqrt{n(1-p)}}{p}\right)$$

$$= \mathbb{P}\left(T_n \le \frac{n + a\,\sqrt{n(1-p)}}{p}\right)$$

$$\to \Phi(a) \text{ für } n \to \infty$$

und damit die Behauptung.

b) Wir verwenden Teil a) mit $p = 1/6$ und $n = 100$ und setzen

$$650 = \frac{n + a\,\sqrt{n(1-p)}}{p}.$$

Hieraus folgt

$$a = \frac{\frac{650}{6} - 100}{\sqrt{100 \cdot \frac{5}{6}}} \approx 0.913$$

und somit $\mathbb{P}(T_n > 650) \approx 1 - \Phi(0.913) \approx 1 - 0.819 = 0.181$.

6.20 a) Nach dem Additionsgesetz für die negative Binomialverteilung gilt $S_n \sim \sum_{j=1}^{n} X_j$, wobei $X_1, \ldots, X_n$ unabhängig sind und die gleiche geometrische Verteilung $G(1/2)$ mit $\mathbb{E}X_j = 1$ und $\mathbb{V}(X_j) = 2$ besitzen. Nach dem Zentralen Grenzwertsatz von Lindeberg-Lévy folgt somit

$$\frac{S_n - n}{\sqrt{2n}} \overset{\mathcal{D}}{\to} N(0,1)$$

und deshalb für $a, b \in \mathbb{R}$ mit $a < b$

$$\mathbb{P}\left(n + a\sqrt{n} \le S_n \le b + \sqrt{n}\right) = \mathbb{P}\left(\frac{a}{\sqrt{2}} \le \frac{S_n - n}{\sqrt{2n}} \le \frac{b}{\sqrt{2}}\right)$$

$$\to \Phi\left(\frac{b}{\sqrt{2}}\right) - \Phi\left(\frac{a}{\sqrt{2}}\right).$$

b) Es ist

$$\mathbb{P}(S_n \ge n) = \mathbb{P}\left(\frac{S_n - n}{\sqrt{2n}} \ge 0\right) \to 1 - \Phi(0) = \frac{1}{2}.$$

Beweisaufgaben

6.21 a) Es gelte $\mathbf{X}_n \overset{\text{f.s.}}{\to} \mathbf{X}$, also $\mathbf{X}_n(\omega) \to \mathbf{X}(\omega)$, $\omega \in \Omega_0$, wobei $\Omega_0 \in \mathcal{A}$ und $\mathbb{P}(\Omega_0) = 1$. Dann folgt $X_n^{(j)}(\omega) \to X^{(j)}(\omega)$, $\omega \in \Omega_0$, für jedes $j = 1, \ldots, k$, also die komponentenweise fast sichere Konvergenz. Gilt umgekehrt $X_n^{(j)} \overset{\text{f.s.}}{\to} X^{(j)}$ für jedes $j = 1, \ldots, k$, so existieren Mengen $\Omega_1, \ldots, \Omega_k \in \mathcal{A}$ mit $\mathbb{P}(\Omega_j) = 1$ und $X_n^{(j)}(\omega) \to X^{(j)}(\omega)$, $\omega \in \Omega_j$, für jedes $j = 1, \ldots, k$. Für die Menge $\Omega_0 := \Omega_1 \cap \ldots \cap \Omega_k$ gilt $\mathbb{P}(\Omega_0) = 1$, und für jedes $\omega \in \Omega_0$ konvergiert $\mathbf{X}_n(\omega)$ gegen $\mathbf{X}(\omega)$. Es gilt also $\mathbf{X}_n \overset{\text{f.s.}}{\to} \mathbf{X}$.

b) Für jedes $\ell \in \{1, \ldots, k\}$ und jedes $\varepsilon > 0$ gilt

$$\{|X_n^{(\ell)} - X^{(\ell)}| > \varepsilon\} \subseteq \{\|\mathbf{X}_n - \mathbf{X}\|_\infty > \varepsilon\}$$
$$= \bigcup_{j=1}^{k} \{|X_n^{(j)} - X^{(j)}| > \varepsilon\}.$$

Aus $\mathbf{X}_n \overset{\mathbb{P}}{\to} \mathbf{X}$ folgt also $\mathbb{P}(|X_n^{(\ell)} - X^{(\ell)}| > \varepsilon) \to 0$, $\ell = 1, \ldots, k$, und umgekehrt zieht $X_n^{(j)} \overset{\mathbb{P}}{\to} X^{(j)}$, $j = 1, \ldots, k$, die Abschätzung

$$\mathbb{P}(\|\mathbf{X}_n - \mathbf{X}\|_\infty > \varepsilon) \leq \sum_{j=1}^{k} \mathbb{P}(|X_n^{(j)} - X^{(j)}| > \varepsilon)$$

und somit $\mathbf{X}_n \overset{\mathbb{P}}{\to} \mathbf{X}$ nach sich.

6.22 a) Für jedes $\omega \in \Omega$ folgt aus $X_n(\omega) \to 0$ nach dem Grenzwertsatz von Cauchy $n^{-1} \sum_{j=1}^{n} X_j(\omega) \to 0$. Somit gilt unter der Voraussetzung

$$\mathbb{P}\left(\lim_{n\to\infty} \frac{1}{n} \sum_{j=1}^{n} X_j = 0\right) \geq \mathbb{P}\left(\lim_{n\to\infty} X_n = 0\right) = 1.$$

b) Seien $X_1, X_2, \ldots$ wie im Hinweis. Wegen $\mathbb{P}(|X_n| > \varepsilon) = \mathbb{P}(X_n = 2n) = 1/n \to 0$ gilt dann $X_n \overset{\mathbb{P}}{\to} 0$. Andererseits gilt mit der Notation $\lceil x \rceil := \min\{k \in \mathbb{Z} \mid x \leq k\}$ aufgrund der Unabhängigkeit von $X_1, X_2, \ldots$ und wegen der Ungleichung $\log(1 + x) \leq x$ für jedes $n \geq 3$

$$\mathbb{P}\left(\frac{1}{n} \sum_{j=1}^{n} X_j > 1\right) = \mathbb{P}\left(\sum_{j=1}^{n} X_j > n\right)$$
$$\geq \mathbb{P}\left(\bigcup_{j=\lceil n/2\rceil}^{n} \{X_j > n\}\right)$$
$$= 1 - \mathbb{P}\left(\bigcap_{j=\lceil n/2\rceil}^{n} \{X_j \leq n\}\right)$$
$$= 1 - \prod_{j=\lceil n/2\rceil}^{n} \mathbb{P}(X_j \leq n)$$
$$= 1 - \prod_{j=\lceil n/2\rceil}^{n} \left(1 - \frac{1}{j}\right)$$
$$= 1 - \exp\left(\sum_{j=\lceil n/2\rceil}^{n} \log\left(1 - \frac{1}{j}\right)\right)$$
$$\geq 1 - \exp\left(-\sum_{j=\lceil n/2\rceil}^{n} \frac{1}{j}\right).$$

Mit dem Hinweis und einer mit o(1) bezeichneten Nullfolge gilt

$$\sum_{j=\lceil n/2\rceil}^{n} \frac{1}{j} = \log n - \log(\lceil n/2\rceil - 1)) + o(1)$$
$$\geq \log n - \log(\lceil n/2\rceil)) + o(1)$$
$$\geq \log n - \log\left(\frac{3}{4} n\right) + o(1)$$
$$= \log\left(\frac{4}{3}\right) + o(1).$$

Somit kann $n^{-1} \sum_{j=1}^{n} X_j$ nicht stochastisch gegen null konvergieren.

6.23 Es sei $\varepsilon > 0$. Wegen $\mathbb{P}(|X_n| \geq \varepsilon) = \mathbb{P}(X_n = 1) = 1/n$ gilt $X_n \overset{\mathbb{P}}{\to} 0$. Andererseits gilt $\sum_{n=1}^{\infty} \mathbb{P}(X_n = 1) = \infty$. Weil die Ereignisse $A_n := \{X_n = 1\}$, $n \geq 1$, unabhängig sind, liefert Teil b) des Lemmas von Borel-Cantelli die Beziehung $\mathbb{P}(\limsup_{n\to\infty} A_n) = 1$. Für jedes $\omega \in \limsup A_n$ gilt $X_n(\omega) = 1$ für unendlich viele n und somit

$$\limsup_{n\to\infty} X_n(\omega) = 1. \tag{6.39}$$

In gleicher Weise gilt aber auch $\mathbb{P}(\limsup_{n\to\infty} B_n) = 1$, wobei $B_n := \{X_n = 0\}$ und somit

$$\liminf_{n\to\infty} X_n(\omega) = 0 \tag{6.40}$$

für jedes $\omega \in \limsup B_n$. Für jedes ω aus der Eins-Menge $\limsup A_n \cap \limsup B_n$ gelten also sowohl (6.39) als auch (6.40), was zeigt, dass die Folge (X_n) $\mathbb{P}$-fast sicher *nicht* konvergiert.

6.24 a) Für $\varepsilon_n > 0$, $n \geq 1$, mit $\varepsilon_n \downarrow d := d(X, Y)$ gilt

$$\mathbb{P}(|X - Y| > \varepsilon_n) \leq \varepsilon_n \leq \varepsilon_m$$

für $m \geq n$. Wegen $\mathbb{1}\{|X - Y| > \varepsilon_n\} \uparrow \mathbb{1}\{|X - Y| > d\}$ folgt aus dem Satz von der monotonen Konvergenz

$$\mathbb{P}(|X - Y| > d) = \lim_{n\to\infty} \mathbb{P}(|X - Y| > \varepsilon_n) \leq \varepsilon_m$$

für jedes $m \geq 1$. Also ist $\mathbb{P}(|X - Y| > d) \leq d$, d.h., das Infimum wird angenommen.

b) Nach a) ist

$$d(X, Y) = 0 \iff \mathbb{P}(|X - Y| > 0) = 0 \iff \mathbb{P}(X = Y) = 1.$$

c) Nach a) ist

$$\mathbb{P}(|X - Y| > d(X, Y)) \leq d(X, Y),$$
$$\mathbb{P}(|Y - Z| > d(Y, Z)) \leq d(Y, Z).$$

Aus der Teilmengenbeziehung

$$\{|X-Y|+|Y-Z| > d(X,Y)+d(Y,Z)\}$$
$$\subseteq \{|X-Y| > d(X,Y)\} \cup \{|Y-Z| > d(Y,Z)\}$$

ergibt sich daher

$$\mathbb{P}(|X-Y|+|Y-Z| > d(X,Y)+d(Y,Z))$$
$$\leq \mathbb{P}(|X-Y| > d(X,Y)) + \mathbb{P}(|Y-Z| > d(Y,Z))$$
$$\leq d(X,Y)+d(Y,Z).$$

Weiter folgt aus der Dreiecksungleichung $|X-Z| \leq |X-Y| + |Y-Z|$

$$\mathbb{P}(|X-Z| > d(X,Y)+d(Y,Z)) \leq d(X,Y)+d(Y,Z),$$

also insgesamt $d(X,Z) \leq d(X,Y)+d(Y,Z)$.

d) (i) Aus $X_n \xrightarrow{\mathbb{P}} X$ folgt, dass zu jedem $m \in \mathbb{N}$ ein $n(m)$ existiert, sodass

$$\mathbb{P}\left(|X_n - X| > \frac{1}{m}\right) \leq \frac{1}{m} \text{ für } n \geq n(m).$$

Somit gilt $d(X_n, X) \to 0$.

(ii) Gilt $d(X_n, X) \to 0$, so existiert zu jedem $\delta > 0$ ein $n_0 \in \mathbb{N}$ mit $d(X_n, X) < \delta$ für jedes $n \geq n_0$, d. h., $\mathbb{P}(|X_n - X| > \delta) \leq \delta$. Setzt man $\delta := \min(\varepsilon, \eta)$ zu beliebigen $\varepsilon > 0$, $\eta > 0$, so erhält man für jedes $n \geq n_0$

$$\mathbb{P}(|X_n - X| > \varepsilon) \leq \mathbb{P}(|X_n - X| > \delta) \leq \delta \leq \eta$$

und damit $X_n \xrightarrow{\mathbb{P}} X$.

6.25 Ohne Beschränkung der Allgemeinheit seien alle X_n nichtnegativ (andernfalls betrachte man Positiv- und Negativteil getrennt). Nach Voraussetzung bestehen für $j \in \{1, \ldots, k\}$ die Folgen $(X_{(\ell-1)k+j})_{\ell \in \mathbb{N}}$ aus unabhängigen und identisch verteilten Zufallsvariablen. Setzen wir

$$\ell_n := \left\lfloor \frac{n}{k} \right\rfloor + 1,$$

so gilt

$$\ell_n - 1 \leq \frac{n}{k} < \ell_n,$$

und es folgt

$$\frac{1}{n} \sum_{j=1}^{n} X_j \leq \frac{1}{n} \sum_{j=1}^{\ell_n k} X_j = \frac{1}{n} \sum_{j=1}^{k} \sum_{\ell=1}^{\ell_n} X_{(\ell-1)k+j}$$
$$= \frac{\ell_n}{n} \sum_{j=1}^{k} \frac{1}{\ell_n} \sum_{\ell=1}^{\ell_n} X_{(l-1)k+j}.$$

Zu jedem $j \in \{1, \ldots, k\}$ existiert eine Menge $\Omega_j \in \mathcal{A}$ mit $\mathbb{P}(\Omega_j) = 1$, sodass gilt:

$$\lim_{n \to \infty} \frac{1}{\ell_n} \sum_{\ell=1}^{\ell_n} X_{(l-1)k+j}(\omega) = \mathbb{E}X_1 \text{ für jedes } \omega \in \Omega_j.$$

Für $\Omega_0 := \bigcap_{j=1}^{k} \Omega_j$ gilt $\mathbb{P}(\Omega_0) = 1$, und für jedes $\omega \in \Omega_0$ erhält man

$$\frac{\ell_n}{n} \sum_{j=1}^{k} \frac{1}{\ell_n} \sum_{\ell=1}^{\ell_n} X_{(\ell-1)k+j}(\omega) \to \frac{1}{k} \cdot k \cdot \mathbb{E}X_1 = \mathbb{E}X_1.$$

Daraus ergibt sich

$$\limsup_{n \to \infty} \frac{1}{n} \sum_{j=1}^{n} X_j \leq \mathbb{E}X_1 \ \mathbb{P}\text{-fast sicher.}$$

In gleicher Weise zeigt man

$$\liminf_{n \to \infty} \frac{1}{n} \sum_{j=1}^{n} X_j \geq \mathbb{E}X_1 \ \mathbb{P}\text{-fast sicher,}$$

woraus die Behauptung folgt.

b) Es sei $X_j := \mathbb{1}\{Y_j < Y_{j+1}\}$ für $j \geq 1$. Dann ist $(X_n)_{n \geq 1}$ eine Folge identisch verteilter Zufallsvariablen. Weiter sind X_n und X_m stochastisch unabhängig, falls $|n - m| \geq 2$. Wegen

$$\mathbb{E}X_1 = \mathbb{P}(Y_1 < Y_2) = \frac{5}{12}$$

folgt die Behauptung aus Teil a).

6.26 Aus der Voraussetzung folgt mit dem Lemma von Borel-Cantelli

$$\mathbb{P}\left(\limsup_{n \to \infty}\{X_n \neq Y_n\}\right) = 0.$$

Damit gibt es ein $\Omega_0 \in \mathcal{A}$ mit $\mathbb{P}(\Omega_0) = 1$, und es gilt:

$$\forall \omega \in \Omega_0 \, \exists n_0(\omega) \in \mathbb{N} : X_n(\omega) = Y_n(\omega) \, \forall n \geq n_0.$$

Wegen $n^{-1} \sum_{j=1}^{n} Y_j \xrightarrow{\text{f.s.}} 0$ existiert ein $\Omega_1 \in \mathcal{A}$ mit $\mathbb{P}(\Omega_1) = 1$, und es gilt:

$$\forall \omega \in \Omega_1 : \lim_{n \to \infty} \frac{1}{n} \sum_{j=1}^{n} Y_j(\omega) = 0.$$

Setzen wir $\Omega_2 := \Omega_0 \cap \Omega_1$, so gilt $\mathbb{P}(\Omega_2) = 1$. Für jedes $\omega \in \Omega_2$ und jedes $n \geq n_0(\omega)$ folgt

$$\left|\frac{1}{n} \sum_{j=1}^{n} X_j(\omega) - \frac{1}{n} \sum_{j=1}^{n} Y_j(\omega)\right|$$
$$= \left|\frac{1}{n} \sum_{j=1}^{n_0-1} X_j(\omega) + \frac{1}{n} \sum_{j=n_0}^{n} X_j(\omega)\right.$$
$$\left. - \frac{1}{n} \sum_{j=1}^{n_0-1} Y_j(\omega) + \frac{1}{n} \sum_{j=n_0}^{n} Y_j(\omega)\right|$$
$$\leq \frac{1}{n} \sum_{j=1}^{n_0-1} \left(|X_j(\omega)| + |Y_j(\omega)|\right).$$

Da diese obere Schranke für $n \to \infty$ gegen null konvergiert, folgt die Behauptung.

6.27 Es sei $a_n := \log n$ für $n \geq 2$. Wegen $X_n \sim \text{Bin}(1, 1/n)$ gilt

$$\mathbb{E} X_n = \frac{1}{n}, \quad \mathbb{V}(X_n) = \frac{1}{n}\left(1 - \frac{1}{n}\right).$$

Es folgt

$$\sum_{n=2}^{\infty} \frac{\mathbb{V}(X_n)}{a_n^2} \leq \sum_{n=2}^{\infty} \frac{1}{n(\log n)^2} < \infty.$$

Dabei ergibt sich die Konvergenz der Reihe durch eine Integralabschätzung mit der Funktion

$$g(x) := \frac{1}{x(\log x)^2},$$

die die Stammfunktion $G(x) = -1/\log x$ besitzt. Nach dem Kolmogorov-Kriterium gilt

$$\lim_{n\to\infty} \frac{1}{\log n} \sum_{j=1}^{n} \left(X_j - \frac{1}{j}\right) = 0 \quad \mathbb{P}\text{-fast sicher.}$$

Wegen

$$\lim_{n\to\infty} \frac{1}{\log n} \sum_{j=1}^{n} \frac{1}{j} = 1$$

folgt die Behauptung. Für die Gültigkeit der letzten Limesbeziehung beachte man, dass die n-te harmonische Zahl $H_n = \sum_{j=1}^{n} j^{-1}$ mittels Integralabschätzung (Vergleich mit den Funktionen $f(x) = 1/x$ und $g(x) = 1/(1+x)$) die Ungleichungen

$$\log(n + 1) \leq H_n \leq 1 + \log n$$

erfüllt.

6.28 a) Für jedes $t > 0$ gilt

$$\mathbb{P}\left(n\left(1 - \max_{1 \leq j \leq n} X_j\right) \leq t\right)$$

$$= \mathbb{P}\left(\max_{1 \leq j \leq n} X_j \geq 1 - \frac{t}{n}\right)$$

$$= 1 - \mathbb{P}\left(\max_{1 \leq j \leq n} X_j < 1 - \frac{t}{n}\right)$$

$$= 1 - \mathbb{P}\left(X_1 < 1 - \frac{t}{n}\right)^n$$

$$= 1 - \left(1 - \frac{t}{n}\right)^n \qquad (\text{falls } n \geq t)$$

$$\to 1 - \exp(-t).$$

Für $t \leq 0$ gilt

$$\mathbb{P}\left(n\left(1 - \max_{1 \leq j \leq n} X_j\right) \leq t\right) = 0.$$

Da die durch $F(t) = 1 - \exp(-t)$ für $t > 0$ und $F(t) = 0$ sonst, die Verteilungsfunktion der Exponentialverteilung $\text{Exp}(1)$ ist, folgt die Behauptung.

b) Wegen $X_j \sim 1 - X_j$ und der stochastischen Unabhängigkeit der X_j gilt die Verteilungsgleichheit

$$(X_1, \ldots, X_n) \sim (1 - X_1, \ldots, 1 - X_n).$$

Es folgt

$$\max_{1 \leq j \leq n} X_j \sim \max_{1 \leq j \leq n} (1 - X_j)$$

$$= 1 - \min_{1 \leq j \leq n} X_j$$

und damit

$$n\left(1 - \max_{1 \leq j \leq n} X_j\right) \sim n \min_{1 \leq j \leq n} X_j.$$

Hieraus folgt zusammen mit a) die Behauptung.

6.29 Im Fall $a = 0$ gilt wegen $X_n = O_{\mathbb{P}}(1)$ nach Aufgabe 6.30 c) $X_n Y_n \xrightarrow{\mathbb{P}} 0$ und somit nach dem Satz über Verteilungskonvergenz und stochastische Konvergenz in Abschn. 6.3 auch $X_n Y_n \xrightarrow{\mathcal{D}} 0$. Wir können uns also im Folgenden auf den Fall $a \neq 0$ beschränken, wobei wir o.B.d.A. $a > 0$ annehmen. Sei $F_n(t) := \mathbb{P}(X_n Y_n \leq t)$, $F(t) := \mathbb{P}(X \leq t)$ und $G(t) := \mathbb{P}(aX \leq t)$, $t \in \mathbb{R}$. Sei t eine beliebige Stetigkeitsstelle von G. Zu zeigen ist

$$\lim_{n\to\infty} F_n(t) = G(t). \qquad (6.41)$$

Zum Nachweis von (6.41) beschränken wir uns auf den Fall $t \geq 0$. Es sei ε mit $0 < \varepsilon < a$ beliebig. Es gilt

$$F_n(t) = \mathbb{P}(X_n Y_n \leq t, |Y_n - a| \leq \varepsilon)$$
$$+ \mathbb{P}(X_n Y_n \leq t, |Y_n - a| > \varepsilon)$$
$$\leq \mathbb{P}(X_n(a - \varepsilon) \leq t) + \mathbb{P}(|Y_n - a| > \varepsilon)$$
$$= \mathbb{P}\left(X_n \leq \frac{t}{a - \varepsilon}\right) + \mathbb{P}(|Y_n - a| > \varepsilon).$$

Ist $t/(a - \varepsilon)$ eine Stetigkeitsstelle von F, so folgt wegen $X_n \xrightarrow{\mathcal{D}} X$

$$\limsup_{n\to\infty} F_n(t) \leq F\left(\frac{t}{a - \varepsilon}\right).$$

Lassen wir ε eine Nullfolge mit der Nebenbedingung $t/(a-\varepsilon) \in C(F)$ durchlaufen, so folgt

$$\limsup_{n\to\infty} F_n(t) \leq F\left(\frac{t}{a}\right) = G(t).$$

Ganz analog zeigt man

$$\liminf_{n\to\infty} F_n(t) \geq F\left(\frac{t}{a}\right) = G(t).$$

Kapitel 6

6.30 a) Es sei $\varepsilon > 0$ gegeben. Wir wählen $C > 0$ so, dass für jedes $n \geq 1$

$$\mathbb{P}(|X_n| \leq C) \geq 1 - \frac{\varepsilon}{2},$$

$$\mathbb{P}(|Y_n| \leq C) \geq 1 - \frac{\varepsilon}{2}$$

gilt. Die Existenz eines solchen C ist wegen der Straffheit der Folgen (X_n) und (Y_n) gesichert. Es folgt

$$\mathbb{P}(|X_n + Y_n| \leq 2C) \geq \mathbb{P}(|X_n| \leq C, |Y_n| \leq C)$$
$$\geq 1 - 2 \cdot \frac{\varepsilon}{2}$$
$$= 1 - \varepsilon$$

für jedes $n \geq 1$. Da das Intervall $[-2C, 2C]$ kompakt ist, ist die Folge $(X_n + Y_n)$ straff. Wegen

$$\mathbb{P}(|X_n Y_n| \leq C^2) \geq \mathbb{P}(|X_n| \leq C, |Y_n| \leq C)$$
$$\geq 1 - 2 \cdot \frac{\varepsilon}{2}$$
$$= 1 - \varepsilon$$

für jedes $n \geq 1$ ist auch die Folge $(X_n Y_n)$ straff.

b) folgt aus a) mit der Wahl $\mathbb{P}(Y_n = b_n) = 1$ für jedes n.

c) Es sei $\varepsilon > 0$ beliebig. Zu zeigen ist

$$\lim_{n \to \infty} \mathbb{P}(|a_n X_n| > \varepsilon) = 0.$$

Für jedes positive C folgt aus $|a_n X_n| > \varepsilon$, dass entweder $|a_n| > \varepsilon/C$ oder $|X_n| > C$ (oder beides) gilt. Wählen wir zu beliebig vorgegebenem $\eta > 0$ ein C so, dass $\mathbb{P}(|X_n| > C) \leq \eta$, $n \geq 1$, gilt (eine solche Wahl ist wegen der Straffheit von (X_n) möglich), so müssen wir nur noch die Konvergenz $\lim_{n \to \infty} a_n = 0$ ausnutzen, um zum gewünschten Ergebnis zu gelangen. Wegen dieser Konvergenz gibt es ein von ε und C abhängendes n_0, sodass für jedes $n > n_0$ die Ungleichung $|a_n| \leq \varepsilon/C$ gilt. Für solche n gilt also nach obiger Überlegung die Inklusion

$$\{|a_n X_n| > \varepsilon\} \subseteq \{|X_n| > C\}$$

und folglich

$$\limsup_{n \to \infty} \mathbb{P}(|a_n X_n| > \varepsilon) \leq \eta.$$

Da η beliebig war, folgt die Behauptung.

6.31 „$\Leftarrow$“: Falls $|\mu_n| \leq C$ und $\sigma_n^2 \leq C$, $n \geq 1$, für ein $C < \infty$, so liefert die Markov-Ungleichung

$$\mathbb{P}(|X_n| > L) \leq \frac{\mathbb{E}X_n^2}{L^2} = \frac{\sigma_n^2 + \mu_n^2}{L^2} \leq \frac{C + C^2}{L^2}.$$

Wählt man zu vorgegebenem $\varepsilon > 0$

$$L := \frac{\sqrt{C + C^2}}{\sqrt{\varepsilon}},$$

so folgt

$$\mathbb{P}(X_n \in [-L, L]) \geq 1 - \varepsilon, \quad n \geq 1.$$

Die Folge (X_n) ist somit straff ist, was $X_n = O_{\mathbb{P}}(1)$ bedeutet.

„$\Rightarrow$“: Wäre die Folge (μ_n) unbeschränkt, so gäbe es eine Teilfolge $(\mu_{n_k})_{k \geq 1}$ mit $|\mu_{n_k}| \to \infty$ für $k \to \infty$. Wegen

$$\mathbb{P}(X_{n_k} \geq \mu_{n_k}) = \mathbb{P}(X_{n_k} \leq \mu_{n_k}) = \frac{1}{2}$$

kann es dann zu vorgegebenem $\varepsilon > 0$ kein kompaktes Intervall K mit $\mathbb{P}(X_n \in K) \geq 1 - \varepsilon$ für jedes $n \geq 1$ geben. Somit muss die Folge (μ_n) notwendigerweise beschränkt sein. Es gibt also ein $C > 0$ mit $|\mu_n| \leq C$ für jedes $n \geq 1$. Wäre die Folge (σ_n^2) unbeschränkt, so gäbe es eine Teilfolge $(\sigma_{n_k}^2)_{k \geq 1}$ mit $\sigma_{n_k} \to \infty$ für $k \to \infty$. Für $L > 0$ gilt dann

$$\mathbb{P}(X_{n_k} > L) = \mathbb{P}\left(\frac{X_{n_k} - \mu_{n_k}}{\sigma_{n_k}} > \frac{L - \mu_{n_k}}{\sigma_{n_k}}\right)$$
$$= 1 - \Phi\left(\frac{L - \mu_{n_k}}{\sigma_{n_k}}\right)$$
$$\geq 1 - \Phi\left(\frac{L + C}{\sigma_{n_k}}\right)$$
$$\to \frac{1}{2} \quad \text{für } k \to \infty.$$

Da L beliebig groß gewählt werden kann, gibt es auch in diesem Fall zu vorgegebenem $\varepsilon > 0$ kein kompaktes Intervall K mit $\mathbb{P}(X_n \in K) \geq 1 - \varepsilon$ für jedes $n \geq 1$. Konsequenterweise muss also auch die Folge (σ_n^2) beschränkt sein.

6.32 a) Wegen $N \subseteq \mathbb{Q}$ ist N abzählbar. Damit gilt $\mathbb{P}(N) = 0$.

b) Es gilt für jedes $k \geq 1$

$$\mathbb{P}(X_k = 1) = \mathbb{P}\left(\sum_{j=1}^{2^{k-1}} \left(\frac{2j-1}{2^k}, \frac{2j}{2^k}\right)\right)$$
$$= \sum_{j=1}^{2^{k-1}} \frac{1}{2^k} = \frac{2^{k-1}}{2^k} = \frac{1}{2},$$

$$\mathbb{P}(X_k = 0) = 1 - \mathbb{P}(X_k = 1) = \frac{1}{2}.$$

Damit ist X_j Bin$(1, 1/2)$-verteilt für jedes $j \geq 1$.

Sind $k \in \mathbb{N}$ beliebig und $a_j \in \{0, 1\}$ für $j = 1, \ldots, k$, so folgt

$$\mathbb{P}(X_1 = a_1, \ldots, X_k = a_k) = \mathbb{P}\left(\left(\sum_{j=1}^{k} \frac{a_j}{2^j}, \sum_{j=1}^{k} \frac{a_j}{2^j} + \frac{1}{2^k}\right)\right)$$

$$= \left(\frac{1}{2}\right)^k = \prod_{j=1}^{k} \mathbb{P}(X_j = a_j)$$

und somit die stochastische Unabhängigkeit von $X_1, X_2, \ldots$

c) Setzt man $Y_j := 2X_j - 1$ für $j \geq 1$, so sind $Y_1, Y_2, \ldots$ $\{-1, 1\}$-wertige Zufallsvariablen auf Ω mit $\mathbb{P}(Y_j = -1) = \mathbb{P}(Y_j = 1) = 1/2$, und Y_j besitzt die charakteristische Funktion

$$\varphi_j(t) = \frac{1}{2}\left(e^{-it} + e^{it}\right) = \cos t, \quad j \geq 1.$$

Es gilt

$$Z_n := \sum_{j=1}^{n} Y_j \, 2^{-j}$$

$$= 2 \sum_{j=1}^{n} X_j \, 2^{-j} - \sum_{j=1}^{n} 2^{-j}$$

$$\to 2\,\mathrm{id}_\Omega - 1$$

$$=: Z \quad \mathbb{P}\text{-fast sicher.}$$

Wegen $\mathrm{id}_\Omega \sim U(0, 1)$ gilt $Z \sim U(-1, 1)$, und damit besitzt Z die charakteristische Funktion $\varphi(t) = t^{-1} \sin t$. Wegen $Z_n \overset{\text{f.s.}}{\to} Z$ gilt auch $Z_n \overset{\mathcal{D}}{\to} Z$, und nach dem Stetigkeitssatz von Lévy-Cramér folgt

$$\varphi_n(t) = \prod_{j=1}^{n} \cos\left(\frac{t}{2^j}\right) \to \varphi(t) = \frac{\sin t}{t} \quad \text{für } n \to \infty.$$

6.33 Für jedes $t \in \mathbb{R}$ gilt

$$g(t) = g(\mu) + g'(\delta)(t - \mu)$$

mit $\delta = \delta(t, \mu)$ und $|\delta - \mu| \leq |t - \mu|$. Somit ist (punktweise auf dem zugrunde liegenden Wahrscheinlichkeitsraum)

$$g(Z_n) = g(\mu) + g'(\Delta_n)(Z_n - \mu),$$

wobei

$$|\Delta_n - \mu| \leq |Z_n - \mu|. \tag{6.42}$$

Es folgt

$$a_n\left(g(Z_n) - g(\mu)\right) = g'(\Delta_n) \cdot a_n(Z_n - \mu).$$

Wegen $Z_n \overset{\mathbb{P}}{\to} \mu$ und (6.42) gilt auch $\Delta_n \overset{\mathbb{P}}{\to} \mu$, und mit der Rechenregel a) für stochastische Konvergenz in Abschn. 6.1 folgt

$g'(\Delta_n) \overset{\mathbb{P}}{\to} g'(\mu)$. Mit $X_n := a_n(Z_n - \mu)$ gilt nach Voraussetzung $X_n \overset{\mathcal{D}}{\to} X \sim N(0, 1)$. Wenden wir Teil b) des Lemmas von Sluzki mit X_n und $Y_n := g'(\Delta_n)$ an, so ergibt sich

$$a_n\left(g(Z_n) - g(\mu)\right) = Y_n \, X_n \overset{\mathcal{D}}{\to} g'(\mu) \, X.$$

Wegen $g'(\mu) \, X \sim N(0, \left(g'(\mu)^2\right))$ folgt die Behauptung.

6.34 Es ist nur die Richtung „$\Rightarrow$" zu zeigen. Sei $k \in \mathbb{N}$ mit $k \geq 2$ beliebig. Wir setzen $x_{jk} := F^{-1}\left(\frac{j}{k}\right)$ für $1 \leq j < k$ sowie $x_{0k} := -\infty$, $x_{kk} := \infty$. Da F stetig ist, gilt $F(x_{jk}) = \frac{j}{k}$ für jedes $j \in \{0, 1, \ldots, k\}$ sowie

$$F(x_{j+1,k}) - F(x_{jk}) = \frac{1}{k}, \quad 0 \leq j < k.$$

Daraus folgt für jedes $j \in \{0, 1, \ldots, k-1\}$ und jedes x mit $x_{jk} < x < x_{j+1,k}$

$$F_n(x_{jk}) - F(x_{jk}) - \frac{1}{k} = F_n(x_{jk}) - F(x_{j+1,k})$$

$$\leq F_n(x) - F(x)$$

$$\leq F_n(x_{j+1,k}) - F(x_{jk})$$

$$= F_n(x_{j+1,k}) - F(x_{j+1,k}) + \frac{1}{k}.$$

Also ergibt sich

$$\sup_{x \in \mathbb{R}} |F_n(x) - F(x)| \leq \max_{0 \leq j < k} |F_n(x_{jk}) - F(x_{jk})| + \frac{1}{k}.$$

Aufgrund der Verteilungskonvergenz $X_n \overset{\mathcal{D}}{\to} X$ gilt für jedes $j \in \{0, 1, \ldots, k\}$ die Konvergenz $|F_n(x_{jk}) - F(x_{jk})| \to 0$ für $n \to \infty$ und folglich

$$\limsup_{n \to \infty} \sup_{x \in \mathbb{R}} |F_n(x) - F(x)| \leq \frac{1}{k} \quad \text{für jedes } k \geq 2.$$

Mit $k \to \infty$ gilt dann

$$\lim_{n \to \infty} \sup_{x \in \mathbb{R}} |F_n(x) - F(x)| = 0.$$

6.35 Es sei $p \in (0, 1)$ beliebig. Wir zeigen in einem ersten Schritt, dass

$$\liminf_{n \to \infty} F_n^{-1}(p) \geq F^{-1}(p) \tag{6.43}$$

gilt. Sei hierzu $\varepsilon > 0$ beliebig. Da die Stetigkeitsstellen von F in $\mathbb{R}$ dicht liegen, finden wir ein $x \in C(F)$ mit

$$F^{-1}(p) - \varepsilon < x < F^{-1}(p).$$

Hieraus folgt $F(x) < p$, und wegen der Konvergenz $F_n(x) \to F(x)$ gilt dann auch für genügend großes n die Ungleichung $F_n(x) < p$ und somit $x < F_n^{-1}(p)$. Somit ergibt sich

$$\liminf_{n\to\infty} F_n^{-1}(p) \geq x > F^{-1}(p) - \varepsilon.$$

Da $\varepsilon > 0$ beliebig war, folgt (6.43).

Wohingegen (6.43) ohne weitere Voraussetzungen an p gilt, benötigen wir für die Ungleichung

$$\limsup_{n\to\infty} F_n^{-1}(p) \leq F^{-1}(p), \tag{6.44}$$

dass p ein Stetigkeitspunkt von F^{-1} ist. Wir wählen ein beliebiges q mit $p < q < 1$ und zu gegebenem $\varepsilon > 0$ ein $x \in C(F)$ mit

$$F^{-1}(q) < x < F^{-1}(q) + \varepsilon.$$

Da F monoton ist, folgt

$$p < q \leq F(F^{-1}(q)) \leq F(x)$$

und somit – da $F_n(x) \to F(x)$ – auch $F_n(x) > p$ für genügend großes n. Für solche n gilt dann

$$F_n^{-1}(p) \leq x < F^{-1}(q) + \varepsilon$$

und somit $\limsup_{n\to\infty} F_n^{-1}(p) \leq F^{-1}(q)$ für jedes q mit $p < q < 1$. Ist $p \in C(F^{-1})$, so lässt man q gegen p streben und erhält (6.44). Insgesamt folgt die Behauptung.

6.36 In der Situation des Satzes von Lindeberg-Lévy sind $X_1, X_2, \ldots$ unabhängige identisch verteilte Zufallsvariablen mit $0 < \sigma^2 := \mathbb{V}(X_1) < \infty$. Setzen wir $a := \mathbb{E}X_1$, $S_n := X_1 + \ldots + X_n$, $\sigma_n^2 := \mathbb{V}(S_n) = n\sigma^2$, so gilt wegen der identischen Verteilung von $X_1, \ldots, X_n$

$$L_n(\varepsilon) = \frac{1}{n\sigma^2} \sum_{k=1}^{n} \mathbb{E}\left[(X_k - a)^2 \mathbb{1}\{|X_k - a| > \varepsilon\sigma\sqrt{n}\}\right]$$

$$= \frac{1}{\sigma^2} \mathbb{E}\left[(X_1 - a)^2 \mathbb{1}\{|X_1 - a| > \varepsilon\sigma\sqrt{n}\}\right].$$

Die Funktionenfolge $f_n := (X_1 - a)^2 \mathbb{1}\{|X_1 - a| > \varepsilon\sigma\sqrt{n}\}$ konvergiert punktweise auf Ω gegen 0, und sie erfüllt $|f_n| \leq (X_1 - a)^2$. Aufgrund des Satzes von der dominierten Konvergenz folgt somit $\lim_{n\to\infty} L_n(\varepsilon) = 0$, $\varepsilon > 0$, was zeigt, dass in der Situation des Satzes von Lindeberg-Lévy die Lindeberg-Bedingung erfüllt ist.

6.37 a) Es gilt

$$S_n^2 = \frac{1}{n-1} \sum_{j=1}^{n} \left((X_j - \mu) - (\overline{X}_n - \mu)\right)^2$$

$$= \frac{1}{n-1} \left(\sum_{j=1}^{n}(X_j - \mu)^2 - n(\overline{X}_n - \mu)^2\right)$$

$$= \frac{n}{n-1} \cdot \frac{1}{n} \sum_{j=1}^{n}(X_j - \mu)^2 - \frac{n}{n-1}\left(\overline{X}_n - \mu\right)^2.$$

Nach dem starken Gesetz großer Zahlen gelten

$$\frac{1}{n} \sum_{j=1}^{n}(X_j - \mu)^2 \xrightarrow{\text{f.s.}} \mathbb{E}(X_1 - \mu)^2 = \sigma^2$$

und $\overline{X}_n - \mu \xrightarrow{\text{f.s.}} 0$. Hieraus folgt $S_n^2 \xrightarrow{\text{f.s.}} \sigma^2$.

b) Mit der in a) erhaltenen Darstellung von S_n^2 ergibt sich

$$\sqrt{n}(S_n^2 - \sigma^2) = \frac{n}{n-1} \cdot \frac{1}{\sqrt{n}} \left(\sum_{j=1}^{n}(X_j - \mu)^2 - n\sigma^2\right)$$

$$= +\frac{\sigma^2 \sqrt{n}}{n-1} - \frac{n}{n-1} \cdot \frac{(\sqrt{n}(\overline{X}_n - \mu))^2}{\sqrt{n}}.$$

Nach dem Zentralen Grenzwertsatz von Lindeberg-Lévy gilt

$$U_n := \frac{1}{\sqrt{n}} \left(\sum_{j=1}^{n}(X_j - \mu)^2 - n\sigma^2\right) \xrightarrow{\mathcal{D}} N(0, \tau^2),$$

und das Lemma von Sluzki liefert

$$\frac{n}{n-1} \cdot U_n \xrightarrow{\mathcal{D}} N(0, \tau^2).$$

Nach dem Zentralen Grenzwertsatz von Lindeberg-Lévy konvergiert auch $\sqrt{n}(\overline{X}_n - \mu)$ in Verteilung. Deshalb gilt nach Teil a) des Satzes über Straffheit und Verteilungskonvergenz in Abschn. 6.3 $\sqrt{n}(\overline{X}_n - \mu) = O_\mathbb{P}(1)$ und somit nach Teil a) von Aufgabe 6.30 auch $(\sqrt{n}(\overline{X}_n - \mu))^2 = O_\mathbb{P}(1)$. Mit Teil c) von Aufgabe 6.30 ergibt sich dann

$$\frac{n}{n-1} \cdot \frac{(\sqrt{n}(\overline{X}_n - \mu))^2}{\sqrt{n}} = o_\mathbb{P}(1)$$

Wegen $\sigma^2 \sqrt{n}/(n-1) \to 0$ folgt jetzt mit dem Lemma von Sluzki die Behauptung.

6.38 Der Beweis erfolgt durch Induktion über n. Für $n = 1$ ist nichts zu zeigen. Schreiben wir kurz

$$a_n := \prod_{j=1}^{n} z_j, \quad b_n := \prod_{j=1}^{n} w_j,$$

so gilt

$$
\begin{aligned}
|a_{n+1} - b_{n+1}| &= |a_n z_{n+1} - b_n w_{n+1}| \\
&= |(a_n - b_n)z_{n+1} + b_n(z_{n+1} - w_{n+1})| \\
&\leq |z_{n+1}||a_n - b_n| + |b_n||z_{n+1} - w_{n+1}| \\
&\leq |a_n - b_n| + |z_{n+1} - w_{n+1}|.
\end{aligned}
$$

Nehmen wir als Induktionsvoraussetzung $|a_n - b_n| \leq \sum_{j=1}^{n} |z_j - w_j|$ an, so folgt der Induktionsschluss aus obiger Ungleichungskette.

6.39 Mit $X_{nj} := a_j W_j$, $1 \leq j \leq n$, liegt die Situation des Satzes von Lindeberg-Feller vor. Es gilt

$$\sigma_n^2 = \mathbb{V}(T_n) = \sum_{j=1}^{n} \mathbb{V}(a_j W_j) = \sum_{j=1}^{n} a_j^2 \mathbb{V}(W_j)$$

$$= \sigma^2 \sum_{j=1}^{n} a_j^2.$$

Weiter ist

$$
\begin{aligned}
L_n(\varepsilon) &= \frac{1}{\sigma_n^2} \sum_{j=1}^{n} \mathbb{E}\left[(a_j W_j)^2 \mathbb{1}\{|a_j W_j| > \sigma_n \varepsilon\}\right] \\
&= \frac{1}{\sigma_n^2} \sum_{j=1}^{n} a_j^2 \mathbb{E}\left[W_j^2 \mathbb{1}\{|W_j| > \varepsilon \sigma_n / |a_j|\}\right] \\
&\leq \frac{1}{\sigma_n^2} \sum_{j=1}^{n} a_j^2 \mathbb{E}\left[W_j^2 \mathbb{1}\{|W_j| > \varepsilon u_n\}\right],
\end{aligned}
$$

wobei

$$u_n := \frac{\sigma_n}{\max_{1 \leq j \leq n} |a_j|}.$$

Wegen der identischen Verteilung der W_j folgt

$$
\begin{aligned}
L_n(\varepsilon) &\leq \frac{1}{\sigma_n^2} \left(\sum_{j=1}^{n} a_j^2\right) \mathbb{E}\left[W_1^2 \mathbb{1}\{|W_1| > u_n \varepsilon\}\right] \\
&= \frac{1}{\sigma^2} \mathbb{E}\left[W_1^2 \mathbb{1}\{|W_1| > u_n \varepsilon\}\right].
\end{aligned}
$$

Nach Voraussetzung gilt $u_n \to \infty$ für $n \to \infty$, und somit liefert der Satz von der dominierten Konvergenz

$$\lim_{n \to \infty} \mathbb{E}\left[W_1^2 \mathbb{1}\{|W_1| > u_n \varepsilon\}\right] = 0.$$

Also ist die Lindeberg-Bedingung erfüllt, und folglich gilt der Zentrale Grenzwertsatz.

6.40 Wir überlegen uns zunächst die im Hinweis formulierte Ungleichung. Da X_j Indikatorvariable ist, gilt $X_j^k = X_j$ für $k \in \mathbb{N}$. Hiermit folgt

$$
\begin{aligned}
\mathbb{E}(X_j - a_j)^4 &= \mathbb{E}(X_j - 4X_j a_j + 6X_j a_j^2 - 4X_j a_j^3 + a_j^4) \\
&= a_j - 4a_j^2 + 6a_j^3 - 3a_j^4 \\
&= a_j(1 - a_j)(1 - 3a_j(1 - a_j)) \\
&\leq a_j(1 - a_j),
\end{aligned}
$$

da $0 \leq a_j(1 - a_j) \leq 1/4$.

Nun gilt

$$\sigma_n^2 := \mathbb{V}(S_n) = \sum_{j=1}^{n} a_j(1 - a_j),$$

und es folgt

$$\frac{1}{\sigma_n^4} \sum_{j=1}^{n} \mathbb{E}(X_j - a_j)^4 \leq \frac{1}{\sigma_n^2}.$$

Da nach Voraussetzung $\lim_{n \to \infty} \sigma_n^2 = \infty$ gilt, ist die Ljapunov-Bedingung mit $\delta = 2$ erfüllt, was die Behauptung zeigt.

Kapitel 7: Grundlagen der Mathematischen Statistik – vom Schätzen und Testen

Aufgaben

Verständnisfragen

7.1 •• Konstruieren Sie in der Situation von Aufgabe 7.24 eine obere Konfidenzschranke für ϑ zur Konfidenzwahrscheinlichkeit $1 - \alpha$.

7.2 •• Die Zufallsvariablen $X_1, \ldots, X_n$ seien stochastisch unabhängig mit gleicher Poisson-Verteilung $Po(\lambda)$, wobei $\lambda \in (0, \infty)$ unbekannt sei. Konstruieren Sie in Analogie zum Beispiel der Binomialverteilung am Ende von Abschn. 7.3 einen asymptotischen Konfidenzbereich zum Niveau $1 - \alpha$ für λ. Welches konkrete 95 %-Konfidenzintervall ergibt sich für die Daten des Rutherford-Geiger-Experiments (Unter-der-Lupe-Box in Abschn. 4.3)?

7.3 • In einem Buch konnte man lesen: „Die Wahrscheinlichkeit α für einen Fehler erster Art bei einem statistischen Test gibt an, wie oft aus der Beantwortung der Testfrage falsch auf die Nullhypothese geschlossen wird. Wird $\alpha = 0.05$ gewählt und die Testfrage mit *ja* beantwortet, dann ist die Antwort *ja* in 5 % der Fälle falsch und mithin in 95 % der Fälle richtig." Wie ist Ihre Meinung hierzu?

7.4 • Der Leiter der Abteilung für Materialbeschaffung hat eine Sendung von elektronischen Schaltern mit einem Test zum Niveau 0.05 stichprobenartig auf Funktionsfähigkeit überprüft. Bei der Stichprobe lag der Anteil defekter Schalter signifikant über dem vom Hersteller behaupteten Ausschussanteil. Mit den Worten „Die Chance, dass eine genaue Überprüfung zeigt, dass die Sendung den Herstellerangaben entspricht, ist höchstens 5 %" empfiehlt er, die Lieferung zu reklamieren und zurückgehen zu lassen. Ist seine Aussage richtig?

7.5 • Der Statistiker einer Firma, die Werkstücke zur Weiterverarbeitung bezieht, lehnt eine Lieferung dieser Werkstücke mit folgender Begründung ab: „Ich habe meinen Standard-Test zum Niveau 0.05 anhand einer zufälligen Stichprobe durchgeführt. Diese Stichprobe enthielt einen extrem hohen Anteil defekter Exemplare. Wenn der Ausschussanteil in der Sendung wie vom Hersteller behauptet höchstens 2 % beträgt, ist die Wahrscheinlichkeit für das Auftreten des festgestellten oder eines noch größeren Anteils defekter Werkstücke in der Stichprobe höchstens 2.7 %." Der Werkmeister entgegnet: „Bislang erwiesen sich 70 % der von Ihnen beanstandeten Sendungen im Nachhinein als in Ordnung. Aller Wahrscheinlichkeit nach liegt auch in diesem Fall ein blinder Alarm vor." Muss mindestens eine der beiden Aussagen falsch sein?

7.6 •• (*Zusammenhang zwischen Konfidenzbereichen und Tests*) Es sei $(\mathcal{X}, \mathcal{B}, (\mathbb{P}_\vartheta)_{\vartheta \in \Theta})$ ein statistisches Modell. Zeigen Sie:

a) Ist $C : \mathcal{X} \to \mathcal{P}(\Theta)$ ein Konfidenzbereich für ϑ zur Konfidenzwahrscheinlichkeit $1 - \alpha$, so ist für beliebiges $\vartheta_0 \in \Theta$ die Menge $\mathcal{K}_{\vartheta_0} := \{x \in \mathcal{X} \mid C(x) \not\ni \vartheta_0\}$ ein kritischer Bereich für einen Niveau-α-Test der Hypothese $H_0 : \vartheta = \vartheta_0$ gegen die Alternative $H_1 : \vartheta \neq \vartheta_0$.

b) Liegt für jedes $\vartheta_0 \in \Theta$ ein nichtrandomisierter Niveau-α-Test für $H_0 : \vartheta = \vartheta_0$ gegen $H_1 : \vartheta \neq \vartheta_0$ vor, so lässt sich hieraus ein Konfidenzbereich zur Konfidenzwahrscheinlichkeit $1 - \alpha$ gewinnen.

7.7 •• Es seien U und V unabhängige Zufallsvariablen, wobei $U \sim N(0, 1)$ und $V \sim \chi_k^2$, $k \in \mathbb{N}$. Ist $\delta \in \mathbb{R}$, so heißt die Verteilung des Quotienten

$$Y_{k,\delta} := \frac{U + \delta}{\sqrt{V/k}}$$

nichtzentrale t-Verteilung mit k Freiheitsgraden und Nichtzentralitätsparameter δ. Zeigen Sie: Für die Gütefunktion (7.53) des einseitigen t-Tests gilt

$$g_n(\vartheta) = \mathbb{P}\left(Y_{n-1,\delta} > t_{n-1;1-\alpha}\right),$$

wobei $\delta = \sqrt{n}(\mu - \mu_0)/\sigma$.

7.8 • a) Zeigen Sie die Beziehung $F_{r,s;p} = 1/F_{s,r;1-p}$ für die Quantile der F-Verteilung.

b) Weisen Sie nach, dass die Gütefunktion des einseitigen F-Tests für den Varianzquotienten eine streng monoton wachsenden Funktion von σ^2/τ^2 ist.

© Springer-Verlag GmbH Deutschland, ein Teil von Springer Nature 2019
N. Henze, *Arbeitsbuch Stochastik*, https://doi.org/10.1007/978-3-662-59722-4_6

7.9 •• Die Zufallsvariable X besitze eine Binomialverteilung Bin$(3, \vartheta)$, wobei $\vartheta \in \Theta := \{1/4, 3/4\}$. Bestimmen Sie die Risikomenge des Zwei-Alternativ-Problems $H_0 : \vartheta = \vartheta_0 := 1/4$ gegen $H_1 : \vartheta = \vartheta_1 := 3/4$.

7.10 •• Leiten Sie die Beziehung

$$(n-1)\left(Q(X)^{-2/n} - 1\right) = T_n^2$$

im Beispiel der Ein-Stichproben-t-Teststatistik am Ende von Abschn. 7.5 her.

7.11 •• Es seien $X_1, \ldots, X_n$ unabhängige Zufallsvariablen mit gleicher stetiger Verteilungsfunktion F und empirischer Verteilungsfunktion F_n. Bestimmen Sie die Verteilung von

$$\Delta_n^F = \sup_{x \in \mathbb{R}} \left| F_n(x) - F(x) \right|$$

im Fall $n = 1$.

7.12 •• Die Zufallsvariablen $X_1, \ldots, X_{2n}$ seien stochastisch unabhängig mit gleicher symmetrischer Verteilung. Es gebe also ein $a \in \mathbb{R}$ mit $X_1 - a \sim a - X_1$. Zeigen Sie: Ist $m := n/2$, so gilt (im Fall $\mathbb{E}|X_1| < \infty$)

$$\mathbb{E}\left(\frac{X_{m:2n} + X_{m+1:2n}}{2} \right) = a.$$

7.13 •• Es seien $X_1, \ldots, X_n$ unabhängige Zufallsvariablen mit gleicher stetiger Verteilungsfunktion. Zeigen Sie: In Verallgemeinerung von (7.89) gilt:

$$\mathbb{P}\left(X_{(r)} \le Q_p < X_{(s)} \right) = \sum_{j=r}^{s-1} \binom{n}{j} p^j (1-p)^{n-j}$$

7.14 • In welcher Form tritt die Verteilung einer geeigneten Wilcoxon-Rangsummenstatistik bei der Ziehung der Lottozahlen auf?

Rechenaufgaben

7.15 • Es seien $n \in \mathbb{N}$ und $k \in \{0, \ldots, n\}$. Zeigen Sie, dass die durch

$$h(\vartheta) := \binom{n}{k} \vartheta^k (1 - \vartheta)^{n-k}$$

definierte Funktion $h : [0, 1] \to [0, 1]$ für $\vartheta = k/n$ ihr Maximum annimmt.

7.16 •• In der Situation des Beispiels der Qualitätskontrolle in Abschn. 7.1 mögen sich in einer rein zufälligen Stich-

probe $x = (x_1, \ldots, x_n)$ vom Umfang n genau $k = x_1 + \ldots + x_n$ defekte Exemplare ergeben haben. Zeigen Sie, dass ein Maximum-Likelihood-Schätzwert für ϑ zu x durch

$$\widehat{\vartheta}(x) = \begin{cases} \left\lfloor \frac{k(N+1)}{n} \right\rfloor, & \text{falls } \frac{k(N+1)}{n} \notin \mathbb{N}, \\ \in \left\{ \frac{k(N+1)}{n}, \frac{k(N+1)}{n} - 1 \right\} & \text{sonst,} \end{cases}$$

gegeben ist.

7.17 •• Es sei die Situation im Beispiel des Taxi-Problems in Abschn. 7.2 zugrunde gelegt. Zeigen Sie:

a) Die Folge $(\widehat{\vartheta}_n)$ der ML-Schätzer ist asymptotisch erwartungstreu und konsistent für ϑ.
b) Der durch

$$T_n(x) = \frac{\widehat{\vartheta}_n(x)^{n+1} - (\widehat{\vartheta}_n(x) - 1)^{n+1}}{\widehat{\vartheta}_n(x)^n - (\widehat{\vartheta}_n(x) - 1)^n}$$

definierte Schätzer T_n ist erwartungstreu für ϑ.

7.18 •• Es seien $X_1, \ldots, X_n$ stochastisch unabhängige Zufallsvariablen mit gleicher Poisson-Verteilung Po(ϑ), $\vartheta \in \Theta := (0, \infty)$ sei unbekannt. Zeigen Sie:

a) Das arithmetische Mittel $\overline{X}_n = n^{-1} \sum_{j=1}^n X_j$ ist der ML-Schätzer für ϑ.
b) Die Fisher-Information $\mathrm{I}_f(\vartheta)$ ist

$$\mathrm{I}_f(\vartheta) = \frac{n}{\vartheta}, \quad \vartheta \in \Theta.$$

c) Der Schätzer $\overline{X}_n$ ist Cramér-Rao-effizient.

7.19 •• Ein Bernoulli-Experiment mit unbekannter Trefferwahrscheinlichkeit $\vartheta \in (0, 1)$ wird in unabhängiger Folge durchgeführt. Beim $(k+1)$-ten Mal ($k \in \mathbb{N}_0$) sei der erste Treffer aufgetreten.

a) Bestimmen Sie den ML-Schätzwert $\widehat{\vartheta}(k)$ für ϑ.
b) Ist der Schätzer $\widehat{\vartheta}$ erwartungstreu für ϑ?

7.20 •• In der Situation des Beispiels des Taxi-Problems in Abschn. 7.2 sei

$$\widetilde{\vartheta}_n := \frac{2}{n} \sum_{j=1}^n X_j - 1.$$

Zeigen Sie, dass der Schätzer $\widetilde{\vartheta}_n$ erwartungstreu für ϑ ist und die Varianz

$$\mathbb{V}_\vartheta(\widetilde{\vartheta}_n) = \frac{\vartheta^2 - 1}{3n}$$

besitzt.

7.21 •• Es seien $X_1, \ldots, X_n$ unabhängige Zufallsvariablen mit gleicher Exponentialverteilung Exp(ϑ), $\vartheta \in \Theta := (0, \infty)$ sei unbekannt. Im dritten Beispiel in Abschn. 7.2 wurde der ML-Schätzer für ϑ zu

$$\widehat{\vartheta}_n = \frac{n}{\sum_{j=1}^{n} X_j}$$

hergeleitet. Zeigen Sie:

a) $\mathbb{E}_\vartheta(\widehat{\vartheta}_n) = \frac{n}{n-1}\vartheta, n \geq 2$.
b) $\mathbb{V}_\vartheta(\widehat{\vartheta}_n) = \frac{n^2\vartheta^2}{(n-1)^2(n-2)}, n \geq 3$.
c) Die Schätzfolge $(\widehat{\vartheta}_n)$ ist konsistent für ϑ.

7.22 •• Es seien $X_1, \ldots, X_n$ stochastisch unabhängige identisch verteilte Zufallsvariablen mit $\mathbb{E}X_1^2 < \infty$. Zeigen Sie: Mit $\sigma^2 := \mathbb{V}(X_1)$ gilt

$$\mathbb{E}\left(\frac{1}{n-1}\sum_{j=1}^{n}(X_j - \overline{X}_n)^2\right) = \sigma^2.$$

7.23 •• Die Zufallsvariablen $X_1, \ldots, X_n$ seien stochastisch unabhängig und je $N(\mu, \sigma^2)$-verteilt, wobei μ und σ^2 unbekannt seien. Als Schätzer für σ^2 betrachte man

$$S_n(c) := c \sum_{j=1}^{n}(X_j - \overline{X}_n)^2, \quad c > 0.$$

Für welche Wahl von c wird die mittlere quadratische Abweichung $\mathbb{E}(S_n(c) - \sigma^2)^2$ minimal?

7.24 •• Die Zufallsvariablen $X_1, \ldots, X_n$ seien stochastisch unabhängig und je gleichverteilt $U[0, \vartheta]$, wobei $\vartheta \in \Theta := (0, \infty)$ unbekannt sei. Zeigen Sie:

a) Der ML-Schätzer für ϑ ist $\widehat{\vartheta}_n := \max_{j=1,\ldots,n} X_j$.
b) Der Schätzer

$$\vartheta_n^* := \frac{n+1}{n}\widehat{\vartheta}_n$$

ist erwartungstreu für ϑ. Bestimmen Sie $\mathbb{V}_\vartheta(\vartheta_n^*)$.
c) Der Momentenschätzer für ϑ ist

$$\widetilde{\vartheta}_n := 2 \cdot \frac{1}{n}\sum_{j=1}^{n} X_j.$$

d) Welcher der Schätzer ϑ_n^* und $\widetilde{\vartheta}_n$ ist vorzuziehen, wenn als Gütekriterium die mittlere quadratische Abweichung zugrunde gelegt wird?

7.25 •• Die Zufallsvariablen $X_1, \ldots, X_n$ seien unabhängig und je $\Gamma(\alpha, \lambda)$-verteilt. Der Parameter $\vartheta := (\alpha, \lambda) \in \Theta := (0, \infty)^2$ sei unbekannt. Zeigen Sie: Die Loglikelihood-Gleichungen führen auf

$$\overline{X}_n = \frac{\widehat{\alpha}_n}{\widehat{\lambda}_n}, \quad \frac{1}{n}\sum_{j=1}^{n}\log X_j = \frac{\mathrm{d}}{\mathrm{d}\alpha}\log \Gamma(\widehat{\alpha}_n) - \log \widehat{\lambda}_n.$$

7.26 •• Zeigen Sie, dass die folgenden Verteilungsklassen einparametrige Exponentialfamilien bilden:

a) $\{\mathrm{Bin}(n, \vartheta), 0 < \vartheta < 1\}$,
b) $\{\mathrm{Po}(\vartheta), 0 < \vartheta < \infty\}$,
c) $\{\mathrm{Exp}(\vartheta), 0 < \vartheta < \infty\}$.

7.27 •• a) Leiten Sie die in (7.35) angegebene Dichte der t_k-Verteilung her.
b) Zeigen Sie: Besitzt X eine t_k-Verteilung, so existieren Erwartungswert und Varianz von X genau dann, wenn $k \geq 2$ bzw. $k \geq 3$ gelten. Im Fall der Existenz folgt

$$\mathbb{E}(X) = 0, \quad \mathbb{V}(X) = \frac{k}{k-2}.$$

7.28 •• a) Zeigen Sie: In der Situation des Beispiels des Taxi-Problems in Abschn. 7.2 ist die durch

$$C(x_1, \ldots, x_n) := \left\{\vartheta \in \Theta \mid \vartheta \leq \alpha^{-1/n} \max_{j=1,\ldots,n} x_j\right\}$$

definierte Abbildung C ein Konfidenzbereich für ϑ zum Niveau $1 - \alpha$.

b) Wie groß muss n mindestens sein, damit die größte beobachtete Nummer, versehen mit einem Sicherheitsaufschlag von 10% (d. h. $1.1 \cdot \max_{j=1,\ldots,n} x_j$) eine obere Konfidenzschranke für ϑ zum Niveau 0.99 darstellt, also

$$\mathbb{P}_\vartheta\left(\vartheta \leq 1.1 \cdot \max_{j=1,\ldots,n} X_j\right) \geq 0.99 \quad \forall \vartheta \in \Theta$$

gilt?

7.29 •• Um die Übertragbarkeit der Krankheit BSE zu erforschen, wird 275 biologisch gleichartigen Mäusen über einen gewissen Zeitraum täglich eine bestimmte Menge Milch von BSE-kranken Kühen verabreicht. Innerhalb dieses Zeitraums entwickelte keine dieser Mäuse irgendwelche klinischen Symptome, die auf eine BSE-Erkrankung hindeuten könnten. Es bezeichne ϑ die Wahrscheinlichkeit, dass eine Maus der untersuchten Art unter den obigen Versuchsbedingungen innerhalb des Untersuchungszeitraumes BSE-spezifische Symptome zeigt.

a) Wie lautet die obere Konfidenzschranke für ϑ zur Garantiewahrscheinlichkeit 0.99?
b) Wie viele Mäuse müssten anstelle der 275 untersucht werden, damit die obere Konfidenzschranke für ϑ höchstens 10^{-4} ist?
c) Nehmen Sie vorsichtigerweise an, die obere Konfidenzschranke aus Teil a) sei die „wahre Wahrscheinlichkeit" ϑ. Wie viele Mäuse mit BSE-Symptomen würden Sie dann unter $10\,000\,000$ Mäusen erwarten?

7.30 •

a) In einer repräsentativen Umfrage haben sich 25% aller 1250 Befragten für die Partei A ausgesprochen. Wie genau ist dieser Schätzwert, wenn wir die Befragten als rein zufällige Stichprobe aus einer Gesamtpopulation von vielen Millionen

Wahlberechtigten ansehen und eine Vertrauenswahrscheinlichkeit von 0.95 zugrunde legen?

b) Wie groß muss der Stichprobenumfang mindestens sein, damit der Prozentsatz der Wähler einer Volkspartei (zu erwartender Prozentsatz ca. 30 %) bis auf $\pm$ 1 % genau geschätzt wird (Vertrauenswahrscheinlichkeit 0.95)?

7.31 ●● Um zu testen, ob in einem Paket, das 100 Glühbirnen enthält, höchstens 10 defekte Birnen enthalten sind, prüft ein Händler jedes Mal 10 der Birnen und nimmt das Paket nur dann an, wenn alle 10 in Ordnung sind. Beschreiben Sie dieses Verhalten testtheoretisch und ermitteln Sie das Niveau des Testverfahrens.

7.32 ●● Es sei die Situation des Beispiels „Konsumenten- und Produzentenrisiko" aus Abschn. 7.4 zugrunde gelegt. Eine Verbraucherorganisation möchte dem Hersteller nachweisen, dass die mittlere Füllmenge μ kleiner als $\mu_0 := 1000$ ml ist. Hierzu wird der Produktion eine Stichprobe vom Umfang n entnommen. Die gemessenen Füllmengen werden als Realisierungen unabhängiger und je $N(\mu, 4)$ normalverteilter Zufallsvariablen angenommen.

a) Warum wird als Hypothese $H_0 : \mu \geq \mu_0$ und als Alternative $H_1 : \mu < \mu_0$ festgelegt?

b) Zeigen Sie: Ein Gauß-Test zum Niveau 0.01 lehnt H_0 genau dann ab, wenn das Stichprobenmittel $\overline{X}_n$ die Ungleichung $\overline{X}_n \leq \mu_0 - 4.652/\sqrt{n}$ erfüllt.

c) Die Organisation möchte erreichen, dass der Test mit Wahrscheinlichkeit 0.9 zur Ablehnung von H_0 führt, wenn die mittlere Füllmenge μ tatsächlich 999 ml beträgt. Zeigen Sie, dass hierzu der Mindeststichprobenumfang $n = 53$ nötig ist.

7.33 ● Die folgenden Werte sind Reaktionszeiten (in Sekunden) von 8 Studenten in nüchternem Zustand (x) und 30 Minuten nach dem Trinken einer Flasche Bier (y). Unter der Grundannahme, dass das Trinken von Bier die Reaktionszeit prinzipiell nur verlängern kann, prüfe man, ob die beobachteten Daten mit der Hypothese verträglich sind, dass die Reaktionszeit durch das Trinken einer Flasche Bier nicht beeinflusst wird.

i	1	2	3	4	5	6	7	8
x_i	0.45	0.34	0.72	0.60	0.38	0.52	0.44	0.54
y_i	0.53	0.39	0.69	0.61	0.45	0.63	0.52	0.67

7.34 ● Ein möglicherweise gefälschter Würfel wird 200-mal in unabhängiger Folge geworfen, wobei sich für die einzelnen Augenzahlen die Häufigkeiten 32, 35, 41, 38, 28, 26 ergaben. Ist dieses Ergebnis mit der Hypothese der Echtheit des Würfels verträglich, wenn eine Wahrscheinlichkeit von 0.1 für den Fehler erster Art toleriert wird?

7.35 ● Es seien $X_1, \ldots, X_n$ unabhängige Zufallsvariablen mit gleicher stetiger Verteilungsfunktion. Wie groß muss n sein, damit das Intervall $[X_{(1)}, X_{(n)}]$ ein 95 %-Konfidenzintervall für den Median wird?

7.36 ● Welches Resultat ergibt die Anwendung des Vorzeichentests für verbundene Stichproben in der Situation von Aufgabe 7.33?

Beweisaufgaben

7.37 ●● Die Zufallsvariable X besitze eine hypergeometrische Verteilung $\text{Hyp}(n, r, s)$, wobei $n, r \in \mathbb{N}$ bekannt sind und $s \in \mathbb{N}_0$ unbekannt ist. Der zu schätzende unbekannte Parameter sei $\vartheta := r + s \in \Theta := \{r, r+1, r+2, \ldots\}$. Zeigen Sie: Es existiert kein erwartungstreuer Schätzer $T : \mathcal{X} \to \Theta$ für ϑ. Dabei ist $\mathcal{X} := \{0, 1, \ldots, n\}$ der Stichprobenraum für X.

7.38 ●● Zeigen Sie:

a) Für $\vartheta \in [0, 1]$ und $k \in \{1, 2, \ldots, n\}$ gilt

$$\sum_{j=k}^{n} \binom{n}{j} \vartheta^j (1 - \vartheta)^{n-j}$$

$$= \frac{n!}{(k-1)!(n-k)!} \int_0^\vartheta t^{k-1} (1-t)^{n-k} \mathrm{d}t.$$

b) Die in (7.24), (7.25) eingeführten Funktionen $a(\cdot)$, $A(\cdot) : \Theta \to \mathcal{X}$ sind (schwach) monoton wachsend, a ist rechtsseitig und A linksseitig stetig, und es gilt $a \leq A$.

c) Es gilt die Aussage (7.29).

7.39 ●● Zeigen Sie, dass für die in (7.27) und (7.28) eingeführten Funktionen $\ell(\cdot)$ bzw. $L(\cdot)$ gilt:

a) $\ell(0) = 0$, $L(0) = 1 - \left(\frac{\alpha}{2}\right)^{1/n}$, $\ell(n) = \left(\frac{\alpha}{2}\right)^{1/n}$, $L(n) = 1$.

b) Für $x = 1, 2, \ldots, n-1$ ist

1) $\ell(x)$ die Lösung ϑ der Gleichung

$$\sum_{j=x}^{n} \binom{n}{j} \vartheta^j (1 - \vartheta)^{n-j} = \frac{\alpha}{2},$$

2) $L(x)$ die Lösung ϑ der Gleichung

$$\sum_{j=0}^{x} \binom{n}{j} \vartheta^j (1 - \vartheta)^{n-j} = \frac{\alpha}{2}.$$

7.40 ●● Es seien $X_1, X_2, \ldots$ unabhängige und je $\text{Bin}(1, \vartheta)$-verteilte Zufallsvariablen, wobei $\vartheta \in \Theta := (0, 1)$. Weiter sei $h_\alpha := \Phi^{-1}(1 - \alpha/2)$, wobei $\alpha \in (0, 1)$. Zeigen Sie: Mit $T_n := n^{-1} \sum_{j=1}^{n} X_j$ und $W_n := T_n(1 - T_n)$ gilt

$$\lim_{n \to \infty} \mathbb{P}_\vartheta \left(T_n - \frac{h_\alpha}{\sqrt{n}} \sqrt{W_n} \leq \vartheta \leq T_n + \frac{h_\alpha}{\sqrt{n}} \sqrt{W_n} \right) = 1 - \alpha,$$

$\vartheta \in \Theta.$

7.41 • Zeigen Sie, dass die Gütefunktionen des ein- bzw. zweiseitigen Gauß-Tests durch (7.48) bzw. durch (7.49) gegeben sind.

7.42 •• Weisen Sie für die Verteilungsfunktion Φ und die Dichte φ der Normalverteilung $N(0, 1)$ die Ungleichung

$$1 - \Phi(x) \leq \frac{\varphi(x)}{x}, \qquad x > 0,$$

nach. Zeigen Sie hiermit: Für die in (7.48) gegebene Gütefunktion $g_n(\mu)$ des einseitigen Gauß-Tests gilt für jedes $\mu > \mu_0$ und jedes hinreichend große n

$$1 - g_n(\mu) \leq \frac{1}{\sqrt{2\pi e}} \exp\left(-\frac{n(\mu - \mu_0)^2}{2\sigma^2}\right).$$

Die Wahrscheinlichkeit für einen Fehler zweiter Art konvergiert also exponentiell schnell gegen null.

7.43 •• Die Zufallsvariable Q habe eine Fishersche $F_{r,s}$-Verteilung. Zeigen Sie:

a) Q besitzt die in (7.56) angegebene Dichte.

b) $\mathbb{E}(Q) = \frac{s}{s-2}, s > 2$.

c) $\mathbb{V}(Q) = \frac{2s^2(r+s-2)}{r(s-2)^2(s-4)}, s > 4$.

7.44 •• Die Zufallsvariablen $X_1, X_2, \ldots, X_n, \ldots$ seien stochastisch unabhängig und je Poisson-verteilt $Po(\lambda)$, wobei $\lambda \in (0, \infty)$ unbekannt ist. Konstruieren Sie analog zum Beispiel des asymptotischen einseitigen Binomialtests in Abschn. 7.4 eine Testfolge (φ_n) zum asymptotischen Niveau α für das Testproblem $H_0 : \lambda \leq \lambda_0$ gegen $H_1 : \lambda > \lambda_0$ und weisen Sie deren Konsistenz nach. Dabei ist $\lambda_0 \in (0, \infty)$ ein vorgegebener Wert.

7.45 ••• Zeigen Sie, dass die Konstante K_λ in (7.63) durch $K_\lambda = 1/\sqrt{2\pi\lambda}$ gegeben ist.

7.46 •• Der Zufallsvektor X besitze eine nichtausgeartete k-dimensionale Normalverteilung $N_k(\mu, \Sigma)$. Zeigen Sie, dass die quadratische Form $(X - \mu)^\top \Sigma^{-1}(X - \mu)$ eine χ_k^2-Verteilung besitzt.

7.47 •• Beweisen Sie die Konsistenz des Chi-Quadrat-Tests.

7.48 •• Zeigen Sie, dass für die Risikomenge $\mathcal{R}$ aller Fehlerwahrscheinlichkeitspunkte $(\alpha(\varphi), \beta(\varphi))$ von Tests $\varphi : \mathcal{X} \to [0, 1]$ im Zwei-Alternativ-Problem gilt:

a) $\mathcal{R}$ enthält die Punkte $(1, 0)$ und $(0, 1)$,

b) $\mathcal{R}$ ist punktsymmetrisch zu $(1/2, 1/2)$,

c) $\mathcal{R}$ ist konvex.

7.49 •• Es seien $X_1, X_2, \ldots$, unabhängige Zufallsvariablen mit stetigen Verteilungsfunktionen $F_1, F_2, \ldots$ Zeigen Sie:

$$\mathbb{P}\left(\bigcup_{1 \leq i < j < \infty} \{X_i = X_j\}\right) = 0.$$

7.50 •• Es seien $X_1, X_2, \ldots$ unabhängige Zufallsvariablen mit gleicher stetiger Verteilungsfunktion F. Die Ordnungsstatistiken von $X_1, \ldots, X_n$ seien mit $X_{1:n}, \ldots, X_{n:n}$ bezeichnet. Zeigen Sie: Ist für $\alpha \in (0, 1)$ $h_\alpha := \Phi^{-1}(1 - \alpha/2)$ gesetzt, und sind zu $p \in (0, 1)$ $r_n, s_n \in \mathbb{N}$ durch

$$r_n := \lfloor np - h_\alpha \sqrt{np(1-p)} \rfloor, \quad s_n := \lfloor np + h_\alpha \sqrt{np(1-p)} \rfloor$$

definiert, so gilt

$$\lim_{n \to \infty} \mathbb{P}\left(X_{r_n:n} \leq Q_p \leq X_{s_n:n}\right) = 1 - \alpha.$$

7.51 •• Die Zufallsvariable $X - a$ besitze für ein unbekanntes $a \in \mathbb{R}$ eine t-Verteilung mit s Freiheitsgraden, wobei $s \geq 3$. Die Verteilungsfunktion von X sei mit F_s bezeichnet. Zeigen Sie:

a) Die in der Unter-der-Lupe-Box „Arithmetisches Mittel oder Median?" in Abschn. 7.6 eingeführte asymptotische relative Effizienz von $Q_{n,1/2}$ bzgl. $\overline{X}_n$ als Schätzer für a ist

$$\text{ARE}_{F_s}(Q_{n,1/2}, \overline{X}_n) = \frac{4\Gamma^2\left(\frac{s+1}{2}\right)}{(s-2)\pi\,\Gamma^2\left(\frac{s}{2}\right)}.$$

b) Der Ausdruck in a) ist für $s = 3$ und $s = 4$ größer und für $s \geq 5$ kleiner als 1, und im Limes für $s \to \infty$ ergibt sich der Wert $2/\pi$.

7.52 •• Beweisen Sie die Aussagen a) und b) des Satzes über die H_0-Verteilung der Wilcoxon-Rangsummenstatistik am Ende von Abschn. 7.6.

Hinweise

Verständnisfragen

7.1 Es ist $\mathbb{P}_\vartheta(\max(X_1, \ldots, X_n) \leq t) = (t/\vartheta)^n, 0 \leq t \leq \vartheta$.

7.2 Verwenden Sie den Zentralen Grenzwertsatz von Lindeberg-Lévy.

7.3 –

7.4 –

7.5 –

7.6 –

7.7 –

7.8 –

7.9 Die Neyman-Pearson-Tests sind Konvexkombinationen zweier nichtrandomisierter NP-Tests.

7.10 –

7.11 O.B.d.A. gelte $X_1 \sim U(0, 1)$.

7.12 Nutzen Sie aus, dass $(X_1 - a, \ldots, X_{2n} - a)$ und $(a - X_1, \ldots, a - X_{2n})$ dieselbe Verteilung besitzen, was sich auf die Vektoren der jeweiligen Ordnungsstatistiken überträgt. Überlegen Sie sich vorab, warum die Voraussetzung $\mathbb{E}|X_1| < \infty$ gemacht wird.

7.13 –

7.14 –

Rechenaufgaben

7.15 Betrachten Sie die Fälle $k = 0, k = n$ und $1 \leq k \leq n-1$ getrennt.

7.16 Betrachten Sie für $1 \leq k \leq n-1$ den Quotienten $L_x(\vartheta + 1)/L_x(\vartheta)$, wobei L_x die Likelihood-Funktion zu x ist.

7.17 –

7.18 –

7.19 Verwenden Sie die Jensensche Ungleichung.

7.20 –

7.21 Es gilt $\sum_{j=1}^{n} X_j \sim \Gamma(n, \vartheta)$ unter $\mathbb{P}_\vartheta$.

7.22 Es kann o.B.d.A. $\mathbb{E}X_1 = 0$ angenommen werden.

7.23 Nutzen Sie aus, dass die Summe der Abweichungsquadrate bis auf einen Faktor χ^2_{n-1}-verteilt ist.

7.24 $\mathbb{V}_\vartheta(\vartheta_n^*) = \vartheta^2/(n(n + 2))$

7.25 –

7.26 –

7.27 Beachten Sie Gleichung

$$f_{X_1/X_2}(t) = \int_{-\infty}^{\infty} f_{X_1}(ts) \, f_{X_2}(s) \, |s| \, \mathrm{d}s, \quad t \in \mathbb{R}, \qquad (7.97)$$

für die Dichte des Quotienten zweier unabhängiger Zufallsvariablen. Für die Berechnung der Varianz von X hilft Darstellung (7.33).

7.28 –

7.29 Beachten Sie (7.30).

7.30 –

7.31 –

7.32 –

7.33 Nehmen Sie an, dass die Differenzen $z_i := y_i - x_i$ Realisierungen unabhängiger und je $N(\mu, \sigma^2)$-verteilter Zufallsvariablen $Z_1, \ldots, Z_8$ sind, wobei μ und σ^2 unbekannt sind.

7.34 –

7.35 –

7.36 Unter der zu testenden Hypothese haben die Differenzen $Z_j = Y_j - X_j$ eine symmetrische Verteilung mit unbekanntem Median μ.

Beweisaufgaben

7.37 T kann – ganz egal, wie groß ϑ ist – nur endlich viele Werte annehmen.

7.38 –

7.39 –

7.40 Verwenden Sie den Zentralen Grenzwertsatz von de Moivre-Laplace und Teil b) des Lemmas von Sluzki.

7.41 –

7.42 –

7.43 Nutzen Sie die Erzeugungsweise der Verteilung aus.

7.44 Es gilt für jedes $k \in \mathbb{N}$ und jedes $u \geq 0$ (Beweis durch Differenziation nach u)

$$\sum_{j=k}^{\infty} e^{-u} \frac{u^j}{j!} = \frac{1}{(k-1)!} \int_0^u e^{-t} t^{k-1} \, dt.$$

Setzen Sie $\varphi_n := \mathbb{1}\{\sum_{j=1}^n x_j \geq n\lambda_0 + \Phi^{-1}(1-\alpha)\sqrt{n\lambda_0}.\}$

7.45 Für $X \sim \text{Po}(\lambda)$ gilt $\mathbb{P}(|X - \lambda| \leq C\sqrt{\lambda}) \geq 1 - C^{-2}$. Mit $z_k = (k - \lambda)/\sqrt{\lambda}$ ist

$$\sqrt{\lambda} \sum_{k:|z_k| \leq C} \exp\left(-\frac{z_k^2}{2}\right)$$

eine Riemannsche Näherungssumme für das Integral $\int_{-C}^C \exp(-z^2/2) \, dz$.

7.46 –

7.47 Es reicht, die Summe T_n in (7.68) durch einen Summanden nach unten abzuschätzen und das Gesetz großer Zahlen zu verwenden.

7.48 –

7.49 Verwenden Sie die σ-Subadditivität von $\mathbb{P}$ und den Satz von Tonelli.

7.50 Verwenden Sie das Resultat von Aufgabe 7.13 und den Zentralen Grenzwertsatz von de Moivre-Laplace.

7.51 a) X besitzt die Varianz $s/(s-2)$. b) Es gilt $\Gamma(x + 1/2) \leq \Gamma(x)\sqrt{x}$, $x > 0$.

7.52 Nutzen Sie die Summen-Struktur von $W_{m,n}$ sowie die Tatsache aus, dass der Vektor $(r(X_1), \ldots, r(Y_n))$ unter H_0 auf den Permutationen von $(1, \ldots, m+n)$ gleichverteilt ist. Beachten Sie auch, dass die Summe aller Ränge konstant ist.

Lösungen

Verständnisfragen

7.1 $\alpha^{-1/n} \max(X_1, \ldots, X_n)$.

7.2 Es gilt

$$\lim_{n\to\infty} \mathbb{P}_\lambda(U_n \leq \lambda \leq O_n) = 1 - \alpha \quad \forall \lambda \in (0, \infty),$$

wobei mit $h := \Phi^{-1}(1 - \alpha/2)$ und $T_n := n^{-1} \sum_{j=1}^n X_j$

$$U_n = T_n + \frac{h^2}{2n} - \frac{h}{\sqrt{n}} \sqrt{T_n + \frac{h^2}{4n}},$$

$$O_n = T_n + \frac{h^2}{2n} + \frac{h}{\sqrt{n}} \sqrt{T_n + \frac{h^2}{4n}}.$$

7.3 –

7.4 Nein.

7.5 Nein.

7.6 –

7.7 –

7.8 –

7.9 –

7.10 –

7.11 –

7.12 –

7.13 –

7.14 –

Rechenaufgaben

7.15 –

7.16 –

7.17 –

7.18 –

7.19 a) $\vartheta(k) = 1/(k+1)$. b) Nein.

7.20 –

7.21 –

7.22 –

7.23 $c = 1/(n+1)$.

7.24 d) Der Schätzer $\widetilde{\vartheta}_n$.

7.25 –

7.26 –

7.27 –

7.28 In b) muss $n \geq 49$ gelten.

7.29 –

7.30 –

7.31 Das Testniveau ist $0.6695\ldots$

7.32 –

7.33 Die Hypothese wird auf dem 5 %-Niveau abgelehnt.

7.34 –

7.35 n muss mindestens gleich 6 sein.

7.36 Die Hypothese $H_0 : \mu \leq 0$ wird auf dem 5 %-Niveau abgelehnt.

Beweisaufgaben

7.37 –

7.38 –

7.39 –

7.40 –

7.41 –

7.42 –

7.43 –

7.44 –

7.45 –

7.46 –

7.47 –

7.48 –

7.49 –

7.50 –

7.51 –

7.52 –

Lösungswege

Verständnisfragen

7.1 Wir setzen kurz $M_n := \max(X_1, \ldots, X_n)$. Es gilt für jedes t mit $0 \leq t \leq \vartheta$

$$\mathbb{P}_\vartheta (M_n \leq t) = \mathbb{P}_\vartheta(X_1 \leq t)^n = \left(\frac{t}{\vartheta}\right)^n$$

und somit – wenn wir zum komplementären Ereignis übergehen und $t := \vartheta \alpha^{1/n}$ setzen –

$$\mathbb{P}_\vartheta \left(M_n > \vartheta \alpha^{1/n} \right) = 1 - \alpha.$$

Da wir hier das Kleiner- durch das Kleiner-gleich-Zeichen ersetzen können, ohne die Wahrscheinlichkeit zu ändern, folgt

$$\mathbb{P}_\vartheta \left((0, M_n \alpha^{-1/n}] \ni \vartheta \right) = 1 - \alpha \quad \forall \vartheta \in \Theta,$$

und somit ist $M_n \alpha^{-1/n}$ eine obere Konfidenzschranke für ϑ zur Konfidenzwahrscheinlichkeit $1 - \alpha$.

7.2 Es sei $S_n = \sum_{j=1}^{n} X_j = nT_n$. Da $X_1, \ldots, X_n$ unabhängig und identisch verteilt sind mit

$$\mathbb{E}_\lambda(X_1) = \mathbb{V}_\lambda(X_1) = \lambda,$$

liefert der Zentrale Grenzwertsatz von Lindeberg-Lévy zunächst für beliebiges $h > 0$:

$$\lim_{n\to\infty} \mathbb{P}_\lambda\left(\left|\frac{\sqrt{n}(T_n - \lambda)}{\sqrt{\lambda}}\right| \le h\right) = \lim_{n\to\infty} \mathbb{P}_\lambda\left(\left|\frac{S_n - n\lambda}{\sqrt{n\lambda}}\right| \le h\right)$$
$$= \Phi(h) - \Phi(-h)$$
$$= 2\Phi(h) - 1.$$

Setzt man speziell $h = \Phi^{-1}(1 - \alpha/2)$, so gilt $2\Phi(h) - 1 = \alpha$. Ferner transformiert sich das asymptotisch hochwahrscheinliche Ereignis

$$\left\{\left|\frac{\sqrt{n}(T_n - \lambda)}{\sqrt{\lambda}}\right| \le h\right\}$$

wie folgt: Es gilt

$$\sqrt{n}|T_n - \lambda| \le h\sqrt{\lambda} \Leftrightarrow n\left(T_n^2 - 2T_n\lambda + \lambda^2\right) - \lambda h^2 \le 0$$
$$\Leftrightarrow \lambda^2 - 2\left(T_n + \frac{h^2}{2n}\right)\lambda + T_n^2 \le 0$$
$$\Leftrightarrow \left(\lambda - \left(T_n + \frac{h^2}{2n}\right)\right)^2 \le \frac{T_n h^2}{n} + \frac{h^4}{4n^2}$$
$$\Leftrightarrow U_n \le \lambda \le O_n$$

mit den im Resultat angegebenen Größen U_n und O_n, was zu zeigen war.

Für die Daten des Rutherford-Geiger-Experiments nimmt T_n den Wert 3.87 an, und es ist $n = 10\,097$. Zu $\alpha = 0.05$ ist $h = 1.96$. Damit ergeben sich die konkreten Werte für U_n und O_n (auf 4 Nachkommastellen gerundet) zu 3.8317 bzw. zu 3.9087. Man erhält also das konkrete Konfidenzintervall [3.8317, 3.9087].

7.3 Hier liegt der in der Unter-der-Lupe-Box zu typischen Fehlern im Umgang mit statistischen Tests in Abschn. 7.4 angesprochene Trugschluss vor. Die Formulierung *in 5 % aller Fälle* bezieht sich auf diejenigen „Fälle" (Testergebnisse), in denen ein signifikanter Widerspruch zu H_0 erhoben wird. Die Aussage hätte nur einen Sinn, wenn wir die Gültigkeit von H_0 in einer langen Serie unabhängiger Testläufe unterstellen. Dann würde man aber nicht testen!

7.4 Nein. Auch in diesem Fall handelt es sich um den in der Unter-der-Lupe-Box zu typischen Fehlern im Umgang mit statistischen Tests in Abschn. 7.4 diskutierten Trugschluss, es existiere eine „bedingte Wahrscheinlichkeit $\mathbb{P}(H_0$ gilt | Test führt zur Ablehnung von $H_0)$", und diese „Wahrscheinlichkeit" sei höchstens α (= 0.05).

7.5 Nein. Der Statistiker hat aufgrund seiner Stichprobe die Hypothese H_0, der Auschussanteil betrage höchstens 2 %, zum 5 %-Niveau abgelehnt, weil der beobachtete p-Wert 0.027 betrug. Dass in 70 % aller Fälle, in denen ein Widerspruch zu H_0 (d. h. eine Beanstandung) auftrat, in Wirklichkeit H_0 zutraf, steht hierzu nicht im Widerspruch. Nach den in der Unter-der-Lupe-Box zu typischen Fehlern im Umgang mit statistischen Tests in Abschn. 7.4 angestellten Überlegungen hätten es sogar 100 % aller Fälle sein können, wenn alle Sendungen der Behauptung des Herstellers entsprochen hätten, d. h. stets H_0 gegolten hätte.

7.6 a) Es gilt

$$\mathbb{P}_{\vartheta_0}(\mathcal{K}_{\vartheta_0}) = \mathbb{P}_{\vartheta_0}(C(X) \not\ni \vartheta_0)$$
$$= 1 - \mathbb{P}_{\vartheta_0}(C(X) \ni \vartheta_0)$$
$$\le 1 - (1 - \alpha)$$
$$= \alpha,$$

was die Behauptung zeigt.

b) Die Voraussetzung besagt, dass es zu jedem $\vartheta_0 \in \Theta$ eine (messbare) Menge $\mathcal{K}_{\vartheta_0} \subseteq X$ mit der Eigenschaft $\mathbb{P}_{\vartheta_0}(\mathcal{K}_{\vartheta_0}) \le \alpha$ gibt. Mit $\mathcal{A}_{\vartheta_0} := X \setminus \mathcal{K}_{\vartheta_0}$ gilt dann $\mathbb{P}_{\vartheta_0}(\mathcal{A}_{\vartheta_0}) \ge 1 - \alpha$. Setzen wir

$$C(x) := \{\vartheta \in \Theta \mid \mathcal{K}_\vartheta \not\ni x\},$$

so folgt wegen

$$x \in \mathcal{A}_\vartheta \iff \mathcal{K}_\vartheta \not\ni x$$
$$\iff C(x) \ni \vartheta$$

die Abschätzung

$$\mathbb{P}_\vartheta(C(X) \ni \vartheta) = \mathbb{P}_\vartheta(\mathcal{A}_\vartheta) \ge 1 - \alpha, \quad \vartheta \in \Theta,$$

was zu zeigen war.

7.7 Teilt man in der Darstellung (7.52) Zähler und Nenner durch σ, so ergibt sich

$$T_n = \frac{U + \delta}{W},$$

wobei

$$U = \frac{\sqrt{n}(\overline{X}_n - \mu)}{\sigma}, \quad \delta = \frac{\sqrt{n}(\mu - \mu_0)}{\sigma}, \quad W = \frac{S_n}{\sigma}.$$

Nach dem Satz von Student über die Eigenschaften der ML-Schätzer der Parameter der Normalverteilung sind U und W stochastisch unabhängig, und es gelten $U \sim N(0, 1)$ sowie $(n - 1)S_n^2/\sigma^2 = (n - 1)W^2 =: V \sim \chi_{n-1}^2$. Nach Definition der nichtzentralen t_{n-1}-Verteilung folgt die Behauptung.

7.8 a) Besitzt Q eine $F_{r,s}$-Verteilung, so hat $1/Q$ nach Definition der $F_{r,s}$-Verteilung eine $F_{s,r}$-Verteilung. Es gilt dann

$$1 - p = \mathbb{P}(Q \leq F_{r,s;1-p})$$
$$= \mathbb{P}\left(\frac{1}{Q} \geq \frac{1}{F_{r,s;1-p}}\right)$$
$$= 1 - \mathbb{P}\left(\frac{1}{Q} \leq \frac{1}{F_{r,s;1-p}}\right).$$

Damit gilt $1/F_{r,s;1-p} = F_{s,r;p}$, was zu zeigen war.

b) Mit $\vartheta = (\mu, \nu, \sigma^2, \tau^2)$ und $\kappa := F_{m-1,n-1;1-\alpha}$ gilt

$$\mathbb{P}_\vartheta(Q_{m,n} \geq \kappa) = \mathbb{P}_\vartheta\left(\frac{1/\sigma^2}{1/\tau^2}Q_{m,n} \geq \frac{\tau^2}{\sigma^2}\kappa\right)$$
$$= 1 - F_{m-1,n-1}\left(\frac{\tau^2}{\sigma^2}\kappa\right).$$

Das letzte Gleichheitszeichen gilt, weil die $F_{m-1,n-1}$-Verteilung von

$$\frac{1/\sigma^2}{1/\tau^2}Q_{m,n}$$

unter ϑ nicht von ϑ abhängt. Dabei bezeichnet $F_{m-1,n-1}(\cdot)$ die Verteilungsfunktion der $F_{m-1,n-1}$-Verteilung. Da $F_{m-1,n-1}(\cdot)$ streng monoton wächst, wächst die Funktion $\vartheta \mapsto \mathbb{P}_\vartheta(Q_{m,n} \geq \kappa)$ streng monoton in σ^2/τ^2.

7.9 Die Risikomenge ist gegeben durch

$$\mathcal{R} = \{(\alpha(\varphi), \beta(\varphi)) \mid \varphi : \mathcal{X} \to [0,1]\}.$$

Für $k \in \mathcal{X}$ und $j \in \{0,1\}$ gilt

$$f_j(k) = \mathbb{P}_{\vartheta_j}(X = k) = \binom{3}{k}\vartheta_j^k(1-\vartheta_j)^{3-k}$$

und somit nach Einsetzen von $\vartheta_0 = 1/4$, $\vartheta_1 = 3/4$

$$\frac{f_1(k)}{f_0(k)} = 3^k \cdot \left(\frac{1}{3}\right)^{3-k} = \frac{9^k}{27},$$

$k \in \mathcal{X}$. Da dieser Quotient eine streng monoton wachsende Funktion von k ist, ist ein NP-Test für H_0 gegen H_1 von der Gestalt

$$\varphi(k) = \begin{cases} 1, & \text{falls } k > c, \\ \gamma, & \text{falls } k = c, \\ 0, & \text{falls } k < c, \end{cases}$$

mit $c \in \mathbb{R}$, $c \geq 0$. Setzen wir

$$\psi(k) := \begin{cases} 1, & \text{falls } k > c, \\ 0, & \text{falls } k \leq c, \end{cases} \quad \widetilde{\psi}(k) := \begin{cases} 1, & \text{falls } k > c - 1, \\ 0, & \text{falls } k \leq c - 1, \end{cases}$$

so gilt

$$\varphi = (1 - \gamma)\psi + \gamma\widetilde{\psi},$$

d. h., jeder NP-Test ist eine Konvexkombination von zwei nichtrandomisierten NP-Tests. Setzen wir für $c \in \{-1, 0, 1, 2, 3\}$

$$\psi_c(k) := \begin{cases} 1, & \text{falls } k > c, \\ 0, & \text{falls } k \leq c, \end{cases}$$

so ergeben sich wegen

j	0	1	2	3
$\mathbb{P}_{1/4}(X = j)$	$\frac{27}{64}$	$\frac{27}{64}$	$\frac{9}{64}$	$\frac{1}{64}$
$\mathbb{P}_{3/4}(X = j)$	$\frac{1}{64}$	$\frac{9}{64}$	$\frac{27}{64}$	$\frac{27}{64}$

die Fehlerwahrscheinlichkeitspunkte $(\alpha(\psi_c), \beta(\psi_c))$ zu:

j	-1	0	1	2	3
$\alpha(\psi_c)$	1	$\frac{37}{64}$	$\frac{10}{64}$	$\frac{1}{64}$	0
$\beta(\psi_c)$	0	$\frac{1}{64}$	$\frac{10}{64}$	$\frac{37}{64}$	1

Die Risikomenge ist nachstehend skizziert. Die Fehlerwahrscheinlichkeitspunkte der nichtrandomisierten Tests ψ_j für $j \in \{-1, 0, 1, 2, 3\}$ sind durch schwarze Kreise hervorgehoben.

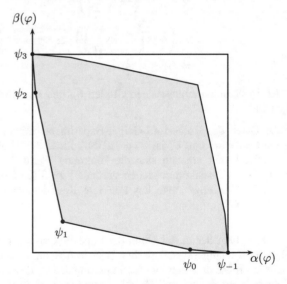

7.10 Setzt man die ML-Schätzer $\widetilde{\sigma_n^2}$ im Zähler und $\widehat{\mu_n}$, $\widehat{\sigma_n^2}$ im Nenner des verallgemeinerten Likelihood-Quotienten ein, so ergibt sich nach Herauskürzen von $(2\pi)^{n/2}$

$$Q(X) = \frac{\widetilde{\sigma_n}^{-n} \exp\left(-\frac{1}{2\sigma_n^2}\sum_{j=1}^n (X_j - \mu_0)^2\right)}{\widehat{\sigma_n}^{-n} \exp\left(-\frac{1}{2\sigma_n^2}\sum_{j=1}^n (X_j - \overline{X}_n)^2\right)}$$
$$= \left(\frac{\widetilde{\sigma_n^2}}{\widehat{\sigma_n^2}}\right)^{n/2} = \left(\frac{\sum_{j=1}^n (X_j - \overline{X}_n)^2}{\sum_{j=1}^n (X_j - \mu_0)^2}\right)^{n/2}.$$

Wegen

$$\sum_{j=1}^{n}(X_j - \mu_0)^2 = \sum_{j=1}^{n}(X_j - \overline{X}_n)^2 + n(\overline{X}_n - \mu_0)^2$$

folgt

$$Q(X)^{-n/2} = 1 + \frac{n(\overline{X}_n - \mu_0)^2}{\sum_{j=1}^{n}(X_j - \overline{X}_n)^2}$$

und damit die angegebene Darstellung.

7.11 Nach Darstellung (7.82) und dem Hinweis besitzt Δ_n^F die gleiche Verteilung wie

$$W := \max(X_1, 1 - X_1),$$

wobei $X_1 \sim U(0, 1)$. Offenbar gilt $\mathbb{P}(0 \le W \le 1/2) = 1$, und für $t \in [0, 1/2]$ gilt

$$\begin{aligned}
\mathbb{P}(W \le t) &= \mathbb{P}(X_1 \le t, 1 - X_1 \le t) \\
&= \mathbb{P}(1 - t \le W \le t) \\
&= t - (1 - t) = 2t - 1.
\end{aligned}$$

Folglich besitzt Δ_1^F eine Gleichverteilung auf dem Intervall $[0, 1/2]$.

7.12 Sind allgemein $X_1, \ldots, X_k$ Zufallsvariablen mit existierenden Erwartungswerten, so existiert auch der Erwartungswert jeder Ordnungsstatistik $X_{j:k}$ von $X_1, \ldots, X_k$, denn es gilt $|X_{j:k}| \le \sum_{l=1}^{k} |X_l|$.

Mit dem Hinweis gilt, dass $(X_{1:2n} - a, \ldots, X_{2n:2n} - a)$ die gleiche Verteilung besitzt wie $(a - X_{2n:2n}, \ldots, a - X_{1:2n})$ (man beachte, dass sich durch das Minuszeichen die Reihenfolge der X_j umkehrt). Somit besitzt auch die Summe der beiden „innersten Ordnungsstatistiken" die gleiche Verteilung. Es gilt also

$$X_{m:2n} - a + X_{m+1:2n} - a \sim a - X_{m+1:2n} + a - X_{m:2n}.$$

Hieraus folgt

$$\mathbb{E}(X_{m:2n} + X_{m+1:2n}) - 2a = 2a - \mathbb{E}(X_{m:2n} + X_{m+1:2n})$$

und damit die Behauptung.

7.13 Wie im Fall $p = 1/2$ gilt für r und s mit $1 \le r < s \le n$

$$\mathbb{P}\left(X_{(r)} \le Q_p < X_{(s)}\right) = \mathbb{P}\left(X_{(r)} \le Q_p\right) - \mathbb{P}\left(X_{(s)} \le Q_p\right).$$

Rechts stehen die Verteilungsfunktionen von $X_{(r)}$ und $X_{(s)}$, ausgewertet an der Stelle Q_p. Nach dem Satz über die Verteilung der r-ten Ordnungsstatistik am Ende von Abschn. 5.2 mit $t = Q_p$ und $F(t) = p$ folgt

$$\mathbb{P}\left(X_{(r)} \le Q_p < X_{(s)}\right) = \sum_{j=r}^{s-1} \binom{n}{j} p^j (1 - p)^{n-j},$$

und dies war zu zeigen. Wählt man r und s so, dass die obige Summe mindestens gleich $1 - \alpha$ ist, so ist $[X_{(r)}, X_{(s)}]$ ein Konfidenzintervall für Q_p zur Konfidenzwahrscheinlichkeit $1 - \alpha$.

7.14 Die Summe der sechs Gewinnzahlen hat die gleiche Verteilung wie $W_{6,43}$ unter H_0, wenn wir unterstellen, dass beim Lotto jede Sechserauswahl der Zahlen $1, 2, \ldots, 49$ die gleiche Ziehungswahrscheinlichkeit besitzt.

Rechenaufgaben

7.15 Wir betrachten zunächst die beiden Fälle $k = 0$ und $k = n$. Im ersten gilt $h(\vartheta) = (1 - \vartheta)^n$, und das Maximum wird für $\vartheta = 0 = k/n$ angenommen. Im zweiten Fall ist $h(\vartheta) = \vartheta^n$, und diese Funktion wird für $\vartheta = 1 = k/n$ maximal. Im verbleibenden Fall $1 \le k \le n-1$ gilt $h(0) = h(1) = 0$, sodass das Maximum von h im offenen Intervall $(0, 1)$ angenommen wird. Differenziert man die Funktion h, so ergibt sich als notwendige Bedingung für ein Extremum

$$0 = h'(\vartheta) = \binom{n}{k} \vartheta^{k-1} (1 - \vartheta)^{n-k-1} (k - n\vartheta)$$

und damit $\vartheta = k/n$. Wegen $h'(\vartheta) > 0$ für $\vartheta < k/n$ und $h'(\vartheta) < 0$ für $\vartheta > k/n$ liegt an der Stelle k/n ein Maximum vor.

7.16 Mit $(t)_m = t(t-1) \ldots (t - m + 1)$ für $t \in \mathbb{R}$ und $m \in \mathbb{N}$ sowie $(t)_0 = 1$ ist die Likelihood-Funktion zu x durch

$$L_x(\vartheta) = \mathbb{P}_\vartheta(X = x) = \frac{(\vartheta)_k (N - \vartheta)_{n-k}}{(N)_n},$$

$k = x_1 + \ldots + x_n$, gegeben.

Wir unterscheiden die Fälle a) $k = 0$, b) $k = n$ und c) $1 \le k \le n - 1$.

Zu a) Es ist

$$L_x(\vartheta) = \frac{(N - \vartheta)_n}{(N)_n}$$

und somit $\widehat{\vartheta}(x) = 0$.

Zu b) Hier gilt

$$L_x(\vartheta) = \frac{(\vartheta)_n}{(N)_n}$$

und folglich $\widehat{\vartheta}(x) = N$.

Zu c) Im Fall $1 \le k \le n - 1$ betrachten wir die Quotienten

$$\begin{aligned}
\frac{L_x(\vartheta + 1)}{L_x(\vartheta)} &= \frac{(\vartheta + 1)_k (N - \vartheta - 1)_{n-k}}{(N)_n} \cdot \frac{(N)_n}{(\vartheta)_k (N - \vartheta)_{n-k}} \\
&= \frac{\vartheta + 1}{\vartheta - k + 1} \cdot \frac{N - \vartheta + k - n}{N - \vartheta}.
\end{aligned}$$

Eine direkte Rechnung liefert

$$\frac{L_x(\vartheta + 1)}{L_x(\vartheta)} > 1 \Longleftrightarrow \vartheta < \frac{k(N+1)}{n} - 1,$$

$$\frac{L_x(\vartheta + 1)}{L_x(\vartheta)} = 1 \Longleftrightarrow \vartheta = \frac{k(N+1)}{n} - 1.$$

Hieraus folgt die Behauptung.

7.17 a) Aus dem Beispiel des Taxi-Problems wissen wir bereits, dass $\mathbb{E}\widehat{\vartheta}_n \leq \vartheta$ für jedes $\vartheta \in \Theta$ gilt. Nun ist für $k = 1, \ldots, \vartheta$

$$\mathbb{P}_\vartheta \left(\max_{j=1,\ldots,n} X_j \leq k \right) = \left(\frac{k}{\vartheta} \right)^n$$

und somit

$$\mathbb{P}_\vartheta \left(\max_{j=1,\ldots,n} X_j = k \right) = \left(\frac{k}{\vartheta} \right)^n - \left(\frac{k-1}{\vartheta} \right)^n. \qquad (7.98)$$

Es folgt

$$\mathbb{E}_\vartheta \widehat{\vartheta}_n = \sum_{k=1}^{\vartheta} k \, \mathbb{P}_\vartheta \left(\max_{j=1,\ldots,n} X_j = k \right)$$

$$\geq \vartheta \, \mathbb{P}_\vartheta \left(\max_{j=1,\ldots,n} X_j = \vartheta \right)$$

$$= \vartheta \left[\left(\frac{\vartheta}{\vartheta} \right)^n - \left(\frac{\vartheta - 1}{\vartheta} \right)^n \right]$$

$$\to \vartheta \quad \text{für } n \to \infty.$$

Somit ist die Schätzfolge $(\widehat{\vartheta}_n)$ asymptotisch erwartungstreu für ϑ. Wegen

$$\mathbb{P}_\vartheta \left(\widehat{\vartheta}_n = \vartheta \right) = 1 - \left(\frac{\vartheta - 1}{\vartheta} \right)^n$$

$$\to 1 \quad \text{für } n \to \infty$$

ist die Schätzfolge $(\widehat{\vartheta}_n)$ auch konsistent für ϑ.

b) Mit (7.98) gilt für jedes $\vartheta \in \Theta$

$$\mathbb{E}_\vartheta T_n = \sum_{k=1}^{\vartheta} \frac{k^{n+1} - (k-1)^{n+1}}{k^n - (k-1)^n} \, \mathbb{P}_\vartheta \left(\widehat{\vartheta}_n = k \right)$$

$$= \sum_{k=1}^{\vartheta} \frac{k^{n+1} - (k-1)^{n+1}}{\vartheta^n}$$

$$= \frac{1}{\vartheta^n} \left(\sum_{k=1}^{\vartheta} k^{n+1} - \sum_{k=1}^{\vartheta} (k-1)^{n+1} \right)$$

$$= \frac{1}{\vartheta^n} \vartheta^{n+1}$$

$$= \vartheta.$$

7.18 a) Die Likelihood-Funktion L_x zu $x = (x_1, \ldots, x_n) \in \mathcal{X} := \mathbb{N}_0^n$ ist durch

$$L_x(\vartheta) = f(x, \vartheta) = \mathbb{P}_\vartheta(X = x)$$

$$= \prod_{j=1}^{n} \mathbb{P}_\vartheta(X_j = x_j) = \prod_{j=1}^{n} \left(\exp(-\vartheta) \frac{\vartheta^{x_j}}{x_j!} \right)$$

$$= \exp(-n\vartheta) \prod_{j=1}^{n} \frac{1}{x_j!} \vartheta^{\sum_{j=1}^{n} x_j}$$

gegeben. Ist $\sum_{j=1}^{n} x_j = 0$, so wird L_x offenbar für

$$\widehat{\vartheta}(x) := 0 = \frac{1}{n} \sum_{j=1}^{n} x_j$$

maximal. Im Fall $\sum_{j=1}^{n} x_j > 0$ betrachten wir die Loglikelihood-Funktion

$$\log L_x(\vartheta) = -n\vartheta - \sum_{j=1}^{n} \log x_j! + \sum_{j=1}^{n} x_j \log \vartheta.$$

Ableiten nach ϑ liefert

$$\frac{\mathrm{d}}{\mathrm{d}\vartheta} \log L_x(\vartheta) = -n + \frac{1}{\vartheta} \sum_{j=1}^{n} x_j, \qquad (7.99)$$

und Nullsetzen dieses Ausdrucks liefert den ML-Schätzwert

$$\widehat{\vartheta}(x) = \frac{1}{n} \sum_{j=1}^{n} x_j.$$

Eine Betrachtung der Ableitung zeigt, dass an dieser Stelle in der Tat ein Maximum der Loglikelihood-Funktion vorliegt. Somit ist $\widehat{\vartheta} = \overline{X}_n$ der ML-Schätzer.

b) Aus (7.99) folgt wegen $L_x(\vartheta) = f(x, \vartheta)$

$$U_\vartheta = \frac{\mathrm{d}}{\mathrm{d}\vartheta} \log f(X, \vartheta) = \frac{1}{\vartheta} \sum_{j=1}^{n} X_j - n.$$

Wegen $\sum_{j=1}^{n} X_j \sim \mathrm{Po}(n\vartheta)$ ergibt sich

$$\mathrm{I}_f(\vartheta) = \mathbb{V}_\vartheta(U_\vartheta) = \frac{1}{\vartheta^2} \mathbb{V}_\vartheta \left(\sum_{j=1}^{n} X_j \right)$$

$$= \frac{1}{\vartheta^2} n\vartheta = \frac{n}{\vartheta}.$$

c) Mit

$$\mathbb{V}_\vartheta \left(\overline{X}_n \right) = \frac{\mathbb{V}_\vartheta(X_1)}{n} = \frac{\vartheta}{n}$$

gilt $\mathbb{V}_\vartheta \left(\overline{X}_n \right) = 1/\mathrm{I}_f(\vartheta)$, $\vartheta \in \Theta$, was zu zeigen war.

7.19 a) Die Zufallsvariable X, deren Realisierung k beobachtet wird, ist die Anzahl der Nieten vor dem ersten Treffer. Sie besitzt also die geometrische Verteilung G(ϑ). Die Likelihood-Funktion ist

$$L_k(\vartheta) = \mathbb{P}_\vartheta(X = k)$$
$$= (1 - \vartheta)^k \vartheta, \quad 0 < \vartheta < 1.$$

Diese nimmt ihr Maximum für den ML-Schätzwert

$$\widehat{\vartheta}(k) := \frac{1}{1 + k}$$

an.

b) Da die durch $g(t) := 1/(1 + t)$ definierte Funktion $g : \mathbb{R}_{\geq 0} \to \mathbb{R}$ strikt konvex ist und die Verteilung von X unter $\mathbb{P}_\vartheta$ nicht ausgeartet ist, folgt mit der Jensenschen Ungleichung

$$\mathbb{E}_\vartheta(\widehat{\vartheta}) = \mathbb{E}_\vartheta\left(\frac{1}{1 + X}\right) = \mathbb{E}_\vartheta g(X)$$
$$> g(\mathbb{E}_\vartheta X)$$
$$= \frac{1}{\frac{1}{\vartheta} - 1 + 1} = \vartheta.$$

Der ML-Schätzer ist somit nicht erwartungstreu.

7.20 Es ist

$$\mathbb{E}_\vartheta(X_1) = \frac{1}{\vartheta} \sum_{k=1}^{\vartheta} k = \frac{\vartheta + 1}{2}$$

und somit

$$\mathbb{E}_\vartheta(\widetilde{\vartheta}_n) = \frac{2}{n} \sum_{j=1}^{n} \mathbb{E}_\vartheta X_j - 1$$
$$= \frac{2}{n} \cdot n \cdot \frac{\vartheta + 1}{2} - 1$$
$$= \vartheta,$$

was die Erwartungstreue von $\widetilde{\vartheta}_n$ zeigt.

Nach (4.17) gilt

$$\mathbb{V}_\vartheta(X_1) = \frac{\vartheta^2 - 1}{12}.$$

Wegen der Unabhängigkeit von $X_1, \ldots, X_n$ folgt somit

$$\mathbb{V}_\vartheta(\widetilde{\vartheta}_n) = \frac{4}{n^2} \cdot n \cdot \frac{\vartheta^2 - 1}{12}$$
$$= \frac{\vartheta^2 - 1}{3n}.$$

7.21 a) Sei $S := \sum_{j=1}^{n} X_j$. Wegen $X_1 \sim \text{Exp}(\vartheta)$ gilt nach dem Additionsgesetz für die Gammaverteilung in Abschn. 5.4 $S \sim \Gamma(n, \vartheta)$. Die Zufallsvariable S hat also nach (5.55) unter $\mathbb{P}_\vartheta$ die Dichte

$$g(t, \vartheta) = \frac{\vartheta^n}{\Gamma(n)} t^{n-1} e^{-\vartheta t}$$

für $t > 0$ und $g(t, \vartheta) = 0$ sonst. Es folgt für $n \geq 2$

$$\mathbb{E}_\vartheta(\widehat{\vartheta}_n) = \mathbb{E}_\vartheta\left(\frac{n}{S}\right)$$
$$= n \int_0^\infty \frac{1}{t} g(t, \vartheta) \, dt$$
$$= n \frac{\vartheta^n}{\Gamma(n)} \int_0^\infty t^{n-2} e^{-\vartheta t} \, dt$$
$$= n \frac{\vartheta^n}{\Gamma(n)} \frac{1}{\vartheta^{n-1}} \int_0^\infty u^{n-2} e^{-u} \, du$$
$$= n \frac{\vartheta^n}{\Gamma(n)} \frac{1}{\vartheta^{n-1}} \Gamma(n-1)$$
$$= \frac{n}{n-1} \vartheta.$$

b) In gleicher Weise wie ergibt sich für $n \geq 3$

$$\mathbb{E}_\vartheta(\widehat{\vartheta}_n^2) = \mathbb{E}_\vartheta\left(\frac{n^2}{S^2}\right)$$
$$= n^2 \int_0^\infty \frac{1}{t^2} g(t, \vartheta) \, dt$$
$$= n^2 \frac{\vartheta^n}{\Gamma(n)} \int_0^\infty t^{n-3} e^{-\vartheta t} \, dt$$
$$= n^2 \frac{\vartheta^n}{\Gamma(n)} \frac{1}{\vartheta^{n-2}} \int_0^\infty u^{n-3} e^{-u} \, du$$
$$= n^2 \frac{\vartheta^n}{\Gamma(n)} \frac{1}{\vartheta^{n-2}} \Gamma(n-2)$$
$$= \frac{n^2}{(n-1)(n-2)} \vartheta^2$$

und somit

$$\mathbb{V}_\vartheta(\widehat{\vartheta}_n) = \frac{n^2 \vartheta^2}{(n-1)(n-2)} - \left(\frac{n\vartheta}{n-1}\right)^2$$
$$= \frac{\vartheta^2 n^2}{(n-1)^2(n-2)}.$$

c) Wegen $\lim_{n \to \infty} \mathbb{E}_\vartheta(\widehat{\vartheta}_n) = \vartheta$ und $\lim_{n \to \infty} \mathbb{V}_\vartheta(\widehat{\vartheta}_n) = 0$ für jedes ϑ folgt die Behauptung aus Dreiecksungleichung und der Tschebyschow-Ungleichung.

7.22 Der Hinweis gründet auf der Gleichung $\mathbb{E}X_1 = \mathbb{E}\overline{X}_n$, es sei also im Folgenden $\mathbb{E}X_1 := 0$ gesetzt. Wegen der Linearität der Erwartungswertbildung und der identischen Verteilung der X_j gilt zunächst

$$\mathbb{E}\left(\frac{1}{n-1}\sum_{j=1}^{n}(X_j - \overline{X}_n)^2\right) = \frac{n}{n-1}\mathbb{E}\left(X_1 - \overline{X}_n\right)^2.$$

Weiter gilt

$$\begin{aligned}(X_1 - \overline{X}_n)^2 &= X_1^2 - 2X_1\overline{X}_n + \overline{X}_n^2 \\ &= X_1^2 - \frac{2}{n}\sum_{j=1}^{n}X_1 X_j + \frac{1}{n^2}\sum_{i,j=1}^{n}X_i X_j.\end{aligned}$$

Wegen der Unabhängigkeit der X_j und $\mathbb{E}X_1 = 0$ gilt $\mathbb{E}X_1^2 = \sigma^2$ und $\mathbb{E}(X_i X_j) = 0$ für $i \neq j$, und man erhält

$$\begin{aligned}\mathbb{E}(X_1 - \overline{X}_n)^2 &= \sigma^2 - \frac{2}{n}\sigma^2 + \frac{1}{n^2}n\sigma^2 \\ &= \frac{n-1}{n}\sigma^2\end{aligned}$$

und damit die Behauptung.

7.23 Wegen

$$\sum_{j=1}^{n}(X_j - \overline{X}_n)^2 \sim \sigma^2 Y$$

mit $Y \sim \chi_{n-1}^2$ gilt

$$\begin{aligned}\mathbb{E}(S_n(c) - \sigma^2)^2 &= \mathbb{E}(c\sigma^2 Y - \sigma^2)^2 \\ &= \sigma^4\mathbb{E}\left(c^2 Y^2 - 2cY + 1\right) \\ &= \sigma^4\left(c^2\mathbb{E}Y^2 - 2c\mathbb{E}Y + 1\right).\end{aligned}$$

Die rechte Seite ist ein Polynom zweiten Grades in c, das für

$$\begin{aligned}c &= \frac{\mathbb{E}Y}{\mathbb{E}Y^2} = \frac{n-1}{(n-1)^2 + 2(n-1)} \\ &= \frac{1}{n+1}\end{aligned}$$

seinen Minimalwert annimmt.

7.24 a) Die Dichte von X_1 unter $\mathbb{P}_\vartheta$ ist $f_1(t) = \mathbb{1}_{[0,\vartheta]}(t)$. Die Dichte verschwindet also unabhängig von ϑ, falls $t < 0$ gilt. Setzen wir $\mathcal{X} := [0, \infty)^n$, so ist für $x = (x_1, \ldots, x_n) \in \mathcal{X}$ die Likelihood-Funktion zu x durch

$$L_x(\vartheta) = \prod_{j=1}^{n}f_1(x_j, \vartheta) = \frac{1}{\vartheta^n}\mathbb{1}_{[0,\vartheta]}\left(\max_{j=1,\ldots,n}x_j\right)$$

gegeben. Diese Funktion nimmt ihren Maximalwert an, wenn $\vartheta := \max_{j=1,\ldots,n}X_j$ gesetzt wird.

b) Wir bestimmen zunächst Erwartungswert und Varianz von $\widehat{\vartheta}_n$ unter $\mathbb{P}_\vartheta$. Unter $\mathbb{P}_\vartheta$ hat $\widehat{\vartheta}_n$ die Verteilungsfunktion

$$\begin{aligned}G_\vartheta(t) &:= \mathbb{P}_\vartheta\left(\widehat{\vartheta}_n \leq t\right) \\ &= \mathbb{P}_\vartheta\left(\max_{j=1,\ldots,n}X_j \leq t\right) \\ &= \mathbb{P}_\vartheta\left(\bigcap_{j=1}^{n}\{X_j \leq t\}\right) \\ &= \mathbb{P}_\vartheta\left(X_1 \leq t\right)^n \\ &= \left(\frac{t}{\vartheta}\right)^n\end{aligned}$$

für $0 \leq t \leq \vartheta$ sowie $G_\vartheta(t) = 0$ für $t \leq 0$ und $G_\vartheta(t) = 1$ für $t \geq \vartheta$. Hieraus folgt, dass $\widehat{\vartheta}_n$ unter $\mathbb{P}_\vartheta$ die Dichte

$$g_\vartheta(t) := \frac{n}{\vartheta}\left(\frac{t}{\vartheta}\right)^{n-1}, \quad 0 < t < \vartheta,$$

und $g(t) := 0$ sonst, besitzt. Es ergibt sich

$$\mathbb{E}_\vartheta(\widehat{\vartheta}_n) = \int_0^\vartheta t\, g_\vartheta(t)\,\mathrm{d}t = \frac{n}{\vartheta^n}\int_0^\vartheta t^n\,\mathrm{d}t = \frac{n}{n+1}\vartheta,$$

$$\mathbb{E}_\vartheta\left(\widehat{\vartheta}_n^2\right) = \int_0^\vartheta t^2\, g_\vartheta(t)\,\mathrm{d}t = \frac{n}{\vartheta^n}\int_0^\vartheta t^{n+1}\,\mathrm{d}t = \frac{n}{n+2}\vartheta^2$$

und somit

$$\begin{aligned}\mathbb{V}_\vartheta(\widehat{\vartheta}_n) &= \frac{n}{n+2}\vartheta^2 - \left(\frac{n}{n+1}\vartheta\right)^2 \\ &= \frac{n\vartheta^2}{(n+2)(n+1)^2}.\end{aligned}$$

Wegen

$$\vartheta_n^* = \frac{n+1}{n}\widehat{\vartheta}_n$$

folgt

$$\mathbb{E}_\vartheta(\vartheta_n^*) = \frac{n+1}{n}\mathbb{E}_\vartheta(\widehat{\vartheta}_n) = \vartheta,$$

$$\mathbb{V}_\vartheta(\vartheta_n^*) = \left(\frac{n+1}{n}\right)^2\mathbb{V}_\vartheta(\widehat{\vartheta}_n) = \frac{\vartheta^2}{n(n+2)}.$$

c) Wegen $\mu := \mathbb{E}_\vartheta(X_1) = \vartheta/2$ gilt $\vartheta = 2\mu$. Somit ist der Momentenschätzer für ϑ durch

$$\widetilde{\vartheta}_n = 2\overline{X}_n = 2\frac{1}{n}\sum_{j=1}^{n}X_j$$

gegeben. Es gilt

$$\mathbb{E}_\vartheta \widetilde{\vartheta}_n = 2\mathbb{E}_\vartheta(\overline{X}_n) = 2\frac{\vartheta}{2} = \vartheta$$

sowie wegen

$$\mathbb{V}_\vartheta(X_1) = \mathbb{E}_\vartheta\left(X_1^2\right) - (\mathbb{E}_\vartheta X_1)^2 = \frac{\vartheta^2}{3} - \frac{\vartheta^2}{4} = \frac{\vartheta^2}{12},$$

$$\mathbb{V}_\vartheta(\widetilde{\vartheta}_n) = \frac{4}{n}\frac{\vartheta^2}{12} = \frac{\vartheta^2}{3n}.$$

d) Da die Schätzer ϑ_n^* und $\widetilde{\vartheta}_n$ erwartungstreu sind, stimmen die mittleren quadratischen Abweichungen mit den Varianzen überein. Wegen

$$\mathbb{V}_\vartheta(\vartheta_n^*) = \frac{\vartheta^2}{n(n+2)} < \frac{\vartheta^2}{3n} = \mathbb{V}_\vartheta(\widetilde{\vartheta}_n)$$

für jedes $\vartheta \in \Theta$ und jedes $n \geq 2$ ist der Schätzer $\widetilde{\vartheta}_n$ gleichmäßig besser als ϑ_n^*, falls $n \geq 2$.

7.25 Die Dichte der Gammaverteilung $\Gamma(\alpha, \lambda)$ ist

$$f(t; \alpha, \lambda) = \frac{\lambda^\alpha}{\Gamma(\alpha)} t^{\alpha-1} \exp(-\lambda t)$$

für $t > 0$ und $f(t; \alpha, \lambda) = 0$ sonst. Die Likelihood-Funktion zu $x = (x_1, \ldots, x_n) \in (0, \infty)^n$ ist somit durch

$$L_x(\alpha, \lambda) = \left(\frac{\lambda^\alpha}{\Gamma(\alpha)}\right)^n \left(\prod_{j=1}^n x_j\right)^{\alpha-1} \exp\left(-\lambda \sum_{j=1}^n x_j\right)$$

gegeben. Für die Loglikelihood-Funktion folgt daher

$$\log L_x(\alpha, \lambda) = n(\alpha \log \lambda - \log \Gamma(\alpha))$$
$$+ (\alpha-1) \sum_{j=1}^n \log x_j - \lambda \sum_{j=1}^n x_j.$$

Die Ableitungen dieser Funktion nach α und λ sind

$$\frac{\partial}{\partial\alpha} \log L_x(\alpha, \lambda) = n\left(\log\lambda - \frac{d}{d\alpha}\log\Gamma(\alpha)\right) + \sum_{j=1}^n \log x_j,$$

$$\frac{\partial}{\partial\lambda} \log L_x(\alpha, \lambda) = n\frac{\alpha}{\lambda} - \sum_{j=1}^n x_j,$$

sodass Nullsetzen dieser Ableitungen das zu zeigende Resultat liefert.

Setzt man $\widehat{\lambda}_n = \widehat{\alpha}_n/\overline{X}_n$ in die zweite Gleichung der Aufgabenstellung ein, so ergibt sich als numerisch zu lösende Bestimmungsgleichung für $\widehat{\alpha}_n$

$$\log\widehat{\alpha}_n - \Psi(\widehat{\alpha}_n) = \log\overline{X}_n - \frac{1}{n}\sum_{j=1}^n \log X_j.$$

Dabei ist

$$\Psi(t) := \frac{d}{dt}\log\Gamma(t)$$

die sog. *Digamma-Funktion*.

7.26 a) Die Zähldichte der Binomialverteilung $\mathrm{Bin}(n, \vartheta)$ auf $X = \{0, 1, \ldots, n\}$ ist

$$f(x, \vartheta) = \binom{n}{x}\vartheta^x(1-\vartheta)^{n-x}$$
$$= \binom{n}{x}(1-\vartheta)^n \left(\frac{\vartheta}{1-\vartheta}\right)^x$$
$$= (1-\vartheta)^n \binom{n}{x}\exp\left(x\log\frac{\vartheta}{1-\vartheta}\right).$$

Sie besitzt die Gestalt (7.18) mit $b(\vartheta) = (1-\vartheta)^n$, $h(x) = \binom{n}{x}$, $T(x) = x$ und $Q(\vartheta) = \log(\vartheta/(1-\vartheta))$.

b) Im Fall der Poisson-Verteilung ist die Zähldichte auf $X = \mathbb{N}_0$ durch

$$f(x, \vartheta) = e^{-\vartheta}\frac{\vartheta^x}{x!} = e^{-\vartheta}\frac{1}{x!}\exp(x\log\vartheta)$$

gegeben. Es liegt somit eine einparametrige Exponentialfamilie mit $b(\vartheta) = \exp(-\vartheta)$, $h(x) = 1/x!$, $T(x) = x$ und $Q(\vartheta) = \log\vartheta$ vor.

c) Die Dichte der Exponentialverteilung $\mathrm{Exp}(\vartheta)$ auf $X := [0, \infty)$ ist

$$f(x, \vartheta) = \vartheta\exp(-\vartheta x).$$

Es liegt also eine einparametrige Exponentialfamilie mit $b(\vartheta) = \vartheta$, $h(x) \equiv 1$, $T(x) = x$ und $Q(\vartheta) = -\vartheta$ vor.

7.27 a) Im Fall der t_k-Verteilung gilt $X_1 \sim N(0, 1)$ sowie $X_2 \sim \sqrt{Y_k/k}$, wobei $Y_k \sim \chi_k^2$. Wir bestimmen zunächst die Verteilungsfunktion und dann die Dichte von X_2. Es ist für $u > 0$

$$\mathbb{P}(X_2 \leq u) = \mathbb{P}\left(\sqrt{Y_k/k} \leq u\right) = \mathbb{P}\left(Y_k \leq ku^2\right).$$

Da Y_k nach (5.4) die Dichte

$$g(t) = \frac{1}{2^{k/2}\Gamma(k/2)}t^{k/2-1}\exp(-t/2), \quad t > 0,$$

besitzt, hat X_2 (Differenziation!) die Dichte

$$f_2(s) = 2ks\, g(ks^2), \quad s > 0,$$

und $f_2(s) = 0$ sonst. Wegen

$$f_1(ts) = \frac{1}{\sqrt{2\pi}} \exp\left(-\frac{t^2 s^2}{2}\right)$$

folgt durch Einsetzen in (7.97) unter Beachtung von $f_2(s) = 0$ für $s \leq 0$ und Vorziehen aller Konstanten vor das Integral sowie Zusammenfassen von Exponenten

$$f(t) = \frac{2k^{k/2}}{2^{k/2}\Gamma(k/2)\sqrt{2\pi}} \int_0^\infty \exp\left(-\frac{(t^2+k)s^2}{2}\right) s^k \, ds.$$

Das Integral geht durch die Substitution

$$u := \frac{t^2+k}{2} s^2$$

in

$$\frac{2^{(k-1)/2}}{(x^2+k)^{(k-1)/2}} \int_0^\infty e^{-u} u^{(k-1)/2-1} \, du$$

über. Da letzteres Integral gleich $\Gamma((k+1)/2)$ ist, folgt die Behauptung durch direktes Ausrechnen.

b) Aufgrund der Gestalt der Dichte (7.35) gilt für $r \in \mathbb{N}$

$$\mathbb{E}|X|^r = \frac{1}{\sqrt{\pi k}} \frac{\Gamma\left(\frac{k+1}{2}\right)}{\Gamma\left(\frac{k}{2}\right)} \int_{-\infty}^\infty \frac{|t|^r}{\left(1+\frac{t^2}{k}\right)^{(k+1)/2}} \, dt.$$

Dieses Integral liefert genau dann einen endlichen Wert, wenn $k+1-r \geq 2$ gilt. Insbesondere folgt

$$\mathbb{E}|X| < \infty \iff k \geq 2, \quad \mathbb{E}|X|^2 < \infty \iff k \geq 3.$$

Im Fall der Existenz des Erwartungswertes gilt $\mathbb{E}(X) = 0$, da die Verteilung von X symmetrisch um 0 ist. Nach Darstellung (7.33) ist X verteilungsgleich mit $N/\sqrt{Z/k}$, wobei N und Z stochastisch unabhängig sind und die Verteilungen $N \sim \mathrm{N}(0,1)$ und $Z \sim \chi_k^2$ besitzen. Mit der Multiplikationsformel für Erwartungswerte und $\mathbb{E}(N^2) = 1$ folgt

$$\mathbb{E}(X^2) = k\,\mathbb{E}(N^2)\,\mathbb{E}\left(\frac{1}{Z}\right) = k\,\mathbb{E}\left(\frac{1}{Z}\right).$$

Da Z nach (5.4) die Dichte

$$f(t) = \frac{1}{2^{k/2}\Gamma\left(\frac{k}{2}\right)} t^{k/2-1} \exp\left(-\frac{t}{2}\right)$$

für $t > 0$ und $f(t) = 0$ sonst, besitzt, ergibt sich

$$\mathbb{E}\left(\frac{1}{Z}\right) = \frac{1}{2^{k/2}\Gamma\left(\frac{k}{2}\right)} \int_0^\infty t^{k/2-2} \exp\left(-\frac{t}{2}\right) \, dt.$$

Mit der Substitution $u := t/2$ und der Definition der Gammafunktion folgt dann

$$\mathbb{E}(X^2) = \frac{k\,2^{k/2-1}}{2^{k/2}\Gamma\left(\frac{k}{2}\right)} \int_0^\infty u^{k/2-2} e^{-u} \, du$$

$$= \frac{2k}{\Gamma\left(\frac{k}{2}\right)} \Gamma\left(\frac{k}{2}-1\right) = \frac{k}{k-2},$$

da $\Gamma(x+1) = x\,\Gamma(x)$ für $x > 0$.

7.28 a) Zu zeigen ist

$$\mathbb{P}_\vartheta\left(\vartheta \leq \alpha^{-1/n} \max_{j=1,\dots,n} X_j\right) \geq 1-\alpha \quad \forall \vartheta \in \Theta.$$

Sei $M_n := \max(X_1, \dots, X_n)$. Es ist

$$\mathbb{P}_\vartheta\left(\vartheta \leq \alpha^{-1/n} M_n\right) = 1 - \mathbb{P}_\vartheta\left(M_n < \vartheta\alpha^{1/n}\right)$$

$$= 1 - \mathbb{P}_\vartheta\left(X_1 < \vartheta\alpha^{1/n}\right)^n$$

$$\geq 1 - \left(\frac{\vartheta\alpha^{1/n}}{\vartheta}\right)^n$$

$$= 1 - \alpha.$$

b) Es ist

$$\mathbb{P}_\vartheta\left(\vartheta \leq 1.1 \cdot M_n\right) = 1 - \mathbb{P}_\vartheta\left(M_n < \frac{\vartheta}{1.1}\right)$$

$$= 1 - \mathbb{P}_\vartheta\left(X_1 < \frac{\vartheta}{1.1}\right)^n$$

$$\geq 1 - \left(\frac{10}{11}\right)^n.$$

Weiter gilt

$$1 - \left(\frac{10}{11}\right)^n \geq 0.99 \iff \left(\frac{10}{11}\right)^n \leq 0.01,$$

was zu

$$n \geq \frac{\log 100}{\log 11 - \log 10}$$

äquivalent ist. Die kleinste natürliche Zahl, die diese Ungleichung erfüllt, ist $n = 49$.

7.29

a) Mit (7.30) ist $\widetilde{L}(0) = 1 - 0.01^{1/275} = 0.0166\ldots$ die gesuchte obere Konfidenzschranke.

b) Aus $1 - 0.01^{1/n} \leq 10^{-4}$ folgt $n \geq \log(0.01)/\log(0.9999)$, also $n \geq 46\,050$.

c) Unter den Annahmen wäre die Anzahl X von Mäusen mit BSE-Symptomen unter insgesamt n Mäusen $\mathrm{Bin}(n, \vartheta)$-verteilt. Somit würde

$$\mathbb{E}\,X = np = 10\,000\,000 \cdot 0.0166 = 166\,000$$

gelten.

Kapitel 7

7.30 a) Wir verwenden ein Binomialmodell, betrachten also die Ergebnisse der Befragungen als Realisierungen von $n = 1250$ unabhängigen Zufallsvariablen mit gleicher Binomialverteilung $Bin(n, \vartheta)$. Aufgrund des großen Stichprobenumfangs machen wir Gebrauch von den in (7.44) und (7.45) angegebenen Konfidenzgrenzen ℓ_n^* und L_n^*. Einsetzen liefert, dass die Konfidenzgrenzen durch

$$0.25 \pm \frac{1.96}{\sqrt{n}} \sqrt{0.25 \cdot 0.75} = 0.25 \pm 0.024$$

gegeben sind. Das konkrete Konfidenzintervall ist somit $[0.226, 0.274]$.

b) Wie in a) verwenden wir die in (7.44) und (7.45) angegebenen Konfidenzgrenzen ℓ_n^* und L_n^*. Danach ist die Länge des Konfidenzintervalls durch

$$\frac{2h_\alpha}{\sqrt{n}} \sqrt{T_n(1 - T_n)}$$

gegeben. Da T_n der Mittelpunkt des Intervalls mit den Grenzen ℓ_n^* und L_n^* ist und der Prozentsatz bis auf $\pm 1\%$ genau geschätzt werden soll, muss die Länge des Intervalls 0.02 betragen. Da für die Realisierung von T_n ein Wert in der Nähe von 0.3 erwartet wird und sich die Werte der Funktion $t \mapsto g(t) := \sqrt{t(1 - t)}$ bei kleinen Abweichungen von t zu 0.3 kaum ändern (so ist $g(0.3) \approx 0.458$ und $g(0.28) \approx 0.449$), setzen wir in die obige Darstellung der (zufälligen) Intervalllänge für T_n den Wert 0.3 ein und lösen mit $h_\alpha = 1.96$ die Ungleichung

$$\frac{2 \cdot 1.96}{\sqrt{n}} \sqrt{0.3(1 - 0.3)} \le 0.02$$

nach n auf. Das kleinste (ganzzahlige) n, das dieser Ungleichung genügt, ist 8059.

7.31 Die Situation entspricht der einer Urne mit r roten und $s = 100 - r$ schwarzen Kugeln (diese stehen für die defekten bzw. intakten Glühbirnen), aus welcher $n(= 10)$-mal ohne Zurücklegen gezogen wird. Die Anzahl X der gezogenen roten Kugeln besitzt die hypergeometrische Verteilung $Hyp(10, r, s)$. Der Stichprobenraum ist $\mathcal{X} := \{0, 1, 2, \ldots, 10\}$, und der Parameterbereich für $r(= \vartheta)$ ist $\Theta := \{0, 1, \ldots, 100\}$. Hypothese und Alternative lauten $H_0 : r \le 10$ bzw. $H_1 : r > 10$. Der Händler wählt den kritischen Bereich $\mathcal{K} := \{1, 2, \ldots, 10\}$.

Mit $s := 100 - r$ gilt

$$\mathbb{P}_r(X \in \mathcal{K}) = 1 - \mathbb{P}_r(X = 0)$$
$$= 1 - \frac{s \cdot (s - 1) \cdot \ldots \cdot (s - 9)}{100 \cdot 99 \cdot \ldots \cdot 91}.$$

Diese Wahrscheinlichkeit ist monoton wachsend in r. Für $r = 10, s = 90$ ergibt sich $\mathbb{P}_{10}(X \in \mathcal{K}) = 0.6695\ldots$, d.h., der Test besitzt das approximative Niveau 0.67.

7.32 a) Wird $H_0 : \mu \ge \mu_0$ als Hypothese gewählt und ein Test zum Niveau 0.01 gegen die Alternative $H_1 : \mu < \mu_0$ durchgeführt, so dient diese Vorgehensweise zum einen dem Schutz des Herstellers, denn man würde nur mit der kleinen Wahrscheinlichkeit 0.01 zu einer falschen Entscheidung gelangen, wenn in Wirklichkeit $\mu \ge \mu_0$ gilt. Es bedeutet aber auch, dass man im Fall der Ablehnung der Hypothese praktisch sicher sein kann, dass H_0 nicht zutrifft.

b) Wegen $\sigma = 2$ ist die Prüfgröße des Gauß-Tests nach (7.47) durch $T_n = \sqrt{n}(\overline{X}_n - \mu_0)/2$ gegeben. Wegen $\Phi^{-1}(0.99) = 2.326$ lehnt dieser Test H_0 ab, falls $T_n \le -2.326$ gilt, was zur behaupteten Ungleichung äquivalent ist.

c) Es sei $\mu_1 := 999$. Nach Wunsch der Verbraucherorganisation soll $0.9 = \mathbb{P}_{\mu_1}(\overline{X}_n \le \mu_0 - 4.652/\sqrt{n})$ gelten. Da $N := \sqrt{n}(\overline{X}_n - \mu_1)/2$ eine $N(0, 1)$-Normalverteilung besitzt, wenn μ_1 der wahre Parameter ist, folgt

$$0.9 = \mathbb{P}_{\mu_1}\left(\overline{X}_n \le \mu_0 - \frac{4.652}{\sqrt{n}}\right)$$
$$= \mathbb{P}_{\mu_1}\left(N \le \frac{\sqrt{n}(\mu_0 - \mu_1)}{2} - 2.326\right)$$
$$= \Phi\left(\frac{\sqrt{n}(\mu_0 - \mu_1)}{2} - 2.326\right)$$

und somit wegen $0.9 = \Phi(1.282)$ die Gleichung $\sqrt{n}(\mu_0 - \mu_1)/2 - 2.326 = 1.282$. Hieraus ergibt sich der Mindeststichprobenumfang zu $n = 53$.

7.33 Wir sehen die Differenzen $z_i := y_i - x_i$ als Realisierungen unabhängiger und je $N(\mu, \sigma^2)$-verteilter Zufallsvariablen $Z_1, \ldots, Z_8$ an, wobei μ und σ^2 unbekannt sind. Aufgrund der Aufgabenstellung testen wir die Hypothese $H_0 : \mu \le 0$ gegen die Alternative $H_1 : \mu > 0$. Der Mittelwert $\overline{z}_8$ von $z_1, \ldots, z_8$ ist 0.06125, und es gilt

$$\frac{1}{8 - 1} \sum_{j=1}^{8} (z_j - \overline{z}_8)^2 = 0.002807\ldots$$

Wegen

$$\frac{\sqrt{8} \cdot \overline{z}_8}{\sqrt{\frac{1}{8-1} \sum_{j=1}^{8} (z_j - \overline{z}_8)^2}} = 3.269\ldots$$

wird H_0 auf dem 5 %-Niveau abgelehnt, denn nach Tab. 7.2 gilt $t_{7;0.95} = 1.895$.

7.34 Wir führen einen χ^2-Test durch. Die Teststatistik (vgl. (7.64)) nimmt mit $s = 6$, $\pi_1 = \pi_2 = \ldots = \pi_6 = 1/6$ und $k_1 = 32$, $k_2 = 35$, $k_3 = 41$, $k_4 = 38$, $k_5 = 28$ und $k_6 = 26$ den Wert

$$\chi_n^2(k_1, \ldots, k_6) = \frac{6}{200} \sum_{j=1}^{6} \left(k_j - \frac{200}{6}\right)^2 = \cdots = 5.02$$

an. Aus Tab. 7.3 liest man den kritischen Wert zu $\chi^2_{5;0.9} = 9.24$ ab. Wegen $5.02 \leq 9.24$ wird die Hypothese der Echtheit bei einer zugelassenen Wahrscheinlichkeit von 0.1 für einen Fehler erster Art nicht verworfen.

7.35 Mit (7.90) gilt

$$\mathbb{P}(X_{(1)} \leq Q_{1/2} \leq X_{(n)}) = 1 - 2 \cdot \left(\frac{1}{2}\right)^n.$$

Wegen

$$1 - \frac{1}{2^{n-1}} \geq 0.95 \iff 2^{n-1} \geq 20$$

muss n mindestens 6 sein.

7.36 Da sieben der acht Differenzen $y_j - x_j$ in der Tabelle zu Aufgabe 7.33 positiv sind, nimmt die Vorzeichen-Testgröße $T = \sum_{j=1}^{8} \mathbb{1}\{Z_j > 0\}$ den Wert 7 an. Im Fall $\mu = 0$ hat T die Binomialverteilung Bin(8, 1/2). Da die Wahrscheinlichkeit $\mathbb{P}(T \geq 7)$ monoton mit μ wächst, gilt unter H_0 (d. h. für jedes $\mu \leq 0$) $\mathbb{P}(T \geq 7) = 9/256 = 0.0351\ldots$ Somit wird $H_0: \mu \leq 0$ auf dem 5 %-Niveau abgelehnt.

Beweisaufgaben

7.37 Wir nehmen an, T sei ein erwartungstreuer Schätzer für ϑ. Dann gilt für jedes $\vartheta \in \Theta$

$$\vartheta = \mathbb{E}_\vartheta T$$
$$= \sum_{j=0}^{n} T(j)\, \mathbb{P}_\vartheta(X = j)$$
$$= \sum_{j=0}^{n} T(j)\, \frac{\binom{r}{j}\binom{s}{n-j}}{\binom{\vartheta}{n}}.$$

Mit $M := \max_{j=0,\ldots,n} T(j)$ und der Normierungsbedingung

$$\sum_{j=0}^{n} \frac{\binom{r}{j}\binom{s}{n-j}}{\binom{\vartheta}{n}} = 1$$

folgt $\vartheta \leq M$ für jedes $\vartheta \in \{r, r+1, r+2, \ldots\}$, was nicht möglich ist.

Anmerkung: Diese Aufgabe besitzt die folgende häufig zu findende Einkleidung: In einem Teich befindet sich eine unbekannte Anzahl von Fischen. Es werden r Fische gefangen, markiert und wieder ausgesetzt. Nach einer Weile werden n Fische gefangen. Bezeichnen s die Anzahl der unmarkierten Fische und $\vartheta := r + s$ die Gesamtzahl der Fische im Teich, so besitzt die Anzahl X der markierten Fische in dieser Stichprobe die hypergeometrische Verteilung Hyp(n, r, s), wenn man annimmt, dass jede n-elementige Teilmenge aller Fische die gleiche Wahrscheinlichkeit besitzt, diese Stichprobe zu bilden.

7.38 a) Wir betrachten die beiden Seiten der zu beweisenden Gleichung als Funktionen von ϑ und nennen die linke Seite $u(\vartheta)$ und die rechte $v(\vartheta)$. Da $k \geq 1$ ist, gilt offenbar $u(0) = v(0) = 0$. Leitet man u und v nach ϑ ab, so folgt

$$u'(\vartheta) = \sum_{j=k}^{n} \binom{n}{j} \left(j\vartheta^{j-1}(1-\vartheta)^{n-j} - (n-j)\vartheta^j(1-\vartheta)^{n-j-1}\right)$$
$$= \sum_{j=k}^{n} \frac{n!}{(j-1)!(n-j)!} \vartheta^{j-1}(1-\vartheta)^{n-j}$$
$$\quad - \sum_{j=k}^{n-1} \frac{n!}{j!(n-j-1)!} \vartheta^j(1-\vartheta)^{n-j-1}$$
$$= \sum_{i=k-1}^{n-1} \frac{n!}{i!(n-i-1)!} \vartheta^i(1-\vartheta)^{n-i-1}$$
$$\quad - \sum_{j=k}^{n-1} \frac{n!}{j!(n-j-1)!} \vartheta^j(1-\vartheta)^{n-j-1}$$
$$= \frac{n!}{(k-1)!(n-k)!} \vartheta^{k-1}(1-\vartheta)^{n-k}$$
$$= v'(\vartheta).$$

Hieraus ergibt sich die Behauptung.

b) Da die in (7.24) stehende Summe nach Teil a) streng monoton in ϑ fällt, ist die Funktion $a(\cdot)$ monoton wachsend. In gleicher Weise ist die Funktion $A(\cdot)$ monoton wachsend, denn die in (7.25) stehende Summe wächst nach Teil a) streng monoton in ϑ. Nach Definition von $a(\vartheta)$ und $A(\vartheta)$ gelten

$$\sum_{j=0}^{a(\vartheta)-1} \binom{n}{j} \vartheta^j(1-\vartheta)^{n-j} \leq \frac{\alpha}{2} < \frac{1}{2},$$
$$\sum_{j=A(\vartheta)+1}^{n} \binom{n}{j} \vartheta^j(1-\vartheta)^{n-j} \leq \frac{\alpha}{2} < \frac{1}{2}.$$

Hieraus folgt $A(\vartheta)+1-(a(\vartheta)-1) \geq 2$ und somit $a(\vartheta) \leq A(\vartheta)$.

Sei kurz

$$p_{n,j}(\vartheta) := \binom{n}{j} \vartheta^j(1-\vartheta)^{n-j}$$

gesetzt. Ist (ϑ_ℓ) eine Folge aus $[0, 1]$ mit $\vartheta_{\ell+1} \leq \vartheta_\ell$, $\ell \geq 1$, und $\lim_{\ell \to \infty} \vartheta_\ell = \vartheta$, so konvergiert – da die in (7.24) stehende Summe nach Teil a) streng monoton in ϑ fällt – die Summe

$$\sum_{j=0}^{a(\vartheta)-1} p_{n,j}(\vartheta_\ell)$$

für $\ell \to \infty$ von unten gegen

$$\sum_{j=0}^{a(\vartheta)-1} p_{n,j}(\vartheta) \left(\leq \frac{\alpha}{2}\right).$$

Hieraus folgt, dass $a(\vartheta_\ell)$ wegen der Ganzzahligkeit der Funktion $a(\cdot)$ für hinreichend großes ℓ gleich $a(\vartheta)$ sein muss. Dies zeigt, dass $a(\cdot)$ rechtsseitig stetig ist. Analog folgt, dass $A(\cdot)$ linksseitig stetig ist.

c) Die Aussage (7.29) ist gleichbedeutend mit

$$\ell(x) < \vartheta < L(x) \iff a(\vartheta) \leq x \leq A(\vartheta).$$

Es gilt

$$\vartheta < L(x) = \sup\{\vartheta \mid a(\vartheta) = x\} \iff \exists \vartheta_1 > \vartheta : a(\vartheta_1) = x$$
$$\iff a(\vartheta) \leq x.$$

Dabei folgt die Richtung „$\impliedby$" der zweiten Äquivalenz aus der rechtsseitigen Stetigkeit von $a(\cdot)$ und der Tatsache, dass die Funktion $a(\cdot)$ nur ganzzahlige Werte annimmt. Völlig analog ergibt sich die Äquivalenz $\ell(x) < \vartheta \iff x \leq A(\vartheta)$.

7.39 a) Es ist $\ell(0) = \inf\{\vartheta \mid A(\vartheta) = 0\}$. Nach Definition von $A(\vartheta)$ gilt

$$A(\vartheta) = 0 \iff \sum_{j=1}^{n} \binom{n}{j} \vartheta^j (1-\vartheta)^{n-j} \leq \frac{\alpha}{2}$$
$$\iff 1 - (1-\vartheta)^n \leq \frac{\alpha}{2}.$$

Wegen $1 - (1-0)^n \leq \alpha/2$ folgt hieraus $\ell(0) = 0$.

Nach Definition ist $L(0) = \sup\{\vartheta \mid a(\vartheta) = 0\}$. Nun ist

$$a(\vartheta) = 0 \iff \sum_{j=0}^{0} \binom{n}{j} \vartheta^j (1-\vartheta)^{n-j} > \frac{\alpha}{2}$$
$$\iff (1-\vartheta)^n > \frac{\alpha}{2}.$$

Hieraus folgt, dass $L(0)$ die Gleichung $(1-\vartheta)^n = \alpha/2$ erfüllt, was zu

$$L(0) = 1 - \left(\frac{\alpha}{2}\right)^{1/n}$$

äquivalent ist. Völlig analog zeigt man die Gleichungen $\ell(n) = (\alpha/2)^{1/n}$ und $L(n) = 1$.

b) 1) Es ist $\ell(x) = \inf\{\vartheta \in \Theta \mid A(\vartheta) = x\}$. Weiter gilt $A(\vartheta) = x$ genau dann, wenn die Ungleichungen

$$\sum_{j=x+1}^{n} \binom{n}{j} \vartheta^j (1-\vartheta)^{n-j} \leq \frac{\alpha}{2},$$
$$\sum_{j=x}^{n} \binom{n}{j} \vartheta^j (1-\vartheta)^{n-j} > \frac{\alpha}{2}$$

erfüllt sind. Da die beide Summen streng monoton fallende Funktionen von ϑ sind, erfüllt das Infimum aller ϑ mit der Eigenschaft $A(\vartheta) = x$ die Gleichung

$$\sum_{j=x}^{n} \binom{n}{j} \vartheta^j (1-\vartheta)^{n-j} = \frac{\alpha}{2},$$

was zu zeigen war. Ganz analog zeigt man die zweite Behauptung.

7.40 Nach dem Zentralen Grenzwertsatz von de Moivre-Laplace gilt, wenn wir für das dortige S_n die Zufallsvariable nT_n einsetzen und durch $\sqrt{n}$ kürzen,

$$Z_n := \frac{\sqrt{n}(T_n - \vartheta)}{\sqrt{\vartheta(1-\vartheta)}} \xrightarrow{\mathcal{D}_\vartheta} Z,$$

wobei $Z \sim N(0,1)$. Wegen $T_n \xrightarrow{\mathbb{P}_\vartheta} \vartheta$ gilt $W_n \xrightarrow{\mathbb{P}_\vartheta} \vartheta(1-\vartheta)$ und somit

$$\sqrt{\frac{\vartheta(1-\vartheta)}{W_n}} \xrightarrow{\mathbb{P}_\vartheta} 1.$$

Mit Teil b) des Lemmas von Sluzki folgt

$$\frac{\sqrt{n}(T_n - \vartheta)}{\sqrt{W_n}} = \sqrt{\frac{\vartheta(1-\vartheta)}{W_n}} \cdot Z_n \xrightarrow{\mathcal{D}_\vartheta} Z.$$

Damit ergibt sich

$$\lim_{n \to \infty} \mathbb{P}_\vartheta \left(\left| \frac{\sqrt{n}(T_n - \vartheta)}{\sqrt{W_n}} \right| \leq h_\alpha \right) = 1 - \alpha.$$

Dies war zu zeigen, denn das hier stehende Ereignis ist identisch mit dem in der Aufgabenstellung. Man beachte, dass wir auch bei den Symbolen für Verteilungskonvergenz und stochastische Konvergenz den Parameter ϑ als Index hervorgehoben haben.

7.41 Wir betrachten zunächst den einseitigen Gauß-Test. Da die Hypothese $H_0 : \mu \leq \mu_0$ genau dann zum Niveau α abgelehnt wird, wenn die Prüfgröße $T_n = \sqrt{n}(\overline{X}_n - \mu_0)/\sigma$ größer als $h_\alpha := \Phi^{-1}(1-\alpha)$ ist, gilt

$$g_n(\mu) = \mathbb{P}_\mu (T_n > h_\alpha)$$
$$= \mathbb{P}_\mu \left(\frac{\sqrt{n}(\overline{X}_n - \mu_0)}{\sigma} > h_\alpha \right)$$
$$= \mathbb{P}_\mu \left(\overline{X}_n > \frac{\sigma h_\alpha}{\sqrt{n}} + \mu_0 \right)$$
$$= \mathbb{P}_\mu \left(\frac{\sqrt{n}(\overline{X}_n - \mu)}{\sigma} > \frac{\sqrt{n}(\mu_0 - \mu)}{\sigma} + h_\alpha \right)$$
$$= 1 - \Phi \left(h_\alpha - \frac{\sqrt{n}(\mu - \mu_0)}{\sigma} \right).$$

Dabei wurde beim letzten Gleichheitszeichen verwendet, dass $\sqrt{n}(\overline{X}_n - \mu)/\sigma$ standardnormalverteilt ist, wenn μ der wahre Parameter ist. Alle Umformungen liefen darauf hinaus, diese Tatsache auszunutzen.

Beim zweiseitigen Gauß-Test wird die Hypothese $H_0^* : \mu = \mu_0$ zugunsten der Alternative $H_1^* : \mu \neq \mu_0$ abgelehnt, wenn $|T_n| > h_\alpha^*$ gilt. Dabei ist $h_\alpha^* := \Phi^{-1}(1 - \alpha/2)$. Mit dem gleichen Ziel wie oben folgt

$$
\begin{aligned}
g_n^*(\mu) &= \mathbb{P}_\mu(|T_n| > h_\alpha^*) \\
&= \mathbb{P}_\mu\left(|\overline{X}_n - \mu_0| > h_\alpha^* \sigma/\sqrt{n}\right) \\
&= \mathbb{P}_\mu\left(\overline{X}_n > \mu_0 + h_\alpha^* \sigma/\sqrt{n}\right) \\
&\quad + \mathbb{P}_\mu\left(\overline{X}_n < \mu_0 - h_\alpha^* \sigma/\sqrt{n}\right) \\
&= \mathbb{P}_\mu\left(\frac{\sqrt{n}(\overline{X}_n - \mu)}{\sigma} > \frac{\sqrt{n}(\mu_0 - \mu)}{\sigma} + h_\alpha^*\right) \\
&\quad + \mathbb{P}_\mu\left(\frac{\sqrt{n}(\overline{X}_n - \mu)}{\sigma} < \frac{\sqrt{n}(\mu_0 - \mu)}{\sigma} - h_\alpha^*\right) \\
&= 1 - \Phi\left(h_\alpha^* + \frac{\sqrt{n}(\mu_0 - \mu)}{\sigma}\right) \\
&\quad + 1 - \Phi\left(h_\alpha^* - \frac{\sqrt{n}(\mu_0 - \mu)}{\sigma}\right) \\
&= 2 - \Phi\left(h_\alpha^* - \frac{\sqrt{n}(\mu - \mu_0)}{\sigma}\right) \\
&\quad - \Phi\left(h_\alpha^* + \frac{\sqrt{n}(\mu - \mu_0)}{\sigma}\right),
\end{aligned}
$$

was zu zeigen war.

7.42 Für $x > 0$ ist

$$
\begin{aligned}
1 - \Phi(x) &= \frac{1}{\sqrt{2\pi}} \int_x^\infty \exp\left(-\frac{t^2}{2}\right) dt \\
&\leq \frac{1}{\sqrt{2\pi}} \int_x^\infty \frac{t}{x} \exp\left(-\frac{t^2}{2}\right) dt \\
&= \frac{1}{x} \frac{1}{\sqrt{2\pi}} \left(-\exp\left(-\frac{t^2}{2}\right)\right)\Big|_x^\infty \\
&= \frac{\varphi(x)}{x}.
\end{aligned}
$$

Setzen wir kurz $q := \Phi^{-1}(1 - \alpha)$ und $\delta := \sqrt{n}(\mu - \mu_0)/\sigma$, so gilt

$$
1 - g_n(\mu) = \Phi(q - \delta) = 1 - \Phi(\delta - q).
$$

Für $\delta > q$ (und somit für hinreichend großes n) folgt also

$$
1 - g_n(\mu) \leq \frac{1}{\delta - q} \frac{1}{\sqrt{2\pi}} \exp\left(-\frac{1}{2}(\delta - q)^2\right).
$$

Nutzt man noch die aus dem Mittelwertsatz der Analysis folgende Ungleichung

$$
\exp\left(-\frac{1}{2}(\delta - q)^2\right) \leq e^{-1/2} \exp\left(-\frac{\delta^2}{2}\right)(\delta - q)
$$

aus, so folgt die Behauptung.

7.43 a) Nach Definition der $F_{r,s}$-Verteilung können wir

$$
Q = \frac{R/r}{S/s}
$$

mit unabhängigen Zufallsvariablen R und S setzen. Dabei gelten $R \sim \chi_r^2$ und $S \sim \chi_s^2$. Die Dichte der χ_k^2-Verteilung besitzt nach (5.4) die Gestalt

$$
f_k(x) := \frac{1}{2^{k/2}\Gamma(k/2)} x^{\frac{k}{2}-1} e^{-\frac{x}{2}}, \quad x > 0.
$$

Nach dem Satz „Methode Verteilungsfunktion" in Abschn. 5.2 sind die mit g_r bzw. g_s bezeichneten Dichten von R/r bzw. S/s durch

$$
\begin{aligned}
g_r(u) &= f_r(ru)\, r \\
&= \frac{r^{r/2}}{2^{r/2}\Gamma(r/2)} e^{-ur/2} u^{r/2-1}, \\
g_s(u) &= f_s(su)\, s \\
&= \frac{s^{s/2}}{2^{s/2}\Gamma(s/2)} e^{-us/2} u^{s/2-1}
\end{aligned}
$$

für $u > 0$ und $g_r(u) = g_s(u) = 0$ sonst, gegeben. Nach Teil c) des Satzes über die Dichte von Differenz, Produkt und Quotient in Abschn. 5.2 ergibt sich die Dichte von Q zu

$$
f_Q(t) = \int_0^\infty f_r(tz) f_s(z)\, z\, dz.
$$

Setzt man hier die Ausdrücke für $f_r(tz)$ und $f_s(z)$ ein, zieht Konstanten vor das Integral und führt anschließend die Substitution $u := z(tr + s)/2$ durch, so folgt

$$
f_Q(t) = \frac{r^{r/2}s^{s/2}t^{r/2-1}}{\Gamma(r/2)\Gamma(s/2)(tr + s)^{(r+s)/2}} \int_0^\infty u^{(r+s)/2-1} e^{-u}\, du.
$$

Da das Integral gleich $\Gamma((r + s)/2)$ ist, ergibt sich mit (5.58) und (5.59) nach Division von Zähler und Nenner durch $s^{(r+s)/2}$ die Behauptung.

b) Aufgrund der Darstellung von Q und der Unabhängigkeit von Zähler und Nenner gilt

$$
\begin{aligned}
\mathbb{E}(Q) &= \mathbb{E}\left(\frac{R}{r}\right) \cdot \mathbb{E}\left(\frac{s}{S}\right) \\
&= \frac{s}{r} \mathbb{E}(R)\, \mathbb{E}\left(\frac{1}{S}\right) \\
&= s\, \mathbb{E}\left(\frac{1}{S}\right).
\end{aligned}
$$

Hierbei wurde $\mathbb{E}(R) = r$ ausgenutzt. Weiter gilt mit der Substitution $u := t/2$ und der Funktionalgleichung $\Gamma(x+1) = x\Gamma(x)$ für die Gamma-Funktion

$$\mathbb{E}\left(\frac{1}{S}\right) = \frac{1}{2^{s/2}\Gamma(s/2)} \int_0^\infty \frac{1}{t} t^{s/2-1} e^{-t/2} \, dt$$
$$= \frac{2 \cdot 2^{s/2-2}}{2^{s/2}\Gamma(s/2)} \int_0^\infty u^{s/2-1-1} e^{-u} \, du$$
$$= \frac{1}{2\Gamma(s/2)} \Gamma\left(\frac{s}{2}-1\right)$$
$$= \frac{1}{s-2},$$

woraus die Behauptung folgt.

c) Analog zu b) folgt mit $\mathbb{E}(R^2) = \mathbb{V}(R) + \mathbb{E}(R)^2$

$$\mathbb{E}(Q^2) = \frac{s^2}{r^2} \mathbb{E}(R^2) \mathbb{E}\left(\frac{1}{S^2}\right)$$
$$= \frac{s^2}{r^2} (2r + r^2) \mathbb{E}\left(\frac{1}{S^2}\right).$$

Nun ist für $s > 4$

$$\mathbb{E}\left(\frac{1}{S^2}\right) = \frac{1}{2^{s/2}\Gamma(s/2)} \int_0^\infty \frac{1}{t^2} t^{s/2-1} e^{-t/2} \, dt$$
$$= \frac{2 \cdot 2^{s/2-3}}{2^{s/2}\Gamma(s/2)} \int_0^\infty u^{s/2-2-1} e^{-u} \, du$$
$$= \frac{1}{4\Gamma(s/2)} \Gamma\left(\frac{s}{2}-2\right)$$
$$= \frac{1}{(s-2)(s-4)}.$$

Wegen $\mathbb{V}(Q) = \mathbb{E}(Q^2) - \mathbb{E}(Q)^2$ folgt die Behauptung nun mit b) und direkter Rechnung.

7.44 Es sei

$$c_n := n\lambda_0 + \Phi^{-1}(1-\alpha)\sqrt{n\lambda_0}$$

und $S_n := X_1 + \ldots + X_n$ gesetzt. Zunächst gilt für die Gütefunktion g_{φ_n} von φ_n mit dem Zentralen Grenzwertsatz von Lindeberg-Lévy

$$\lim_{n \to \infty} g_{\varphi_n}(\lambda_0) = \lim_{n \to \infty} \mathbb{P}_{\lambda_0}(S_n \geq c_n)$$
$$= \lim_{n \to \infty} \mathbb{P}_{\lambda_0}\left(\frac{S_n - n\lambda_0}{\sqrt{n\lambda_0}} \geq \Phi^{-1}(1-\alpha)\right)$$
$$= 1 - \Phi(\Phi^{-1}(1-\alpha))$$
$$= \alpha.$$

Setzen wir

$$k_n := \lceil c_n \rceil = \min\{k \in \mathbb{N} \mid k \geq c_n\},$$

so gilt mit dem Hinweis für jedes $\lambda \leq \lambda_0$

$$g_{\varphi_n}(\lambda) = \sum_{j=k_n}^\infty e^{-\lambda} \frac{\lambda^j}{j!}$$
$$= \frac{1}{(k_n-1)!} \int_0^\lambda e^{-t} t^{k_n-1} \, dt$$
$$\leq \frac{1}{(k_n-1)!} \int_0^{\lambda_0} e^{-t} t^{k_n-1} \, dt$$
$$= \sum_{j=k_n}^\infty e^{-\lambda_0} \frac{\lambda_0^j}{j!} = g_{\varphi_n}(\lambda_0)$$

und damit für jedes λ mit $\lambda \leq \lambda_0$

$$\limsup_{n \to \infty} g_{\varphi_n}(\lambda) \leq \alpha.$$

Die Testfolge (φ_n) besitzt also das asymptotische Niveau α. Um die Konsistenz der Folge (φ_n) nachzuweisen, sei λ_1 mit $\lambda_1 > \lambda_0$ beliebig gewählt. Sei $\varepsilon > 0$ so gewählt, dass $\lambda_1 - \varepsilon > \lambda_0$. Wegen $\lim_{n \to \infty} c_n/n = \lambda_0$ gibt es ein n_0, sodass für jedes $n \geq n_0$ die Ungleichung $c_n/n < \lambda_1 - \varepsilon$ erfüllt ist. Mit $\overline{X}_n := n^{-1} \sum_{j-1}^n$ gilt für solche n

$$g_{\varphi_n}(\lambda_1) = \mathbb{P}_{\lambda_1}\left(\overline{X}_n \geq \frac{c_n}{n}\right)$$
$$\geq \mathbb{P}_{\lambda_1}\left(\left|\overline{X}_n - \lambda_1\right| < \varepsilon\right).$$

Da die letzte Wahrscheinlichkeit nach dem Gesetz großer Zahlen für $n \to \infty$ gegen eins konvergiert, folgt die Behauptung.

7.45 Verwendet man den ersten, direkt aus der Tschebyschow-Ungleichung folgenden Hinweis, so ergibt sich mit $z_k = (k-\lambda)/\sqrt{\lambda}$

$$1 \geq \sum_{k:|z_k| \leq C} p_\lambda(k) = \mathbb{P}(|X - \lambda| \leq C\sqrt{\lambda}) \geq 1 - \frac{1}{C^2}.$$

Mit (7.63) folgt dann also

$$1 \geq K_\lambda \sqrt{\lambda} \sum_{k:|z_k| \leq C} \frac{1}{\sqrt{\lambda}} \exp\left(-\frac{z_k^2}{2}\right)\left(1 + O\left(\frac{1}{\sqrt{\lambda}}\right)\right)$$
$$\geq 1 - \frac{1}{C^2}.$$

Es gilt (Riemannsche Näherungssumme!)

$$\lim_{\lambda \to \infty} \sum_{k:|z_k| \leq C} \frac{1}{\sqrt{\lambda}} \exp\left(-\frac{z_k^2}{2}\right) = \int_{-C}^C \exp\left(-\frac{z^2}{2}\right) \, dz.$$

Da dieses Integral für $C \to \infty$ gegen $\sqrt{2\pi}$ konvergiert, folgt die Behauptung.

7.46 Es sei A eine $(k \times k)$-Matrix mit $\Sigma^{-1} = A^\top A$. Nach dem Reproduktionsgesetz für die Normalverteilung in Abschn. 5.3 gilt dann

$$Y := A(X - \mu) \sim N_k(0, A\Sigma A^\top).$$

Aus $A^\top A = \Sigma^{-1}$ folgt $A^\top = \Sigma^{-1} A^{-1}$ und somit

$$A\Sigma A^\top = A\Sigma\Sigma^{-1} A^{-1} = I_k.$$

Nach Aufgabe 5.26 sind die Komponenten $Y_1, \ldots, Y_k$ von Y stochastisch unabhängige und je $N(0,1)$-verteilte Zufallsvariablen. Wegen

$$(X - \mu)^\top \Sigma^{-1} (X - \mu) = Y^\top Y = \sum_{j=1}^{k} Y_j^2$$

folgt die Behauptung aus der Definition (Erzeugungsweise) der Chi-Quadrat-Verteilung in Abschn. 5.4.

7.47 Es sei $\vartheta = (p_1, \ldots, p_s) \neq (\pi_1, \ldots, \pi_s) = \vartheta_0$. Damit ist o.B.d.A. $p_1 \neq \pi_1$ sowie

$$T_n = \sum_{j=1}^{s} \frac{(X_j - n\pi_j)^2}{n\pi_j}$$
$$\geq \frac{(X_1 - n\pi_1)^2}{n\pi_1}$$
$$= \frac{n}{\pi_1}\left(\frac{X_1}{n} - \pi_1\right)^2.$$

Wegen $X_1 \sim \text{Bin}(n, p_1)$ unter $\mathbb{P}_\vartheta$ konvergiert X_1/n nach dem Gesetz großer Zahlen $\mathbb{P}_\vartheta$-stochastisch gegen p_1, und somit gilt

$$Y_n := \left(\frac{X_1}{n} - \pi_1\right)^2 \xrightarrow{\mathbb{P}_\vartheta} \delta := (p_1 - \pi_1)^2 > 0.$$

Nach Definition der stochastischen Konvergenz gilt für $\varepsilon := \delta/2$

$$\lim_{n\to\infty} \mathbb{P}_\vartheta(|Y_n - \delta| < \varepsilon) = 1.$$

Da das Ereignis $\{|Y_n - \delta| < \varepsilon\}$ das Ereignis $\{Y_n > \delta/2\}$ und somit das Ereignis $\{T_n > n\delta/(2\pi_1)\}$ zur Folge hat und für hinreichend großes n die Ungleichung

$$\chi^2_{s-1;1-\alpha} \leq \frac{n\delta}{2\pi_1}$$

besteht, folgt

$$\lim_{n\to\infty} \mathbb{E}\varphi_n = \lim_{n\to\infty} \mathbb{P}_\vartheta(T_n \geq \chi^2_{s-1;1-\alpha}) = 1,$$

was zu zeigen war.

7.48 Wir bezeichnen mit $\breve{} := \{\varphi : \mathcal{X} \to [0,1] \mid \varphi \text{ messbar}\}$ die Menge aller Tests für das Zwei-Alternativ-Problem.

a) Für die Tests $\varphi \equiv 1$ und $\psi \equiv 0$ gelten $\alpha(\varphi) = 1$, $\beta(\varphi) = 0$ und $\alpha(\psi) = 0$, $\beta(\psi) = 1$.

b) Zu $\varphi \in \breve{}$ betrachten wir den Test $\psi := 1 - \varphi \in \breve{}$. Für diesen gelten $\alpha(\psi) = \mathbb{E}_{\vartheta_0}(1 - \varphi) = 1 - \alpha(\varphi)$ und analog $\beta(\psi) = 1 - \beta(\varphi)$.

c) Sind $(\alpha_j, \beta_j) \in \mathcal{R}$ und $\delta \in [0, 1]$, so existieren Tests $\varphi_j \in \breve{}$ mit $(\alpha_j, \beta_j) = (\alpha(\varphi_j), \beta(\varphi_j))$, $j = 1, 2$. Für die Konvexkombination $\varphi := \delta\varphi_1 + (1-\delta)\varphi_2$ gilt $\varphi \in \breve{}$ und

$$\alpha(\varphi) = \mathbb{E}_{\vartheta_0}(\delta\varphi_1 + (1-\delta)\varphi_2) = \delta\mathbb{E}_{\vartheta_0}\varphi_1 + (1-\delta)\mathbb{E}_{\vartheta_0}\varphi_2$$
$$= \delta\alpha_1 + (1-\delta)\alpha_2$$

und analog $\beta(\varphi) = \delta\beta_1 + (1-\delta)\beta_2$. Folglich gehört der Punkt $\delta(\alpha_1, \beta_1) + (1-\delta)(\alpha_2, \beta_2)$ zu $\mathcal{R}$.

7.49 Die σ-Subadditivität von $\mathbb{P}$ liefert zunächst

$$\mathbb{P}\left(\bigcup_{1 \leq i < j < \infty} \{X_i = X_j\}\right) \leq \sum_{1 \leq i < j < \infty} \mathbb{P}(X_i = X_j).$$

Wendet man den Satz von Tonelli mit $\Omega_1 = \Omega_2 = \mathbb{R}$, $\mathcal{A}_1 = \mathcal{A}_2 = \mathcal{B}$ und $\mu_1 = \mathbb{P}^{X_i}$ sowie $\mu_2 = \mathbb{P}^{X_j}$ und $f = \mathbb{1}_\Delta$ mit $\Delta = \{(x, y) \in \mathbb{R}^2 \mid x = y\}$ an, so folgt

$$\mathbb{P}(X_i = X_j) = \int_{\mathbb{R}^2} \mathbb{1}_\Delta \, \mathbb{P}^{X_i}(dx)\mathbb{P}^{X_j}(dy)$$
$$= \int_{-\infty}^{\infty} \left(\int_{\{x\}} \mathbb{P}^{X_j}(dy)\right) \mathbb{P}^{X_i}(dx)$$
$$= \int_{-\infty}^{\infty} \mathbb{P}(X_j = x) \, \mathbb{P}^{X_i}(dx)$$
$$= 0,$$

da aufgrund der Stetigkeit von F_j $\mathbb{P}(X_j = x) = 0$ gilt.

7.50 Nach Aufgabe 7.13 gilt

$$\mathbb{P}\left(X_{r_n:n} \leq Q_p < X_{s_n:n}\right) = \sum_{j=r_n}^{s_n-1} \binom{n}{j} p^j (1-p)^{n-j}$$
$$= \mathbb{P}(r_n \leq S_n \leq s_n - 1),$$

wobei S_n eine Zufallsvariable mit der Binomialverteilung $\text{Bin}(n, p)$ bezeichnet. Nach Standardisierung gilt also

$$\mathbb{P}\left(X_{r_n:n} \leq Q_p < X_{s_n:n}\right) = \mathbb{P}\left(a_n \leq \frac{S_n - np}{\sqrt{np(1-p)}} \leq b_n\right),$$

wobei

$$a_n := \frac{r_n - np}{\sqrt{np(1-p)}}, \quad b_n := \frac{s_n - 1 - np}{\sqrt{np(1-p)}}.$$

Wegen

$$\lim_{n \to \infty} a_n = -h_\alpha, \quad \lim_{n \to \infty} b_n = h_\alpha$$

liefern der Zentrale Grenzwertsatz von de Moivre-Laplace und Aufgabe 6.12

$$\lim_{n \to \infty} \mathbb{P}\left(X_{r_n:n} \leq Q_p < X_{s_n:n}\right) = \Phi(h_\alpha) - \Phi(-h_\alpha)$$
$$= 2\Phi(h_\alpha) - 1$$
$$= 2\left(1 - \frac{\alpha}{2}\right) - 1$$
$$= 1 - \alpha.$$

Wegen $\mathbb{P}(Q_p = X_{s_n:n}) = 0$ kann zu Beginn dieser Gleichungskette das Kleiner-Zeichen auch durch das Kleiner-gleich-Zeichen ersetzt werden, sodass die Behauptung folgt.

7.51 a) Die Verteilungsfunktion F_s ist auf $\mathbb{R}$ differenzierbar, mit der Ableitung (Dichte)

$$f_s(t) = \frac{1}{\sqrt{\pi s}} \frac{\Gamma\left(\frac{s+1}{2}\right)}{\Gamma\left(\frac{s}{2}\right)} \left(1 + \frac{(t-a)^2}{s}\right)^{-(s+1)/2}.$$

Da die Dichte symmetrisch um a ist, ist a der Median von X. Die Ableitung $F_s'(Q_{1/2})$ ist also durch

$$F_s'(Q_{1/2}) = f_s(a) = \frac{\Gamma\left(\frac{s+1}{2}\right)}{\sqrt{\pi s} \, \Gamma\left(\frac{s}{2}\right)}$$

gegeben. Da die Varianz $\sigma_{F_s}^2$ nach Aufgabe 7.27 b) gleich $s/(s-2)$ ist, ergibt sich

$$\mathrm{ARE}_{F_s}(Q_{n,1/2}, \overline{X}_n) = 4 F_s'(a)^2 \sigma_{F_s}^2$$
$$= \frac{4\Gamma^2\left(\frac{s+1}{2}\right)}{(s-2)\pi \, \Gamma^2\left(\frac{s}{2}\right)},$$

was zu zeigen war.
b) Für die Fälle $s = 3$, $s = 4$ und $s = 5$ folgt unter Verwendung von $\Gamma(x+1) = x\Gamma(x)$ und $\Gamma(1/2) = \sqrt{\pi}$

$$\mathrm{ARE}_{F_3}(Q_{n,1/2}, \overline{X}_n) = \frac{16}{\pi^2} = 1.6211 \ldots$$
$$\mathrm{ARE}_{F_4}(Q_{n,1/2}, \overline{X}_n) = \frac{9}{8} = 1.125,$$
$$\mathrm{ARE}_{F_5}(Q_{n,1/2}, \overline{X}_n) = \frac{256}{27\pi^2} = 0.9606 \ldots$$

Für den Fall $s \geq 6$ verwenden wir die im Hinweis angegebene Ungleichung

$$\Gamma\left(x + \frac{1}{2}\right) \leq \sqrt{x} \, \Gamma(x), \quad x > 0,$$

die mit $f(t) := \mathrm{e}^{-t/2} t^{x/2}$, $g(t) := \mathrm{e}^{-t/2} t^{x/2-1/2}$ aus der Cauchy-Schwarzschen Ungleichung

$$\int_0^\infty f(t)g(t)\mathrm{d}t \leq \left(\int_0^\infty f(t)^2 \mathrm{d}t\right)^{1/2} \left(\int_0^\infty g(t)^2 \mathrm{d}t\right)^{1/2}$$

folgt. Hiermit ergibt sich

$$\mathrm{ARE}_{F_s}(Q_{n,1/2}, \overline{X}_n) \leq \frac{4\frac{s}{2}\Gamma^2\left(\frac{s}{2}\right)}{(s-2)\pi \, \Gamma^2\left(\frac{s}{2}\right)}$$
$$= \frac{2s}{(s-2)\pi}$$
$$< 1, \text{ falls } s \geq 6,$$

und damit insbesondere

$$\limsup_{s \to \infty} \mathrm{ARE}_{F_s}(Q_{n,1/2}, \overline{X}_n) \leq \frac{2}{\pi}.$$

Andererseits gilt

$$\Gamma\left(\frac{s+1}{2}\right) = \Gamma\left(\frac{s-1}{2} + 1\right)$$
$$= \frac{s-1}{2} \Gamma\left(\frac{s-1}{2}\right).$$

Mit der obigen Ungleichung ergibt sich

$$\Gamma\left(\frac{s-1}{2}\right) \geq \frac{1}{\sqrt{(s-1)/2}} \Gamma\left(\frac{s}{2}\right),$$

und man erhält

$$\mathrm{ARE}_{F_s}(Q_{n,1/2}, \overline{X}_n) \geq \frac{2(s-1)}{(s-2)\pi},$$

also insbesondere

$$\liminf_{s \to \infty} \mathrm{ARE}_{F_s}(Q_{n,1/2}, \overline{X}_n) \geq \frac{2}{\pi}.$$

Zusammen mit der Abschätzung nach oben folgt die behauptete Grenzwertaussage

$$\lim_{s \to \infty} \mathrm{ARE}_{F_s}(Q_{n,1/2}, \overline{X}_n) = \frac{2}{\pi}.$$

7.52 Wir setzen kurz $k := m + n$ sowie $R_i := r(X_i)$ für $i = 1, \ldots, m$. Da aus Symmetriegründen jedes R_i die gleiche Verteilung besitzt und auch die Paare (R_i, R_j) für jede Wahl von i und j mit $i \neq j$ identisch verteilt sind, folgt wegen $W_{m,n} = \sum_{i=1}^m R_i$ nach den Rechenregeln für Erwartungswert und Varianz

$$\mathbb{E}(W_{m,n}) = m \, \mathbb{E}(R_1),$$
$$\mathbb{V}(W_{m,n}) = m \, \mathbb{V}(R_1) + m(m-1) \, \mathrm{Cov}(R_1, R_2).$$

Mit dem Hinweis folgt, dass R_1 auf den Werten $1, 2, \ldots, k$ gleichverteilt ist. Damit ergibt sich

$$\mathbb{E}(R_1) = \frac{k+1}{2}, \qquad \mathbb{V}(R_1) = \frac{k^2 - 1}{12},$$

(vgl. (4.17)), woraus unmittelbar Aussage a) folgt.

Aussage b) ergibt sich am einfachsten, wenn man zu den oben eingeführten Zufallsvariablen $R_1, \ldots, R_m$ die Rangzahlen $R_{m+j} := r(Y_j)$, $j = 1, \ldots, n$, hinzunimmt. Wegen

$$\sum_{j=1}^{k} R_j = \sum_{j=1}^{k} j = \frac{k(k+1)}{2}$$

gilt dann $\mathbb{V}(\sum_{j=1}^{k} R_j) = 0$. Andererseits ist mit Rechenregeln für die Varianz

$$\mathbb{V}\left(\sum_{j=1}^{k} R_j\right) = k\,\mathbb{V}(R_1) + k(k-1)\,\mathrm{Cov}(R_1, R_2)$$

und somit

$$\mathrm{Cov}(R_1, R_2) = -\frac{\mathbb{V}(R_1)}{k-1}.$$

Mit dem oben angegebenen Ausdruck für $\mathbb{V}(R_1)$ folgt dann b) durch Einsetzen.

Alternativ (aber umständlicher) kann man $\mathrm{Cov}(R_1, R_2)$ über die gemeinsame Verteilung von R_1 und R_2 berechnen. Letztere ist die Gleichverteilung auf den Paaren (i, j) mit $i, j \in \{1, \ldots, k\}$ und $i \neq j$. Es folgt

$$\mathbb{E}(R_1 R_2) = \sum_{i \neq j} i\, j\, \mathbb{P}(R_1 = i, R_2 = j) = \frac{1}{k(k-1)} \sum_{i \neq j} i\, j$$

$$= \frac{1}{k(k-1)} \sum_{i=1}^{k} i \left(\sum_{j: j \neq i} j \right)$$

$$= \frac{1}{k(k-1)} \sum_{i=1}^{k} i \left(\frac{k(k+1)}{2} - i \right)$$

$$= \frac{1}{k(k-1)} \left(\frac{k^2(k+1)^2}{4} - \sum_{i=1}^{k} i^2 \right)$$

$$= \frac{1}{k(k-1)} \left(\frac{k^2(k+1)^2}{4} - \frac{k(k+1)(2k+1)}{6} \right)$$

$$= \frac{(k+1)(3k+2)}{12}$$

und damit

$$\mathrm{Cov}(R_1, R_2) = \mathbb{E}(R_1 R_2) - \mathbb{E}R_1 \cdot \mathbb{E}R_2$$

$$= \frac{(k+1)(3k+2)}{12} - \frac{k^2(k+1)^2}{4} = -\frac{k+1}{12}.$$

Hiermit ergibt sich b) durch direkte Rechnung.

Kapitel 8: Grundzüge der Maß- und Integrationstheorie – vom Messen und Mitteln

Aufgaben

Verständnisfragen

8.1 • Zeigen Sie im Falle des Grundraums $\Omega = \{1, 2, 3\}$, dass die Vereinigung von σ-Algebren i. Allg. keine σ-Algebra ist.

8.2 • Es seien Ω eine unendliche Menge und die Funktion $\mu^* : \mathcal{P}(\Omega) \to [0, \infty]$ durch $\mu^*(A) := 0$, falls A endlich, und $\mu^*(A) := \infty$ sonst definiert. Ist μ^* ein äußeres Maß?

8.3 • Es sei $G : \mathbb{R} \to \mathbb{R}$ eine maßdefinierende Funktion mit zugehörigem Maß μ_G. Für $x \in \mathbb{R}$ bezeichne $G(x-) := \lim_{y \uparrow x, y < x} G(y)$ den linksseitigen Grenzwert von G an der Stelle x. Wegen der Monotonie von G ist dabei $\lim_{n \to \infty} G(y_n)$ nicht von der speziellen Folge (y_n) mit $y_n \leq y_{n+1}$, $n \in \mathbb{N}$, und $y_n \to x$ abhängig, was die verwendete Kurzschreibweise rechtfertigt. Zeigen Sie: Es gilt

$$G(x) - G(x-) = \mu_G(\{x\}), \quad x \in \mathbb{R}.$$

8.4 • Zeigen Sie: Jede monotone Funktion $f : \mathbb{R} \to \mathbb{R}$ ist Borel-messbar.

8.5 • Es seien $(\Omega, \mathcal{A})$ ein Messraum und $f : \Omega \to \overline{\mathbb{R}}$ eine numerische Funktion. Zeigen Sie, dass aus der Messbarkeit von $|f|$ i. Allg. nicht die Messbarkeit von f folgt.

8.6 • Zeigen Sie, dass das System $\overline{\mathcal{I}} := \{[-\infty, c] \,|\, c \in \mathbb{R}\}$ einen Erzeuger der σ-Algebra $\overline{\mathcal{B}}$ über $\overline{\mathbb{R}}$ bildet.

8.7 • Es sei μ ein Inhalt auf einer σ-Algebra $\mathcal{A} \subseteq \mathcal{P}(\Omega)$. Zeigen Sie: Ist μ stetig von unten, so ist μ σ-additiv und somit ein Maß.

8.8 •• Es seien $(\Omega, \mathcal{A}, \mu)$ ein Maßraum, $(\Omega', \mathcal{A}')$ ein Messraum und $f : \Omega \to \Omega'$ eine $(\mathcal{A}, \mathcal{A}')$-messbare Abbildung. Prüfen Sie die Gültigkeit folgender Implikationen:

a) μ ist σ-endlich $\Longrightarrow \mu^f$ ist σ-endlich,
b) μ^f ist σ-endlich $\Longrightarrow \mu$ ist σ-endlich.

8.9 •• Geben Sie Folgen (f_n), (g_n) und (h_n) λ^1-integrierbarer reellwertiger Funktionen auf $\mathbb{R}$ an, die jeweils λ^1-f.ü. gegen null konvergieren, und für die Folgendes gilt:

- $\lim_{n \to \infty} \int f_n \, d\lambda^1 = \infty$,
- $\lim_{n \to \infty} \int g_n \, d\lambda^1 = 1$,
- $\limsup_{n \to \infty} \int h_n \, d\lambda^1 = 1$, $\liminf_{n \to \infty} \int h_n \, d\lambda^1 = -1$.

8.10 • Es seien $(\Omega, \mathcal{A}, \mu)$ ein Maßraum, $(\Omega', \mathcal{A}')$ ein Messraum und $f : \Omega \to \Omega'$ eine $(\mathcal{A}, \mathcal{A}')$-messbare Abbildung. Zeigen Sie: Ist $h : \Omega' \to \overline{\mathbb{R}}$ eine nichtnegative $\mathcal{A}'$-messbare Funktion, so gilt

$$\int_{A'} h \, d\mu^f = \int_{f^{-1}(A')} h \circ f \, d\mu, \quad A' \in \mathcal{A}'.$$

8.11 • Es seien $(\Omega, \mathcal{A}, \mu)$ ein Maßraum sowie $p \in \mathbb{R}$ mit $0 < p \leq 1$. Zeigen Sie: Für messbare numerische Funktionen f und g auf Ω gilt

$$\int |f + g|^p \, d\mu \leq \int |f|^p \, d\mu + \int |g|^p \, d\mu.$$

8.12 •• Es seien Ω eine *überabzählbare* Menge und $\mathcal{A} := \{A \subseteq \Omega \,|\, A$ abzählbar oder A^c abzählbar$\}$ die σ-Algebra der abzählbaren oder co-abzählbaren Mengen. Die Maße ν und μ auf $\mathcal{A}$ seien durch $\nu(A) := 0$, falls A abzählbar und $\nu(A) := \infty$ sonst sowie $\mu(A) := |A|$, falls A endlich und $\mu(A) := \infty$ sonst definiert. Zeigen Sie:

a) $\nu \ll \mu$.
b) ν besitzt keine Dichte bzgl. μ.
c) Warum steht dieses Ergebnis nicht im Widerspruch zum Satz von Radon-Nikodým?

© Springer-Verlag GmbH Deutschland, ein Teil von Springer Nature 2019
N. Henze, *Arbeitsbuch Stochastik*, https://doi.org/10.1007/978-3-662-59722-4_7

8.13 •• Es seien $(\Omega, \mathcal{A})$ ein Messraum und μ, ν Maße auf $\mathcal{A}$. Weisen Sie in Teil a) – c) $\nu \ll \mu$ nach. Geben Sie jeweils eine Radon-Nikodým-Dichte f von ν bzgl. μ an.

a) $(\Omega, \mathcal{A})$ beliebig, μ ein beliebiges Maß auf $\mathcal{A}$, $A_0 \in \mathcal{A}$ fest, $\nu(A) := \mu(A \cap A_0)$, $A \in \mathcal{A}$.

b) $(\Omega, \mathcal{A}) := (\mathbb{N}, \mathcal{P}(\mathbb{N}))$, P und Q beliebige Wahrscheinlichkeitsmaße auf $\mathcal{P}(\mathbb{N})$, $\mu := P + Q$, $\nu := P$.

c) $(\Omega, \mathcal{A})$ beliebig, λ ein σ-endliches Maß auf $\mathcal{A}$, P und Q Wahrscheinlichkeitsmaße auf $\mathcal{A}$ mit Dichten f bzw. g bzgl. λ ($P = f\lambda$, $Q = g\lambda$), $\mu := P + Q$, $\nu := P$.

Rechenaufgaben

8.14 • Zeigen Sie: Das im Beweis des Eindeutigkeitssatzes für Maße in Abschn. 8.3 auftretende Mengensystem $\mathcal{D}_B = \{A \in \mathcal{A} \mid \mu_1(BA) = \mu_2(BA)\}$ ist ein Dynkin-System.

8.15 • Es sei λ^k das Borel-Lebesgue-Maß auf $\mathcal{B}^k$. Zeigen Sie: $\lambda^k(\mathbb{Q}^k) = 0$.

8.16 • Betrachten Sie den Messraum $(\mathbb{N}, \mathcal{P}(\mathbb{N}))$ mit dem Zählmaß μ auf $\mathbb{N}$ sowie die durch $f(1) := f(4) := 4.3$, $f(2) := 1.7$, $f(3) := f(7) := f(9) := 6.1$ sowie $f(n) := 0$ sonst definierte Elementarfunktion auf $\mathbb{N}$. Schreiben Sie f in Normaldarstellung und berechnen Sie $\int f \, \mathrm{d}\mu$.

8.17 •• Es seien $(\Omega, \mathcal{A}, \mu) := (\mathbb{R}_{>0}, \mathcal{B} \cap \mathbb{R}_{>0}, \lambda^1|_{\mathbb{R}_{>0}})$ und $p \in (0, \infty)$. Zeigen Sie: Es existiert eine Funktion $f \in \mathcal{L}^p(\Omega, \mathcal{A}, \mu)$ mit der Eigenschaft $f \notin \mathcal{L}^q(\Omega, \mathcal{A}, \mu)$ für jedes $q \in (0, \infty)$ mit $q \neq p$.

8.18 • Die Funktion $f : \mathbb{R}^2 \to \mathbb{R}$ sei durch

$$f(x, y) := \begin{cases} 1, & \text{falls } x \geq 0, \ x \leq y < x + 1, \\ -1, & \text{falls } x \geq 0, \ x + 1 \leq y < x + 2, \\ 0, & \text{sonst,} \end{cases}$$

definiert. Zeigen Sie:

$$\int \left(\int f(x, y) \lambda^1(\mathrm{d}y) \right) \lambda^1(\mathrm{d}x)$$

$$\neq \int \left(\int f(x, y) \lambda^1(\mathrm{d}x) \right) \lambda^1(\mathrm{d}y).$$

Warum widerspricht dieses Ergebnis nicht dem Satz von Fubini?

Beweisaufgaben

8.19 • Es seien $\mathcal{R} \subseteq \mathcal{P}(\Omega)$ ein Ring sowie $\mathcal{A} := \mathcal{R} \cup \{A^c \mid A \in \mathcal{R}\}$. Zeigen Sie: $\mathcal{A} = \alpha(\mathcal{R})$.

8.20 • Es sei $(\mathcal{A}_n)_{n \geq 1}$ eine wachsende Folge von Algebren über Ω, also $\mathcal{A}_n \subseteq \mathcal{A}_{n+1}$ für $n \geq 1$. Zeigen Sie:

a) $\bigcup_{n=1}^{\infty} \mathcal{A}_n$ ist eine Algebra.

b) Sind $\mathcal{A}_n \subseteq \mathcal{P}(\Omega)$, $n \geq 1$, σ-Algebren mit $\mathcal{A}_n \subset \mathcal{A}_{n+1}$, $n \geq 1$, so ist $\bigcup_{n=1}^{\infty} \mathcal{A}_n$ keine σ-Algebra.

8.21 • Es sei $\mathcal{M} \subseteq \mathcal{P}(\Omega)$ ein beliebiges Mengensystem. Wir setzen $\mathcal{M}_0 := \mathcal{M} \cup \{\emptyset\}$ sowie induktiv $\mathcal{M}_n := \{A \setminus B, A \cup B \mid A, B \in \mathcal{M}_{n-1}\}$, $n \geq 1$. Zeigen Sie: Der von $\mathcal{M}$ erzeugte Ring ist $\rho(\mathcal{M}) = \bigcup_{n=0}^{\infty} \mathcal{M}_n$.

8.22 • Es seien $\mathcal{A}^k$ und $\mathcal{K}^k$ die Systeme der abgeschlossenen bzw. kompakten Teilmengen des $\mathbb{R}^k$. Zeigen Sie: $\sigma(\mathcal{A}^k) = \sigma(\mathcal{K}^k)$.

8.23 • Es seien $\mathcal{I}^k = \{(x, y) \mid x, y \in \mathbb{R}^k, x \leq y\}$ und $\mathcal{J}^k := \{(-\infty, x] \mid x \in \mathbb{R}^k\}$. Zeigen Sie: $\sigma(\mathcal{I}^k) = \sigma(\mathcal{J}^k)$.

8.24 • a) Es sei $\Omega \neq \emptyset$. Geben Sie eine notwendige und hinreichende Bedingung dafür an, dass das Zählmaß μ auf Ω σ-endlich ist.

b) Auf dem Messraum $(\mathbb{R}, \mathcal{B})$ betrachte man das durch $\mu(B) := |B \cap \mathbb{Q}|$, $B \in \mathcal{B}$, definierte Maß. Zeigen Sie, dass μ σ-endlich ist, obwohl jedes offene Intervall das μ-Maß ∞ besitzt.

8.25 • Zeigen Sie: Ist μ ein Inhalt auf einem Ring $\mathcal{R} \subseteq \mathcal{P}(\Omega)$, so gilt für $A, B \in \mathcal{R}$

$$\mu(A \cup B) + \mu(A \cap B) = \mu(A) + \mu(B).$$

8.26 •• Es seien $\Omega := (0, 1]$ und $\mathcal{H}$ der Halbring aller halboffenen Intervalle der Form $(a, b]$ mit $0 \leq a \leq b \leq 1$. Für $(a, b] \in \mathcal{H}$ sei $\mu((a, b]) := b - a$ gesetzt, falls $0 < a$; weiter ist $\mu((0, b]) := \infty$, $0 < b \leq 1$. Zeigen Sie: μ ist ein Inhalt, aber kein Prämaß.

8.27 •• Zeigen Sie: Die im Lemma von Carathéodory in Abschn. 8.3 auftretende σ-Algebra

$$\mathcal{A}(\mu^*) = \{A \subseteq \Omega \mid \mu^*(A \cap E) + \mu^*(A^c \cap E) = \mu^*(E) \quad \forall E \subseteq \Omega\}$$

besitzt folgende Eigenschaft: Ist $A \in \mathcal{A}(\mu^*)$ mit $\mu^*(A) = 0$, und ist $B \subseteq A$, so gilt auch $B \in \mathcal{A}(\mu^*)$ (und damit wegen der Monotonie und Nichtnegativität von μ^* auch $\mu^*(B) = 0$).

8.28 ••• Es seien $(\Omega, \mathcal{A}, \mu)$ ein Maßraum und

$$\mathcal{A}_\mu := \{A \subseteq \Omega \mid \exists E, F \in \mathcal{A} \text{ mit } E \subseteq A \subseteq F, \ \mu(F \setminus E) = 0\}.$$

Die Mengenfunktion $\overline{\mu} : \mathcal{A}_\mu \to [0, \infty]$ sei durch $\overline{\mu}(A) := \sup\{\mu(B) : B \in \mathcal{A}, B \subseteq A\}$ definiert. Zeigen Sie:

a) $\mathcal{A}_\mu$ ist eine σ-Algebra über Ω mit $\mathcal{A} \subseteq \mathcal{A}_\mu$.

b) $\overline{\mu}$ ist ein Maß auf $\mathcal{A}_\mu$ mit $\overline{\mu}|_{\mathcal{A}} = \mu$.

c) Der Maßraum $(\Omega, \mathcal{A}_\mu, \overline{\mu})$ ist vollständig, mit anderen Worten: Sind $A \in \mathcal{A}_\mu$ mit $\overline{\mu}(A) = 0$ und $B \subseteq A$, so folgt $B \in \mathcal{A}_\mu$.

8.29 • Es seien $\Omega, \Omega' \neq \emptyset$ und $f : \Omega \to \Omega'$ eine Abbildung. Zeigen Sie:

a) Ist $\mathcal{A}'$ eine σ-Algebra über Ω', so ist $f^{-1}(\mathcal{A}')$ eine σ-Algebra über Ω.

b) Ist $\mathcal{A}$ eine σ-Algebra über Ω, so ist

$$\mathcal{A}_f := \{A' \subseteq \Omega' \mid f^{-1}(a') \in \mathcal{A}\}$$

eine σ-Algebra über Ω'.

8.30 •• Es seien $(\Omega, \mathcal{A})$ und $(\Omega', \mathcal{A}')$ Messräume sowie $f : \Omega \to \Omega'$ eine Abbildung. Ferner seien $A_1, A_2, \ldots \in \mathcal{A}$ paarweise disjunkt mit $\Omega = \sum_{j=1}^{\infty} A_j$. Für $n \in \mathbb{N}$ bezeichne $\mathcal{A}_n := \mathcal{A} \cap A_n$ die Spur-σ-Algebra von $\mathcal{A}$ in A_n und $f_n := f|_{A_n}$ die Restriktion von f auf A_n. Zeigen Sie:

f ist $(\mathcal{A}, \mathcal{A}')$-messbar $\iff$ f_n ist $(\mathcal{A}_n, \mathcal{A}')$-messbar, $n \geq 1$.

Folgern Sie hieraus, dass eine Funktion $f : \mathbb{R}^k \to \mathbb{R}^s$, die höchstens abzählbar viele Unstetigkeitsstellen besitzt, $(\mathcal{B}^k, \mathcal{B}^s)$-messbar ist.

8.31 •• Es sei $f : \mathbb{R}^k \to \mathbb{R}$ eine beliebige Funktion. Zeigen Sie, dass die Menge der Unstetigkeitsstellen von f eine Borel-Menge ist.

8.32 •• Es seien $\mathcal{H} \subseteq \mathcal{P}(\Omega)$ ein Halbring und $A, A_1, \ldots, A_n \in \mathcal{H}$. Zeigen Sie: Es gibt eine natürliche Zahl k und disjunkte Mengen $C_1, \ldots, C_k$ aus $\mathcal{H}$ mit

$$A \setminus (A_1 \cup \ldots \cup A_n) = A \cap A_1^c \cap \ldots \cap A_n^c = \sum_{j=1}^{k} C_j.$$

8.33 ••• Es sei μ ein Inhalt auf einem Halbring $\mathcal{H} \subseteq \mathcal{P}(\Omega)$. Zeigen Sie:

a) Durch $\nu(A) := \sum_{j=1}^{n} \mu(A_j)$ ($A_1, \ldots, A_n \in \mathcal{H}$ paarweise disjunkt, $A = \sum_{j=1}^{n} A_j$) entsteht ein auf $\mathcal{R} := \rho(\mathcal{H})$ wohldefinierter Inhalt, der μ eindeutig fortsetzt.

b) Mit μ ist auch ν ein Prämaß.

8.34 •• Es sei $(\Omega, \mathcal{A}, \mu)$ ein Maßraum.

a) Zeigen Sie: μ ist genau dann σ-endlich, wenn eine Zerlegung von Ω in abzählbar viele messbare Teilmengen endlichen μ-Maßes existiert.

b) Es sei nun μ σ-endlich, und es gelte $\mu(\Omega) = \infty$. Zeigen Sie, dass es zu jedem K mit $0 < K < \infty$ eine Menge $A \in \mathcal{A}$ mit $K < \mu(A) < \infty$ gibt.

8.35 •• Es sei $(\Omega, \mathcal{A}, \mu)$ ein Maßraum. Zeigen Sie die Äquivalenz der folgenden Aussagen:

a) μ ist σ-endlich,

b) Es existiert eine Borel-messbare Abbildung $h : \Omega \to \mathbb{R}$ mit $h(\omega) > 0$ für jedes $\omega \in \Omega$ und $\int h \, d\mu < \infty$.

8.36 •• Für eine reelle Zahl $\kappa \neq 0$ sei $H_\kappa : \mathbb{R}^k \to \mathbb{R}^k$ die durch $H_\kappa(x) := \kappa \cdot x$, $x \in \mathbb{R}^k$, definierte *zentrische Streckung*.

Zeigen Sie: Für das Bildmaß von λ^k unter H_κ gilt

$$H_\kappa(\lambda^k) = \frac{1}{|\kappa|^k} \cdot \lambda^k.$$

Speziell für $\kappa = -1$ ergibt sich die *Spiegelungsinvarianz* von λ^k.

8.37 •• Es seien $a_1, \ldots, a_k > 0$ und E das Ellipsoid $E := \{x \in \mathbb{R}^k \mid x_1^2/a_1^2 + \ldots + x_k^2/a_k^2 < 1\}$. Zeigen Sie: Es gilt $E \in \mathcal{B}^k$, und es ist

$$\lambda^k(E) = a_1 \cdot \ldots \cdot a_k \cdot \lambda^k(B),$$

wobei $B := \{x \in \mathbb{R}^k \mid \|x\| < 1\}$ die Einheitskugel im $\mathbb{R}^k$ bezeichnet.

8.38 •• Es seien $(\Omega, \mathcal{A}, \mu)$ ein Maßraum und $(A_n)_{n \geq 1}$ eine Folge von Mengen aus $\mathcal{A}$. Für $k \in \mathbb{N}$ sei B_k die Menge aller $\omega \in \Omega$, die in mindestens k der Mengen $A_1, A_2, \ldots$ liegen. Zeigen Sie:

a) $B_k \in \mathcal{A}$,

b) $k \mu(B_k) \leq \sum_{n=1}^{\infty} \mu(A_n)$.

8.39 •• Es seien $(\Omega, \mathcal{A}, \mu)$ ein Maßraum und $f : \Omega \to \mathbb{N}_0 \cup \{\infty\}$ eine messbare Abbildung. Zeigen Sie:

$$\int f \, d\mu = \sum_{n=1}^{\infty} \mu(f \geq n).$$

8.40 •• Es seien $(\Omega, \mathcal{A}, \mu)$ ein Maßraum und $f : \Omega \to \overline{\mathbb{R}}$ eine *nichtnegative* messbare numerische Funktion. Zeigen Sie:

$$\lim_{n \to \infty} n \int \log\left(1 + \frac{f}{n}\right) d\mu = \int f \, d\mu.$$

8.41 •• Es seien $(\Omega, \mathcal{A}, \mu)$ ein *endlicher* Maßraum und $(f_n)_{n \geq 1}$ eine Folge μ-integrierbarer reeller Funktionen auf Ω mit $f := \lim_{n \to \infty} f_n$ *gleichmäßig* auf Ω. Zeigen Sie:

$$\int f \, d\mu = \lim_{n \to \infty} \int f_n \, d\mu.$$

8.42 •• Seien $(\Omega, \mathcal{A}, \mu)$ ein Maßraum und $f, g \in \mathcal{L}^1(\Omega, \mathcal{A}, \mu)$. Zeigen Sie:

$$f \leq g \ \mu\text{-f.ü.} \iff \int_A f \, d\mu \leq \int_A g \, d\mu \ \forall A \in \mathcal{A}.$$

8.43 •• Es seien $(\Omega, \mathcal{A}, \mu)$ ein Maßraum und f, g messbare numerische Funktionen auf Ω. Zeigen Sie:

a) $\|fg\|_1 \leq \|f\|_1 \|g\|_\infty$.

b) Falls $\mu(\Omega) < \infty$, so gilt

$$\|f\|_q \leq \|f\|_p \, \mu(\Omega)^{1/q - 1/p} \quad (1 \leq q < p \leq \infty).$$

(Konsequenz: $\mathcal{L}^p \subseteq \mathcal{L}^q$.)

8.44 •• Es seien $(\Omega, \mathcal{A}, \mu)$ ein Maßraum und $(f_n)_{n \geq 1}$ eine Folge nichtnegativer messbarer numerischer Funktionen auf Ω. Zeigen Sie: Für jedes $p \in [1, \infty]$ gilt

$$\left\| \sum_{n=1}^{\infty} f_n \right\|_p \leq \sum_{n=1}^{\infty} \| f_n \|_p .$$

8.45 •• Es seien $(\Omega, \mathcal{A}, \mu)$ ein Maßraum und $p \in (0, \infty]$. $(f_n)_{n \geq 1}$ sei eine Funktionenfolge aus $\mathcal{L}^p$ mit $\lim_{n \to \infty} f_n = f$ μ-f.ü. für eine reelle messbare Funktion f auf Ω. Es existiere eine messbare numerische Funktion $g \geq 0$ auf Ω mit $\int g^p \, d\mu < \infty$ und $|f_n| \leq g$ μ-f.ü. für jedes $n \geq 1$. Zeigen Sie:

a) $\int |f|^p \, d\mu < \infty$.

b) $\lim_{n \to \infty} \int |f_n - f|^p \, d\mu = 0$ \qquad (d.h. $f_n \xrightarrow{\mathcal{L}^p} f$).

8.46 •• Es seien $(\Omega, \mathcal{A}, \mu)$ ein Maßraum sowie $0 < p < \infty$. Zeigen Sie: Die Menge

$$\mathcal{F} := \Big\{ u := \sum_{k=1}^{n} \alpha_k \mathbb{1}\{A_k\} \,|\, n \in \mathbb{N}, \, A_1, \ldots, A_n \in \mathcal{A},$$

$$\alpha_1, \ldots, \alpha_n \in \mathbb{R}, \, \mu(A_j) < \infty \text{ für } j = 1, \ldots, n \Big\}$$

liegt dicht in $\mathcal{L}^p = \mathcal{L}^p(\Omega, \mathcal{A}, \mu)$, d.h., zu jedem $f \in \mathcal{L}^p$ und jedem $\varepsilon > 0$ gibt es ein $u \in \mathcal{F}$ mit $\| f - u \|_p < \varepsilon$.

8.47 ••• Für $A \subseteq \mathbb{N}$ sei $d_n(A) := n^{-1} |A \cap \{1, \ldots, n\}|$ sowie

$$C := \{A \subseteq \mathbb{N} \,|\, d(A) := \lim_{n \to \infty} d_n(A) \text{ existiert}\}.$$

Die Größe $d(A)$ heißt *Dichte von A*. Zeigen Sie:

a) Die Mengenfunktion $d : C \to [0, 1]$ ist endlich-additiv, aber nicht σ-additiv.

b) C ist nicht $\cap$-stabil.

c) Ist C ein Dynkin-System?

8.48 ••• Es seien $\mathcal{O}^k$, $\mathcal{A}^k$ und $\mathcal{K}^k$ die Systeme der offenen bzw. abgeschlossenen bzw. kompakten Teilmengen des $\mathbb{R}^k$. Beweisen Sie folgende *Regularitätseigenschaft* eines *endlichen* Maßes μ auf $\mathcal{B}^k$:

a) Zu jedem $B \in \mathcal{B}^k$ und zu jedem $\varepsilon > 0$ gibt es ein $O \in \mathcal{O}^k$ und ein $A \in \mathcal{A}^k$ mit der Eigenschaft $\mu(O \setminus A) < \varepsilon$.

b) Es gilt $\mu(B) = \sup\{\mu(K) \,|\, K \subseteq B, \, K \in \mathcal{K}^k\}$.

8.49 ••• Es seien $(\Omega_j, \mathcal{A}_j)$ Messräume und $\mathcal{M}_j \subseteq \mathcal{A}_j$ mit $\sigma(\mathcal{M}_j) = \mathcal{A}_j$ $(j = 1, \ldots, n)$. In $\mathcal{M}_j$ existiere eine Folge $(M_{jk})_{k \geq 1}$ mit $M_{jk} \uparrow \Omega_j$ bei $k \to \infty$. $\pi_j : \Omega_1 \times \cdots \times \Omega_n \to \Omega_j$ bezeichne die j-te Projektionsabbildung und

$$\mathcal{M}_1 \times \cdots \times \mathcal{M}_n := \{M_1 \times \cdots \times M_n \,|\, M_j \in \mathcal{M}_j, j = 1, \ldots, n\}$$

das System aller „messbaren Rechtecke mit Seiten aus $\mathcal{M}_1, \ldots, \mathcal{M}_n$". Zeigen Sie:

a) $\mathcal{M}_1 \times \cdots \times \mathcal{M}_n \subseteq \sigma \left(\bigcup_{j=1}^{n} \pi_j^{-1}(\mathcal{M}_j) \right)$,

b) $\bigcup_{j=1}^{n} \pi_j^{-1}(\mathcal{M}_j) \subseteq \sigma(\mathcal{M}_1 \times \cdots \times \mathcal{M}_n)$,

c) $\bigotimes_{j=1}^{n} \mathcal{A}_j = \sigma(\mathcal{M}_1 \times \cdots \times \mathcal{M}_n)$.

8.50 ••• Es seien μ und ν Maße auf einer σ-Algebra $\mathcal{A} \subseteq \mathcal{P}(\Omega)$ mit $\nu(\Omega) < \infty$. Beweisen Sie folgendes ε-δ-Kriterium für absolute Stetigkeit:

$$\nu \ll \mu \iff \forall \varepsilon > 0 \, \exists \delta > 0 \, \forall A \in \mathcal{A} : \mu(A) \leq \delta \Rightarrow \nu(A) \leq \varepsilon.$$

8.51 •• Es seien μ und ν Maße auf einer σ-Algebra $\mathcal{A}$ über Ω mit $\nu(A) \leq \mu(A)$, $A \in \mathcal{A}$. Weiter sei μ σ-endlich. Zeigen Sie: Es existiert eine $\mathcal{A}$-messbare Funktion $f : \Omega \to \mathbb{R}$ mit $0 \leq f(\omega) \leq 1$ für jedes $\omega \in \Omega$.

Hinweise

Verständnisfragen

8.1 –

8.2 –

8.3 Es ist $(-\infty, x] = (-\infty, x) + \{x\}$.

8.4 –

8.5 –

8.6 Bezeichnen $\sigma(\mathcal{M})$ bzw. $\overline{\sigma}(\mathcal{M})$ die von $\mathcal{M} \subseteq \mathcal{P}(\mathbb{R})$ bzw. $\mathcal{M} \subseteq \mathcal{P}(\overline{\mathbb{R}})$ über $\mathbb{R}$ bzw. über $\overline{\mathbb{R}}$ erzeugte σ-Algebra, so gilt im Fall $\mathcal{M} \subseteq \mathcal{P}(\mathbb{R})$ die Inklusionsbeziehung $\sigma(\mathcal{M}) \subseteq \overline{\sigma}(\mathcal{M})$.

8.7 –

8.8 –

8.9 –

8.10 –

8.11 Für festes $a > 0$ ist die durch $h(x) := a^p + x^p - (a + x)^p$ definierte Funktion $h : \mathbb{R}_{\geq 0} \to \mathbb{R}$ monoton wachsend.

8.12 –

8.13 –

Rechenaufgaben

8.14 –

8.15 Es gilt $\varepsilon = \sum_{n=1}^{\infty} \varepsilon/2^n$.

8.16 –

8.17 Betrachten Sie die Funktion $g(x) = x^{-1} \cdot (1 + |\log(x)|)^{-2}$.

8.18 –

Beweisaufgaben

8.19 –

8.20 In b) ist bei „$\subset$" echte Inklusion gemeint.

8.21 –

8.22 Jede abgeschlossene Menge ist die abzählbare Vereinigung kompakter Mengen.

8.23 –

8.24 Für b) beachte man $\mu(\mathbb{R} \setminus \mathbb{Q}) = 0$.

8.25 –

8.26 –

8.27 –

8.28 –

8.29 –

8.30 –

8.31 Betrachten Sie zu einer beliebigen Norm $\|\cdot\|$ auf $\mathbb{R}^k$ und beliebiges $\varepsilon > 0$ und $\delta > 0$ die (offene!) Menge $O_{\varepsilon,\delta} := \{x \in \mathbb{R}^k \mid \exists y, z \in \mathbb{R}^k$ mit $\|x - y\| < \delta, \|x - z\| < \delta$ und $|f(y) - f(z)| \geq \varepsilon\}$.

8.32 Vollständige Induktion!

8.33 Beachten Sie den Satz über den von einem Halbring erzeugten Ring am Ende von Abschn. 8.2.

8.34 –

8.35 Für die Richtung b) $\Rightarrow$ a) betrachte man die Mengen $\{h \geq 1/n\}$. Für die andere Richtung hilft Teil a) der vorigen Aufgabe.

8.36 Wie wirken beide Seiten der obigen Gleichung auf eine Menge $(a, b] \in \mathcal{I}^k$?

8.37 –

8.38 –

8.39 –

8.40 Die durch $a_n := (1 + x/n)^n$, $x \in [0, \infty]$, definierte Folge $(a_n)_{n \geq 1}$ ist monoton wachsend.

8.41 –

8.42 –

8.43 –

8.44 –

8.45 Benutzen Sie den Satz von der dominierten Konvergenz.

8.46 Es kann o.B.d.A. $f \geq 0$ angenommen werden.

8.47 Um b) zu zeigen, setzen Sie $A := G$, $B := \bigcup_{k=1}^{\infty} \left([2^{2k}, 2^{2k+1}] \cap G \cup [2^{2k-1}, 2^{2k}] \cap U \right)$, wobei G die Menge der geraden und U die Menge der ungeraden Zahlen bezeichnen.

8.48 Zeigen Sie zunächst, dass das System $\mathcal{G}$ aller Borel-Mengen, die die in a) angegebene Eigenschaft besitzen, eine σ-Algebra bildet, die das System $\mathcal{A}^k$ enthält. Eine abgeschlossene Menge lässt sich durch eine absteigende Folge offener Mengen approximieren. Beachten Sie noch, dass die Vereinigung von *endlich vielen* abgeschlossenen Mengen abgeschlossen ist.

8.49 Für Teil c) ist (8.19) hilfreich.

8.50 Betrachten Sie zu einer Folge (A_n) mit $\mu(A_n) \leq 2^{-n}$ und $\nu(A_n) > \varepsilon$ die Menge $A := \bigcap_{n=1}^{\infty} \bigcup_{k=n}^{\infty} A_k$.

8.51 Nach dem Satz von Radon-Nikodým hat ν eine Dichte g bzgl. μ. Zeigen Sie: $\mu(\{g > 1\}) = 0$.

Lösungen

Verständnisfragen

8.1 –

8.2 –

8.3 –

8.4 –

8.5 –

8.6 –

8.7 –

8.8 –

8.9 –

8.10 –

8.11 –

8.12 –

8.13 –

Rechenaufgaben

8.14 –

8.15 –

8.16 –

8.17 –

8.18 –

Beweisaufgaben

8.19 –

8.20 –

8.21 –

8.22 –

8.23 –

8.24 a) μ ist σ-endlich $\Longleftrightarrow$ Ω ist abzählbar.

8.25 –

8.26 –

8.27 –

8.28 –

8.29 –

8.30 –

8.31 –

8.32 –

8.33 –

8.34 –

8.35 –

8.36 –

8.37 –

8.38 –

8.39 –

8.40 –

8.41 –

8.42 –

8.43 –

8.44 –

8.45 –

8.46 –

8.47 –

8.48 –

8.49 –

8.50 –

8.51 –

Lösungswege

Verständnisfragen

8.1 Es sei

$$\mathcal{A}_1 := \{\emptyset, \Omega, \{1\}, \{2,3\}\}$$

und

$$\mathcal{A}_2 := \{\emptyset, \Omega, \{2\}, \{1,3\}\}.$$

Dann sind $\mathcal{A}_1$ und $\mathcal{A}_2$ σ-Algebren über Ω. Die Vereinigung

$$\mathcal{A}_1 \cup \mathcal{A}_2 = \{\emptyset, \Omega, \{1\}, \{2\}, \{2,3\}, \{1,3\}\}$$

ist jedoch keine σ-Algebra, da sie nicht $\cup$-stabil ist, denn sie enthält nicht die Vereinigung $\{1,2\}$ der einelementigen Mengen $\{1\}$ und $\{2\}$.

8.2 Nein, denn als unendliche Menge enthält Ω eine abzählbar-unendliche Teilmenge $\Omega_0 := \{\omega_1, \omega_2, \ldots\}$. Es gilt

$$\mu^*(\Omega_0) = \mu^* \left(\sum_{j=1}^{\infty} (\{\omega_j\}) \right) = \infty,$$

aber $\mu^*(\{\omega_j\}) = 0$ für jedes j und somit $\sum_{j=1}^{\infty} \mu^*(\{\omega_j\}) = 0$. Folglich ist μ^* nicht σ-subadditiv.

8.3 Es sei (y_n) eine Folge mit $y_n \leq y_{n+1} < x$, $n \geq 1$, und $\lim_{n \to \infty} y_n = x$. Dann ist $((-\infty, y_n])_{n \geq 1}$ eine aufsteigende Mengenfolge mit $(-\infty, y_n] \uparrow (-\infty, x)$. Da μ_G stetig von unten ist, folgt $G(y_n) = \mu_G((-\infty, y_n]) \uparrow \mu_G((-\infty, x)) = G(x-)$ und somit wegen $(-\infty, x) + \{x\} = (-\infty, x]$ und der Subtraktivität von μ_G die Behauptung.

8.4 Es seien f monoton wachsend und $c \in \mathbb{R}$ beliebig. Mit $a := \sup\{x \in \mathbb{R} \mid f(x) \leq c\}$ gilt $\{f \leq c\} \in \{\emptyset, (-\infty, a), (-\infty, a]\} \subseteq \mathcal{B}$. Der Fall, dass f monoton fällt, folgt analog.

8.5 Ist $\mathcal{A}$ ein echtes Teilsystem der Potenzmenge von Ω, so gibt es eine Menge $A \subseteq \Omega$ mit $A \notin \mathcal{A}$. Definiert man die Funktion f durch $f(\omega) := 1$, falls $\omega \in A$, und $f(\omega) := -1$ sonst, so ist f nicht messbar, da $f^{-1}(\{1\}) = A$ nicht in $\mathcal{A}$ liegt. Als konstante Abbildung ist $|f| \equiv 1$ messbar.

8.6 Wir schicken voraus, dass die im Hinweis formulierte Behauptung eine Konsequenz der Tatsache ist, dass für jede σ-Algebra $\mathcal{A}$ über $\overline{\mathbb{R}}$ deren Spur $\mathcal{A} \cap \mathbb{R}$ eine σ-Algebra über $\mathbb{R}$ ist. Wegen $\overline{\mathcal{I}} \subseteq \overline{\mathcal{B}}$ ist nur die Inklusion

$$\overline{\mathcal{B}} \subseteq \overline{\sigma}(\overline{\mathcal{I}}) \tag{8.78}$$

zu zeigen. Zunächst gilt $\{-\infty\} = \bigcap_{n=1}^{\infty}[-\infty, -n] \in \overline{\sigma}(\overline{\mathcal{I}})$ sowie $\bigcup_{n=1}^{\infty}[-\infty, n] = [-\infty, \infty) \in \overline{\sigma}(\overline{\mathcal{I}})$, also auch $\overline{\mathbb{R}} \setminus [-\infty, \infty) = \{\infty\} \in \overline{\sigma}(\overline{\mathcal{I}})$. Setzen wir $\mathcal{I} := \{(-\infty, c] \mid c \in \mathbb{R}\}$, so ergibt sich hiermit u. a. die Inklusion $\mathcal{I} \subseteq \overline{\sigma}(\overline{\mathcal{I}})$. Zusammen mit dem Satz über die Erzeuger der Borel-Mengen in Abschn. 8.2 sowie dem Hinweis folgt dann

$$\mathcal{B} = \sigma(\mathcal{I}) \subseteq \overline{\sigma}(\mathcal{I}) \subseteq \overline{\sigma}(\overline{\mathcal{I}})$$

und somit wegen $\overline{\mathcal{B}} = \{B \cup E \mid B \in \mathcal{B}, E \subseteq \{-\infty, \infty\}\}$ die Behauptung.

8.7 Es seien $A_1, A_2, \ldots$ paarweise disjunkte Mengen aus $\mathcal{A}$ sowie $A := \sum_{j=1}^{\infty} A_j$. Weiter sei $B_n := \sum_{j=1}^{n} A_j$. Wegen $B_n \uparrow A$ liefern die Stetigkeit von unten und die endliche Additivität von μ wie behauptet

$$\mu(A) = \lim_{n \to \infty} \mu(B_n) = \lim_{n \to \infty} \sum_{j=1}^{n} \mu(A_j) = \sum_{j=1}^{\infty} \mu(A_j).$$

8.8 a) Diese Implikation gilt nicht, wie das Beispiel $(\Omega, \mathcal{A}, \mu) = (\mathbb{R}, \mathcal{B}, \lambda^1)$, $(\Omega', \mathcal{A}') = (\mathbb{N}, \mathcal{P}(\mathbb{N}))$ und die durch $f(x) := 1$, $x \in \mathbb{R}$, definierte Abbildung $f : \mathbb{R} \to \mathbb{N}$ zeigt. Es gilt $\mu^f(A) = 0$ bzw. $\mu^f(A) = \infty$ je nachdem, ob $1 \notin A$ oder $1 \in A$ zutrifft. Das Borel-Lebesgue-Maß λ^1 ist σ-endlich, sein Bildmaß unter f jedoch nicht.

b) Ist μ^f σ-endlich, so gibt es eine Folge $A'_n \uparrow \Omega'$ mit $\mu^f(A'_n) < \infty$, $n \geq 1$. Setzen wir $A_n := f^{-1}(A'_n)$, $n \geq 1$, so ist (A_n) eine Folge von Mengen aus $\mathcal{A}$ mit $A_n \uparrow \Omega$ und $\mu(A_n) = \mu^f(A'_n) < \infty$, $n \geq 1$. Folglich ist μ σ-endlich.

8.9 Setzt man $k_n := \mathbb{1}_{[n, n+1]}$, $n \geq 1$, so gilt $\lim_{n \to \infty} k_n(x) = 0$, $x \in \mathbb{R}$. Die Funktionen $f_n := n \cdot k_n$, $g_n := k_n$ und $h_n := (-1)^n \cdot k_n$, $n \in \mathbb{N}$, leisten das Verlangte; es gilt $\int f_n \, d\lambda^1 = n$, $\int g_n \, d\lambda^1 = 1$, $\int h_{2n} \, d\lambda^1 = 1$ und $\int h_{2n+1} \, d\lambda^1 = -1$.

8.10 Die Behauptung ergibt sich unmittelbar aus Teil a) des Transformationssatzes für Integrale in Abschn. 8.5, wenn man die dort auftretende Funktion h durch $h\mathbb{1}\{A'\}$ ersetzt, denn es gilt $(h\mathbb{1}\{A'\}) \circ f = (h \circ f) \cdot \mathbb{1}\{f^{-1}(A')\}$.

8.11 Die im Hinweis gemachte Aussage bestätigt man durch Differentiation. Es gilt dann für alle $a, b \in [0, \infty]$ die Ungleichung $(a + b)^p \leq a^p + b^p$ und somit $|f(\omega) + g(\omega)|^p \leq |f(\omega)|^p + |g(\omega)|^p$, $\omega \in \Omega$. Integriert man bzgl. μ, so folgt die Behauptung.

8.12 a) Da die leere Menge $\emptyset$ die einzige μ-Nullmenge ist und $\nu(\emptyset) = 0$ gilt, folgt $\nu \ll \mu$.

b) Aus der Existenz einer nichtnegativen $(\mathcal{A}, \overline{\mathcal{B}}^1)$-messbaren Funktion $f : \Omega \to \overline{\mathbb{R}}$ mit $\nu(A) = \int_A f \, d\mu$, $A \in \mathcal{A}$, würde für beliebiges $\omega \in \Omega$

$$0 = \nu(\{\omega\}) = \int_{\{\omega\}} f \, d\mu = f(\omega) \cdot \mu(\{\omega\}) = f(\omega),$$

also $f \equiv 0$ und somit $\nu(\Omega) = \int 0 \, d\mu = 0$ folgen, was ein Widerspruch zu $\nu(\Omega) = \infty$ ist.

c) Das Maß μ ist nicht σ-endlich, denn die Existenz einer aufsteigenden Folge $A_n \uparrow \Omega$ von Mengen aus $\mathcal{A}$ mit $\mu(A_n) < \infty$ zöge die Endlichkeit der Mengen A_n und somit die Abzählbarkeit von Ω nach sich, im Widerspruch zur Voraussetzung!

8.13 a) Mit $\mu(A) = 0$ gilt auch $\nu(A) = \mu(A \cap A_0) = 0$. Somit ist ν absolut stetig bzgl. μ. Wegen

$$\nu(A) = \mu(A \cap A_0) = \int \mathbb{1}_{A \cap A_0} \, d\mu = \int \mathbb{1}_A \mathbb{1}_{A_0} \, d\mu$$

gilt $\nu = \mathbb{1}_{A_0} \mu$.

b) Wegen $P \leq P + Q$ gilt $P \ll P + Q$. Da für eine Dichte f von P bzgl. $P + Q$

$$P(\{n\}) = \int \mathbb{1}_{\{n\}} \, dP = \int \mathbb{1}_{\{n\}} f(\omega) \, (P + Q)(d\omega)$$
$$= f(n) \cdot (P(\{n\}) + Q(\{n\}))$$

gelten muss, setzen wir

$$f(n) := \begin{cases} 0, & \text{falls } P(\{n\}) + Q(\{n\}) = 0, \\ \frac{P(\{n\})}{P(\{n\}) + Q(\{n\})}, & \text{sonst.} \end{cases}$$

Nach Definition von f gilt dann $P(\{n\}) = f(n)(P(\{n\}) + Q(\{n\}))$ für jedes $n \in \mathbb{N}$ und somit

$$P(A) = \sum_{n \in A} P(\{n\}) = \sum_{n \in A} f(n)(P(\{n\}) + Q(\{n\}))$$
$$= \int_A f \, d(P + Q),$$

was zu zeigen war.

c) Wegen $P \leq P + Q$ folgt $P \ll P + Q$. Wir setzen

$$h(\omega) := \begin{cases} 0, & \text{falls } f(\omega) + g(\omega) = 0, \\ \frac{f(\omega)}{f(\omega) + g(\omega)}, & \text{sonst.} \end{cases}$$

Wegen $P = f\lambda$ und $Q = g\lambda$ folgt dann

$$P(A) = \int \mathbb{1}_A \, dP = \int \mathbb{1}_A f \, d\lambda$$
$$= \int_{\{f+g>0\}} \mathbb{1}_A \frac{f}{f+g} \cdot (f+g) \, d\lambda$$
$$= \int \mathbb{1}_A hf \, d\lambda + \int \mathbb{1}_A hg \, d\lambda$$
$$= \int \mathbb{1}_A h \, dP + \int \mathbb{1}_A h \, dQ$$
$$= \int \mathbb{1}_A h \, d(P + Q),$$

$A \in \mathcal{A}$. Somit ist (die messbare nichtnegative Funktion) h eine Dichte von P bzgl. $P + Q$.

Rechenaufgaben

8.14 Offenbar gilt $\Omega \in \mathcal{D}_B$. Sind $D, E \in \mathcal{D}_B$ mit $D \subseteq E$, so gilt $\mu_1(B \cap D) = \mu_2(B \cap D)$ und $\mu_1(B \cap E) = \mu_2(B \cap E)$. Wegen der Subtraktivität von μ_1 und μ_2 (Teil c) des Satzes über Eigenschaften von Maßen in Abschn. 8.3) folgt für $j = 1, 2$

$$\mu_j(B \cap (E \setminus D)) = \mu_j(B \cap E \setminus B \cap D)$$
$$= \mu_j(B \cap E) - \mu_j(B \cap D)$$

und somit $\mu_1(B \cap (E \setminus D)) = \mu_2(B \cap (E \setminus D))$, also $E \setminus D \in \mathcal{D}_B$. Sind schließlich $D_1, D_2, \ldots$ paarweise disjunkte Mengen aus $\mathcal{D}_B$, so ergibt sich aufgrund des Distributivgesetzes und der σ-Additivität von μ_1 und μ_2

$$\mu_1\left(B \cap \left(\sum_{n=1}^{\infty} D_n\right)\right) = \sum_{n=1}^{\infty} \mu_1(B \cap D_n)$$
$$= \sum_{n=1}^{\infty} \mu_2(B \cap D_n)$$
$$= \mu_2\left(B \cap \left(\sum_{n=1}^{\infty} D_n\right)\right)$$

und folglich $\sum_{n=1}^{\infty} D_n \in \mathcal{D}_B$.

8.15 Es seien $\mathbb{Q}^k =: \{q_1, q_2, \ldots\}$ eine Abzählung von $\mathbb{Q}^k$ und $\varepsilon > 0$ beliebig. Setzen wir $I_n := (q_n - \delta_n, q_n + \delta_n]$, wobei $\delta_n := (\eta_n, \eta_n, \ldots, \eta_n)$ und $\eta_n := (\varepsilon/(2^n))^{1/k}/2$, so gilt $\lambda^k(I_n) = (2\eta_n)^k = \varepsilon/2^n$, und wegen $\mathbb{Q}^k \subseteq \bigcup_{n=1}^{\infty} I_n$ liefert die σ-Subadditivität von λ^k

$$\lambda^k(\mathbb{Q}^k) \leq \sum_{n=1}^{\infty} \frac{\varepsilon}{2^n} = \varepsilon.$$

Da ε beliebig war, folgt die Behauptung.

8.16 Mit $A_1 := \{1,4\}$, $A_2 := \{2\}$, $A_3 := \{3,7,9\}$ und $A_4 := \mathbb{N} \setminus (A_1 \cup A_2 \cup A_3)$ ist

$$f = 4.3 \cdot \mathbb{1}\{A_1\} + 1.7 \cdot \mathbb{1}\{A_2\} + 6.1 \cdot \mathbb{1}\{A_3\} + 0 \cdot \mathbb{1}\{A_4\}$$

eine Normaldarstellung von f. Wegen $\mu(A_1) = 2$, $\mu(A_2) = 1$, $\mu(A_3) = 3$, $\mu(A_4) = \infty$ und der Konvention $0 \cdot \infty = 0$ folgt $\int f \, d\mu = 4.3 \cdot 2 + 1.7 \cdot 1 + 6.1 \cdot 3 = 28.6$.

8.17 Wir zeigen

$$g \in \mathcal{L}^p \iff p = 1. \qquad (8.79)$$

Hieraus folgt die Behauptung, denn die Funktion $f := g^{1/p}$ leistet das Verlangte. Um (8.79) nachzuweisen, betrachten wir zunächst den Fall $p = 1$. Wegen $d/dx(1 + \log x)^{-1} = -x(1 + \log x)^{-2}$ folgt

$$\int g \, d\lambda^1|_{\mathbb{R}_{>0}} = \int_0^\infty \frac{dx}{x(1 + |\log x|)^2}$$
$$= \int_0^1 \frac{dx}{x(1 - \log x)^2} + \int_1^\infty \frac{dx}{x(1 + \log x)^2}$$
$$= \frac{1}{1 - \log x}\Big|_0^1 + \frac{1}{1 + \log x}\Big|_1^\infty = 2$$

und somit $g \in \mathcal{L}^1$. Im Fall $p < 1$ gibt es zu jedem $k \in \mathbb{N}$ ein x_k, sodass $1 + \log x \leq x^{1/k}$ und folglich

$$\frac{1}{x^p(1 + \log x)^{2p}} \geq \frac{1}{x^{p(1+2/k)}}$$

für jedes $x \geq x_k$. Ist dann $k_0 \in \mathbb{N}$ mit $p(1 + 2/k_0) \leq 1$, so folgt

$$\int_1^\infty g(x)\,dx \geq \int_{\min(1,x_{k_0})}^\infty \frac{dx}{x^{p(1+2/k_0)}} = \infty$$

und somit $g \notin \mathcal{L}^p$. Ist $p > 1$, so gibt es zu jedem $k \in \mathbb{N}$ ein x_k, sodass $1 - \log x \leq x^{-1/k}$ und somit

$$\frac{1}{x^p(1 - \log x)^{2p}} \geq \frac{1}{x^{p(1-2/k)}}$$

für jedes $x \leq x_k$. Wählt man jetzt $k_0 \in \mathbb{N}$, sodass $p(1 - 2/k_0) \geq 1$, so ergibt sich

$$\int_0^1 g(x)\,dx \geq \int_0^{\max(1,x_{k_0})} \frac{dx}{x^{p(1-2/k_0)}} = \infty$$

und somit $g \notin \mathcal{L}^p$.

8.18 Es gilt $\int f(x,y)\lambda^1(dy) = 0$ für jedes x, und somit verschwindet das links stehende Integral. Andererseits gilt

$$\int f(x,y)\lambda^1(dx) = \begin{cases} y, & \text{falls } 0 \leq y \leq 1, \\ 2 - y, & \text{falls } 1 \leq y \leq 2, \\ 0, & \text{sonst,} \end{cases}$$

und somit ist das rechts stehende Integral gleich 1. Dieses Ergebnis widerspricht nicht dem Satz von Fubini, da $\int |f| \, d\lambda^2 = \infty$ gilt und somit f nicht bzgl. des Produktmaßes $\lambda^1 \otimes \lambda^1$ integrierbar ist.

Beweisaufgaben

8.19 Da $\alpha(\mathcal{R})$ eine Algebra ist, die $\mathcal{R}$ umfasst, muss sie als „komplementstabiles Mengensystem" auch $\mathcal{A}$ enthalten, was $\mathcal{A} \subseteq \alpha(\mathcal{R})$ impliziert. Könnten wir zeigen, dass $\mathcal{A}$ eine Algebra ist, wären wir fertig, denn wegen $\mathcal{A} \supseteq \mathcal{R}$ wäre dann auch $\mathcal{A} \supseteq \alpha(\mathcal{R})$.

Zunächst gilt $\emptyset \in \mathcal{A}$, und nach Konstruktion enthält $\mathcal{A}$ mit jeder Menge auch deren Komplement. Wir zeigen, dass $\mathcal{A}$ $\cap$-stabil ist. Dann würden mit $A, B \in \mathcal{A}$ auch $A \setminus B = A \cap B^c$ und $A \cup B = (A^c \cap B^c)^c$ in $\mathcal{A}$ liegen, womit $\mathcal{A}$ als Algebra nachgewiesen wäre.

Sind $A, B \in \mathcal{A}$, so unterscheiden wir die Fälle, dass beide Mengen in $\mathcal{R}$ liegen, dass genau eine in $\mathcal{R}$ liegt und die andere das Komplement einer Menge aus $\mathcal{R}$ ist oder dass beide Mengen Komplemente von Mengen aus $\mathcal{R}$ sind. Im ersten Fall gilt $A \cap B \in \mathcal{R} \subseteq \mathcal{A}$, im zweiten sei o.B.d.A. $A \in \mathcal{R}$ und $B = D^c$ mit $D \in \mathcal{R}$, dann gilt $A \cap B = A \setminus D \in \mathcal{R}$, und im letzten Fall gilt $A = E^c$, $B = D^c$ mit $D, E \in \mathcal{R}$, woraus $A \cap B = (E \cup D)^c \in \mathcal{A}$ folgt, denn es gilt $E \cup D \in \mathcal{R}$.

8.20 a) Sei $\mathcal{A} := \bigcup_{n=1}^\infty \mathcal{A}_n$. Wegen $\{\emptyset, \Omega\} \subseteq \mathcal{A}_1$ gilt $\{\emptyset, \Omega\} \subseteq \mathcal{A}$. Ist $A \in \mathcal{A}$, so gilt $A \in \mathcal{A}_n$ für ein n und somit auch $A^c \in \mathcal{A}_n$, also $A^c \in \mathcal{A}$. Gilt $A, B \in \mathcal{A}$, so gibt es ein m und ein n mit $A \in \mathcal{A}_m$ und $B \in \mathcal{A}_n$. Mit $k := \max(m,n)$ folgt dann $A, B \in \mathcal{A}_k$ und somit – da $\mathcal{A}_k$ eine Algebra ist – $A \setminus B \in \mathcal{A}_k \subseteq \mathcal{A}$ sowie $A \cup B \in \mathcal{A}_k \subseteq \mathcal{A}$, was zu zeigen war.

b) Es sei $\mathcal{A}$ wie in a). Wegen der echten Inklusion $\mathcal{A}_n \subset \mathcal{A}_{n+1}$ gibt es zu jedem $n \geq 1$ eine Menge $A_n \in \mathcal{A}_{n+1} \setminus \mathcal{A}_n$. Wäre $\mathcal{A}$ eine σ-Algebra, müsste $A := \bigcup_{n=1}^\infty A_n \in \mathcal{A}$ gelten. Dann wäre aber $A_k = A \setminus (\bigcup_{n \neq k} A_n) \in \mathcal{A}_k$, im Widerspruch zur Annahme $A_k \in \mathcal{A}_{k+1} \setminus \mathcal{A}_k$.

8.21 Sei

$$\mathcal{R} := \bigcup_{n=0}^\infty \mathcal{M}_n.$$

Wir zeigen zunächst, dass $\mathcal{R}$ ein Ring ist. Wegen $\mathcal{R} \supseteq \mathcal{M}$ folgt dann $\mathcal{R} \supseteq \rho(\mathcal{M})$. Wegen $\emptyset \in \mathcal{M}_0$ gilt $\emptyset \in \mathcal{R}$. Sind $A, B \in \mathcal{R}$, so gibt es wegen $\mathcal{M}_{n-1} \subseteq \mathcal{M}_n$, $n \geq 1$, ein $n \geq 1$ mit $A, B \in \mathcal{M}_{n-1}$. Nach Definition von $\mathcal{M}_n$ liegen dann $A \cup B$ und $A \setminus B$ in $\mathcal{M}_n$ und somit in $\mathcal{R}$, was zu zeigen war. Für die Inklusion $\rho(\mathcal{M}) \supseteq \mathcal{R}$ beachte man, dass $\rho(\mathcal{M})$ als Ring, der $\mathcal{M}$ enthält, auch $\mathcal{M}_0$ und (induktiv!) mit $\mathcal{M}_{n-1}$ auch $\mathcal{M}_n$ enthalten muss. Folglich gilt $\rho(\mathcal{M}) \supseteq \mathcal{R}$.

8.22 Da jede kompakte Menge abgeschlossen ist, gilt $\mathcal{K}^k \subseteq \mathcal{A}^k$ und somit $\sigma(\mathcal{K}^k) \subseteq \sigma(\mathcal{A}^k)$. Ist A eine beliebige abgeschlossene Menge und $B_n := [-n, n]^k$, $n \geq 1$, so ist $A \cap B_n$ eine abgeschlossene und beschränkte, also kompakte Menge, und wegen $A = \bigcup_{n=1}^{\infty} A \cap B_n$ gilt $A \in \sigma(\mathcal{K}^k)$, also $\mathcal{A}^k \subseteq \sigma(\mathcal{K}^k)$ und somit $\sigma(\mathcal{A}^k) \subseteq \sigma(\mathcal{K}^k)$.

8.23 Es sei $e_n := (-n, \ldots, -n) \in \mathbb{R}^k$, $n \geq 1$. Wegen $(-\infty, x] = \bigcup_{n=1}^{\infty} (e_n, x]$ gilt $\mathcal{J}^k \subseteq \sigma(\mathcal{I}^k)$ und somit $\sigma(\mathcal{J}^k) \subseteq \sigma(\mathcal{I}^k)$. Zum Nachweis der umgekehrten Inklusion seien $x = (x_1, \ldots, x_k)$, $y = (y_1, \ldots, y_k) \in \mathbb{R}^k$ mit $x < y$. Für $j = 1, \ldots, k$ bezeichne $z_j \in \mathbb{R}^k$ den Vektor, der bis auf die mit x_j besetzte j-te Komponente mit y übereinstimmt, also $z_1 = (x_1, y_2, \ldots, y_k)$ usw. Wegen

$$(x, y] = (-\infty, y] \setminus \left(\bigcup_{j=1}^{k} (-\infty, z_j] \right)$$

gilt $(x, y] \in \sigma(\mathcal{J}^k)$ und somit $\mathcal{I}^k \subseteq \sigma(\mathcal{J}^k)$, was zu zeigen war.

8.24 Ist μ σ-endlich, so gibt es eine aufsteigende Folge $A_n \uparrow \Omega$ von Teilmengen von Ω mit $\mu(A_n) < \infty$, $n \geq 1$. Nach Definition des Zählmaßes ist A_n eine endliche Menge, und es folgt, dass Ω abzählbar ist. Ist umgekehrt Ω abzählbar, so gibt es eine aufsteigende Folge $A_n \uparrow \Omega$ endlicher Teilmengen $A_1, A_2, \ldots$ von Ω, was zeigt, dass μ σ-endlich ist.
b) Es sei $\mathbb{Q} =: \{q_1, q_2, \ldots\}$ eine Abzählung von $\mathbb{Q}$ und $A_n := (\mathbb{R} \setminus \mathbb{Q}) \cup \{q_1, \ldots, q_n\}$, $n \geq 1$. Dann ist $(A_n) \uparrow \mathbb{R}$ eine aufsteigende Mengenfolge mit $\mu(A_n) = n < \infty$, $n \geq 1$.

8.25 Wegen

$$A \cup B = A + (B \setminus A)$$

und

$$B = (A \cap B) + (B \setminus A)$$

liefert die Additivität von μ die beiden Gleichungen

$$\mu(A \cup B) = \mu(A) + \mu(B \setminus A)$$

und

$$\mu(B) = \mu(A \cap B) + \mu(B \setminus A).$$

Durch Addition erhält man

$$\mu(A \cup B) + \mu(A \cap B) + \mu(B \setminus A)$$
$$= \mu(A) + \mu(B) + \mu(B \setminus A).$$

Hieraus folgt die Behauptung, wenn $\mu(B \setminus A)$ endlich ist. Im Fall $\mu(B \setminus A) = \infty$ folgt aber $\mu(A \cup B) = \infty = \mu(B)$, sodass die Behauptung ebenfalls richtig ist.

8.26 Sind $A_1 := (a_1, b_1], \ldots, A_n := (a_n, b_n]$ paarweise disjunkte Mengen aus $\mathcal{H}$ mit

$$A := (a, b] = A_1 + \ldots + A_n \in \mathcal{H},$$

so kann nach eventueller Umnummerierung $b_j = a_{j+1}$ für $j = 1, \ldots, n-1$ angenommen werden. Gilt $a > 0$, so folgt

$$b - a = \mu((a, b]) = \sum_{j=1}^{n} (b_j - a_j) = \sum_{j=1}^{n} \mu((a_j, b_j]).$$

Im Fall $a = 0$ gilt

$$\mu((a, b]) = \infty = \sum_{j=1}^{n} \mu((a_j, b_j]),$$

denn es ist $a_1 = a = 0$. Folglich ist μ endlich-additiv. Wegen $\mu(\emptyset) = \mu((b, b]) = b - b = 0$ für $b \in (0, 1]$ ist μ ein Inhalt. Andererseits gilt $(0, 1] = \sum_{n=1}^{\infty} (1/(n + 1), 1/n]$, wobei $\infty = \mu((0, 1])$ und $1 = \sum_{n=1}^{\infty} \mu(1/(n+1), 1/n])$. Dies bedeutet, dass μ nicht σ-additiv und somit kein Prämaß ist.

8.27 Nach Definition von $\mathcal{A}(\mu^*)$ und der Voraussetzung über A gilt

$$\mu^*(A \cap E) \leq \mu^*(A) = 0, \qquad E \subseteq \Omega,$$

und damit

$$\mu^*(A^c \cap E) = \mu^*(E), \qquad E \subseteq \Omega.$$

Ist $B \subseteq A$, so gilt einerseits

$$\mu^*(B \cap E) \leq \mu^*(B) \leq \mu^*(A) = 0, \qquad E \subseteq \Omega,$$

andererseits folgt wegen $B^c \supseteq A^c$ die Ungleichung

$$\mu^*(B^c \cap E) \geq \mu^*(A^c \cap E) = \mu^*(E), \qquad E \subseteq \Omega.$$

Da $\mu^*(B^c \cap E) \leq \mu^*(E)$ gilt, folgt zusammen

$$\mu^*(B \cap E) + \mu^*(B^c \cap E) = \mu^*(E), \qquad E \subseteq \Omega,$$

was zu zeigen war.

8.28 a) Setzt man in der Definition von $\mathcal{A}_\mu$ $E := F := \Omega$, so folgt $\Omega \in \mathcal{A}_\mu$. Sind $A \in \mathcal{A}_\mu$ und $E, F \in \mathcal{A}$ mit $E \subseteq A \subseteq F$ und $\mu(F \setminus E) = 0$, so gilt $F^c \subseteq A^c \subseteq E^c$ mit $E^c, F^c \in \mathcal{A}$ und $\mu(E^c \setminus F^c) = \mu(F \setminus E) = 0$. Folglich enthält $\mathcal{A}_\mu$ mit jeder Menge auch deren Komplement. Sind schließlich $A_1, A_2, \ldots \in \mathcal{A}_\mu$, so gibt es Folgen (E_n) und (F_n) aus $\mathcal{A}$ mit $E_n \subseteq A_n \subseteq F_n$ und $\mu(F_n \setminus E_n) = 0$, $n \geq 1$. Es folgt $\bigcup_{n=1}^{\infty} E_n \subseteq \bigcup_{n=1}^{\infty} A_n \subseteq \bigcup_{n=1}^{\infty} F_n$, wobei $\bigcup_{n=1}^{\infty} E_n \in \mathcal{A}$, $\bigcup_{n=1}^{\infty} F_n \in \mathcal{A}$ sowie $\mu(\bigcup_{n=1}^{\infty} F_n \setminus \bigcup_{n=1}^{\infty} E_n) \leq \mu(\bigcup_{n=1}^{\infty} (F_n \setminus E_n)) \leq \sum_{n=1}^{\infty} \mu(F_n \setminus E_n) = 0$. Folglich gilt $\bigcup_{n=1}^{\infty} A_n \in \mathcal{A}_\mu$, womit $\mathcal{A}_\mu$ als σ-Algebra nachgewiesen ist. Da man zu jedem $A \in \mathcal{A}$ die Mengen E und F als A wählen kann, gilt $\mathcal{A} \subseteq \mathcal{A}_\mu$.

b) Offenbar gilt $\overline{\mu}(\emptyset) = 0$. Um die σ-Additivität von $\overline{\mu}$ zu zeigen, stellen wir eine Vorüberlegung an. Sind $A \in \mathcal{A}_\mu$ und $E, F \in \mathcal{A}$ mit $E \subseteq A \subseteq F$ und $\mu(F \setminus E) = 0$, so gilt $\overline{\mu}(A) = \mu(E)$, d. h., es ist $\mu(E) = \sup\{\mu(B) : B \in \mathcal{A}, B \subseteq A\}$. Offenbar gilt hier „$\leq$", und würde „$<$" gelten, so gäbe es ein $B \in \mathcal{A}$ mit $B \subseteq A$ und $\mu(B) > \mu(E)$. Dann wäre $B \cup E \in \mathcal{A}$ mit $B \cup E \subseteq A$ und $\mu(B \cup E) > \mu(E)$. Wegen $0 = \mu(F \setminus E) = \mu(F \setminus (B \cup E)) + \mu((B \cup E) \setminus E)$ würde dann $\mu(B \cup E) = \mu(E) + \mu((B \cup E) \setminus E) = \mu(E)$ folgen, was ein Widerspruch ist. Nach dieser Vorüberlegung seien $A_1, A_2, \ldots \in \mathcal{A}_\mu$ paarweise disjunkt und $(E_n), (F_n)$ Folgen aus $\mathcal{A}$ mit $E_n \subseteq A_n \subseteq F_n$, $n \geq 1$, sowie $\mu(F_n \setminus E_n) = 0$, $n \geq 1$. Nach der Vorüberlegung gilt $\overline{\mu}(A_n) = \mu(E_n)$, $n \geq 1$, sowie wegen $\mu(\bigcup_{n=1}^\infty F_n \setminus \bigcup_{n=1}^\infty E_n) = 0$ auch $\overline{\mu}(\sum_{n=1}^\infty A_n) = \mu(\sum_{n=1}^\infty E_n)$ (die E_n sind wegen $E_n \subseteq A_n$ paarweise disjunkt). Es folgt

$$\overline{\mu}\left(\sum_{n=1}^\infty A_n\right) = \mu\left(\sum_{n=1}^\infty E_n\right) = \sum_{n=1}^\infty \mu(E_n) = \sum_{n=1}^\infty \overline{\mu}(A_n).$$

Somit ist $\overline{\mu}$ ein Maß, das offenbar μ fortsetzt.

c) Es seien $A \in \mathcal{A}_\mu$ mit $\overline{\mu}(A) = 0$ und $B \subseteq A$. Nach Definition von $\mathcal{A}_\mu$ gibt es Mengen $E, F \in \mathcal{A}$ mit $E \subseteq A \subseteq F$ und $\mu(F \setminus E) = 0$. Aufgrund der in b) angestellten Vorüberlegung gilt $\overline{\mu}(A) = \mu(E)$. Wegen $\emptyset \subset B \subseteq F$ mit $\emptyset, F \in \mathcal{A}$ und $\mu(F \setminus \emptyset) = \mu(F) = \mu(E) + \mu(F \setminus E) = 0$ folgt $B \in \mathcal{A}_\mu$.

8.29 a) Zunächst gilt $\Omega = f^{-1}(\Omega') \in f^{-1}(\mathcal{A}')$. Mit $A = f^{-1}(A') \in f^{-1}(\mathcal{A}')$ gilt $\Omega \setminus A = f^{-1}(\Omega' \setminus A') \in f^{-1}(\mathcal{A}')$. Sind schließlich $A_j = f^{-1}(A'_j) \in f^{-1}(\mathcal{A}')$, $j = 1, 2, \ldots$, so folgt $\bigcup_{j=1}^\infty A_j = f^{-1}(\bigcup_{j=1}^\infty A'_j) \in f^{-1}(\mathcal{A}')$.

b) Wegen $f^{-1}(\Omega') = \Omega \in \mathcal{A}$ liegt Ω' in $\mathcal{A}_f$. Gilt $A' \in \mathcal{A}_f$, so folgt $f^{-1}(\Omega' \setminus A') = \Omega \setminus f^{-1}(A') \in \mathcal{A}_f$, da $\mathcal{A}$ als σ-Algebra das Komplement von $f^{-1}(A')$ enthält. Mit Mengen $A'_1, A'_2, \ldots \in \mathcal{A}_f$ liegt auch $\bigcup_{j=1}^\infty A'_j$ in $\mathcal{A}_f$, denn es gilt $f^{-1}(\bigcup_{j=1}^\infty A'_j) = \bigcup_{j=1}^\infty f^{-1}(A'_j) \in \mathcal{A}$.

8.30 „$\Rightarrow$": Für $A' \in \mathcal{A}'$ gilt $f_n^{-1}(A') = \{\omega \in A_n \mid f_n(\omega) \in A'\} = A_n \cap f^{-1}(A') \in A_n \cap \mathcal{A} = \mathcal{A}_n$.

„$\Leftarrow$": Es sei $A' \in \mathcal{A}'$ und $A := f^{-1}(A')$. Nun ist $A = \sum_{n=1}^\infty A_n \cap A = \sum_{n=1}^\infty \{\omega \in A_n \mid f(\omega) \in A'\} = \sum_{n=1}^\infty f_n^{-1}(A')$. Wegen $f_n^{-1}(A') \in A_n \cap \mathcal{A}$ gibt es eine Menge $B_n \in \mathcal{A}$, sodass $f_n^{-1}(A') = A_n \cap B_n \in \mathcal{A}$, $n \geq 1$. Da $\mathcal{A}$ eine σ-Algebra ist, gilt auch $A \in \mathcal{A}$, was zu zeigen war.

Um die Folgerung zu zeigen, sei $A_1 := \{x \in \mathbb{R}^k \mid f$ unstetig an der Stelle $x\}$. Dann ist $f_1 := f|_{A_1}$ ($A_1 \cap \mathcal{B}^k, \mathcal{B}^s$)-messbar, denn die Urbilder von Borel-Mengen unter f_1 sind abzählbare Teilmengen von A_1. Es sei $A_2 := \mathbb{R}^k \setminus A_1$ sowie $f_2 := f|_{A_2}$. Ist $O \subseteq \mathcal{B}^s$ offen, so ist $f_2^{-1}(O) = \{x \in A_2 \mid f(x) \in O\}$ eine offene Menge und liegt somit in $A_2 \cap \mathcal{B}^k$. Nach dem Messbarkeitskriterium ist dann f_2 ($A_2 \cap \mathcal{B}^k, \mathcal{B}^s$)-messbar, und die Behauptung folgt nach dem oben Gezeigten.

8.31 Die Menge $O_{\varepsilon,\delta}$ ist in der Tat offen, denn ist $x \in O_{\varepsilon,\delta}$ beliebig, und sind y und z mit den in der Definition von $O_{\varepsilon,\delta}$ gegebenen Eigenschaften, so folgt mit $\eta := \min(\delta - \|x - y\|, \delta - \|x - z\|) > 0$, dass jedes $\widetilde{x}$ mit $\|\widetilde{x} - x\| < \eta$ zu $O_{\varepsilon,\delta}$ gehört. Bezeichet $D(f)$ die Menge der Unstetigkeitsstellen von f, so gilt – wenn $\mathbb{Q}_0$ die Menge der positiven rationalen Zahlen bezeichnet –

$$D(f) = \bigcup_{\varepsilon \in \mathbb{Q}_0} \bigcap_{\delta \in \mathbb{Q}_0} O_{\varepsilon,\delta}$$

und somit $D(f) \in \mathcal{B}^k$.

8.32 Wir zeigen die Behauptung durch Induktion über n. Der Fall $n = 1$ ergibt sich unmittelbar aus der Definition eines Halbrings. Für den Induktionsschluss $n \to n + 1$ setzen wir die oben angegebene Darstellung voraus. Es folgt

$$A \cap A_1^c \cap \ldots \cap A_n^c \cap A_{n+1}^c = \sum_{j=1}^k (C_j \setminus A_{n+1}).$$

Da jede der Mengen $C_j \setminus A_{n+1}$ als Vereinigung endlich vieler paarweise disjunkter Mengen aus $\mathcal{H}$ dargestellt werden kann, ergibt sich die Behauptung.

8.33 a) Sind $A = \sum_{j=1}^n A_j$ und $A = \sum_{i=1}^m B_i$ zwei Darstellungen von A als disjunkte Vereinigung endlich vieler Mengen aus $\mathcal{H}$, so gilt wegen der Additivität von μ

$$\sum_{j=1}^n \mu(A_j) = \sum_{j=1}^n \mu\left(A_j \cap \sum_{i=1}^m B_i\right) = \sum_{j=1}^n \mu\left(\sum_{i=1}^m A_j \cap B_i\right)$$
$$= \sum_{j=1}^n \sum_{i=1}^m \mu(A_j \cap B_i).$$

Da der letzte Ausdruck symmetrisch in den Mengen A_j und B_i ist, folgt $\sum_{j=1}^n \mu(A_j) = \sum_{i=1}^n \mu(B_i)$, was zeigt, dass ν wohldefiniert und eindeutig bestimmt ist. Des Weiteren ist $\nu(A) = \mu(A)$, $A \in \mathcal{H}$. Sind $A = \sum_{j=1}^n A_j$ und $B = \sum_{i=1}^m B_i$ in $\mathcal{R}$ mit $A \cap B = \emptyset$ und paarweise disjunkten Mengen $A_j, B_i \in \mathcal{H}$, so ist $A + B$ eine disjunkte Vereinigung aller A_j, B_i, woraus $\nu(A + B) = \nu(A) + \nu(B)$ und damit die Additivität von ν folgt.

b) Es seien nun μ als σ-additiv vorausgesetzt und $A_1, A_2, \ldots$ paarweise disjunkte Mengen aus $\mathcal{R}$ mit $A := \sum_{j=1}^\infty A_j \in \mathcal{R}$. Wegen $A \in \mathcal{R}$ gibt es paarweise disjunkte Mengen $B_1, \ldots, B_m \in \mathcal{H}$ mit $A = \sum_{i=1}^m B_i$, und zu jedem j existieren paarweise disjunkte Mengen $C_{j,\ell}$ ($\ell = 1, \ldots, n_j$) aus $\mathcal{H}$, sodass $A_j = \sum_{\ell=1}^{n_j} C_{j,\ell}$. Da

$$B_i = \sum_{j=1}^\infty B_i \cap A_j = \sum_{j=1}^\infty \sum_{\ell=1}^{n_j} B_i \cap C_{j,\ell}$$

eine disjunkte Vereinigung von abzählbar vielen Mengen aus $\mathcal{H}$ ist, liefern die σ-Additivität von μ auf $\mathcal{H}$ und die Definition von ν

$$\mu(B_i) = \sum_{j=1}^{\infty} \sum_{\ell=1}^{n_j} \mu(B_i \cap C_{j,\ell}) = \sum_{j=1}^{\infty} \nu(B_i \cap A_j)$$

für jedes feste $i = 1, \ldots, m$ und somit

$$\nu(A) = \sum_{i=1}^{m} \mu(B_i) = \sum_{j=1}^{\infty} \sum_{i=1}^{m} \nu(B_i \cap A_j)$$

$$= \sum_{j=1}^{\infty} \nu(A \cap A_j) = \sum_{j=1}^{\infty} \nu(A_j),$$

was die σ-Additivität von μ zeigt.

8.34 a) Ist μ σ-endlich, so gibt es eine Folge (A_n) aus $\mathcal{A}$ mit $A_n \uparrow \Omega$ und $\mu(A_n) < \infty$, $n \geq 1$. Setzen wir $B_1 := A_1$ sowie $B_n := A_n \setminus (\bigcup_{i=1}^{n-1} A_i)$, $n \geq 2$, so sind $B_1, B_2, \ldots$ paarweise disjunkte Mengen aus $\mathcal{A}$ mit $\Omega = \sum_{n=1}^{\infty} B_n$ und $\mu(B_n) \leq \mu(A_n) < \infty$, $n \geq 1$. Ist umgekehrt $\Omega = \sum_{n=1}^{\infty} B_n$ eine Zerlegung in paarweise disjunkte Mengen aus $\mathcal{A}$ mit jeweils endlichem Maß, so ist (A_n) mit $A_n := \bigcup_{j=1}^{n} B_j$ eine Folge aus $\mathcal{A}$ mit $A_n \uparrow \Omega$ und $\mu(A_n) \leq \sum_{j=1}^{n} \mu(B_j) < \infty$, $n \geq 1$.

b) Es sei (A_n) wie oben. Wegen $\lim_{n \to \infty} \mu(A_n) = \mu(\Omega)$ gibt es zu $K \in (0, \infty)$ ein $m \in \mathbb{N}$ mit $K < \mu(A_m) < \infty$.

8.35 „a) $\Rightarrow$ b)": Aufgrund der vorigen Aufgabe gibt es eine Zerlegung $\Omega = \sum_{n=1}^{\infty} B_n$ mit $B_n \in \mathcal{A}$, $n \geq 1$, und $\mu(B_n) < \infty$ für jedes n. Außerdem kann (nach eventueller Vereinigung von Mengen) o.B.d.A $\mu(B_n) > 0$ für jedes n angenommen werden. Wir setzen

$$h := \sum_{n=1}^{\infty} \frac{1}{2^n \mu(B_n)} \cdot \mathbb{1}\{B_n\}.$$

Dann ist h eine messbare strikt positive Funktion auf Ω, und nach dem Satz von der monotonen Konvergenz gilt

$$\int h \, d\mu = \sum_{n=1}^{\infty} \frac{1}{2^n \mu(B_n)} \int \mathbb{1}\{B_n\} \, d\mu$$

$$= \sum_{n=1}^{\infty} \frac{1}{2^n} = 1.$$

„b) $\Rightarrow$ a)": Die Mengen $A_n := \{h > 1/n\}$, $n \in \mathbb{N}$, liegen in $\mathcal{A}$, und wegen der strikten Positivität von h gilt $\Omega = \bigcup_{n=1}^{\infty} A_n$. Weiter gilt $A_n \subseteq A_{n+1}$, $n \in \mathbb{N}$, sowie unter Beachtung der Markov-Ungleichung in Abschn. 8.6

$$\mu(A_n) = \mu(h \geq 1/n) \leq n \cdot \int h \, d\mu < \infty, \qquad n \in \mathbb{N}.$$

Somit ist μ σ-additiv.

8.36 Es sei $(a, b] \in \mathcal{I}^k$ beliebig. Für $\kappa > 0$ gilt $H_\kappa^{-1}((a, b]) = (a/\kappa, b/\kappa]$, im Fall $\kappa < 0$ ist $H_\kappa^{-1}((a, b]) = [-b/|\kappa|, -a/|\kappa|)$. Nach (8.34) gilt $\lambda^k(H_\kappa^{-1}((a, b])) = |\kappa|^{-k} \lambda^k((a, b])$, sodass der Eindeutigkeitssatz für Maße die Behauptung liefert.

8.37 Als offene Menge ist E eine Borel-Menge. Es sei $A := \mathrm{diag}(1/a_1, \ldots, 1/a_k)$ die Diagonalmatrix mit Einträgen $1/a_j$, $j = 1, \ldots, k$, und $T : \mathbb{R}^k \to \mathbb{R}^k$ die durch $T(x) := Ax$, $x = (x_1, \ldots, x_k)^\top$, definierte bijektive affine Transformation. Nach Definition von E und B gilt dann $E = T^{-1}(B)$ und somit $\lambda^k(E) = \lambda^k(T^{-1}(B)) = T(\lambda^k)(B)$. Wegen $T(\lambda^k) = |\det A|^{-1} \lambda^k$ und $|\det A|^{-1} = \prod_{j=1}^{k} a_j$ folgt die Behauptung.

8.38 a) Es gilt $B_k = \{\omega \in \Omega \mid \sum_{n=1}^{\infty} \mathbb{1}\{A_n\} \geq k\}$, also $B_k = f^{-1}([m, \infty])$, wobei $f := \sum_{n=1}^{\infty} \mathbb{1}\{A_n\}$. Da f als Limes messbarer Funktionen messbar ist und $[m, \infty] \in \overline{\mathcal{B}}$ gilt, folgt $B_k \in \mathcal{A}$.

b) Es gilt (punktweise auf Ω) $k \mathbb{1}\{B_k\} \leq f$ mit f wie in a) und somit $\int k \mathbb{1}\{B_k\} \, d\mu = k \mu(B_k) \leq \int f \, d\mu$. Nach dem Satz von der monotonen Konvergenz ist $\int f \, d\mu = \sum_{n=1}^{\infty} \mu(A_n)$.

8.39 Wir unterscheiden die Fälle $\mu(f = \infty) > 0$ und $\mu(f = \infty) = 0$. Im ersten Fall gilt

$$\sum_{n=1}^{\infty} \mu(f \geq n) \geq \sum_{n=1}^{\infty} \mu(f = \infty) = \infty$$

sowie $\int f \, d\mu \geq \int f \mathbb{1}_{\{f=\infty\}} \, d\mu = \infty$. Im Fall $\mu(f = \infty) = 0$ setzen wir $f_k := k \mathbb{1}\{f = k\}$, $k \in \mathbb{N}_0$. Dann gilt $f = \sum_{k=1}^{\infty} f_k$ μ-fast überall. Mit dem Satz von der monotonen Konvergenz folgt

$$\int f \, d\mu = \int \sum_{k=1}^{\infty} f_k \, d\mu$$

$$= \sum_{k=1}^{\infty} \int k \mathbb{1}\{f = k\} \, d\mu$$

$$= \sum_{k=1}^{\infty} k \mu(f = k) = \sum_{k=1}^{\infty} \sum_{n=1}^{k} \mu(f = k)$$

$$= \sum_{n=1}^{\infty} \sum_{k=n}^{\infty} (\mu(f = k) + \mu(f = \infty))$$

$$= \sum_{n=1}^{\infty} \mu(f \geq n).$$

8.40 Es sei $f_n(\omega) := n \log(1 + f(\omega)/n)$, $\omega \in \Omega$. Dabei ist $\log \infty := \infty$ gesetzt. Als Verkettung messbarer Funktionen ist f_n messbar, und nach dem Hinweis ist die Folge (f_n) isoton. Im Fall $f(\omega) = \infty$ gilt $f_n(\omega) = \infty$ für jedes n und somit $\lim_{n \to \infty} f_n(\omega) = f(\omega)$. Letztere Limesbeziehung gilt auch im Fall $f(\omega) < \infty$, da $(1 + f(\omega)/n)^n \to \exp(f(\omega))$. Die Behauptung folgt dann aus dem Satz von der monotonen Konvergenz.

8.41 Es sei $\varepsilon > 0$ beliebig. Da (f_n) gleichmäßig gegen f konvergiert, gibt es ein $n_0 \in \mathbb{N}$ mit $\sup_{\omega \in \Omega} |f_n(\omega) - f(\omega)| \leq \varepsilon$ für jedes $n \geq n_0$. Wegen $\int 1 \, d\mu = \mu(\Omega) < \infty$ folgt für jedes solche n

$$\left| \int f_n \, d\mu - \int f \, d\mu \right| \leq \int |f_n - f| \, d\mu \leq \varepsilon \cdot \mu(\Omega)$$

und hieraus die Behauptung, da ε beliebig war.

8.42 Wir zeigen zunächst „$\Longrightarrow$ ": Sei $A \in \mathcal{A}$ beliebig. Aus $f \leq g$ μ-f.ü. folgt $(g - f)\mathbb{1}_A \geq 0$ μ-f.ü. und damit wegen der Integrierbarkeit von f und g

$$\int_A g \, d\mu \geq \int_A f \, d\mu.$$

Zum Nachweis der umgekehrten Richtung „$\Longleftarrow$" setzen wir $A := \{f > g\}$. Dann gilt

$$0 \leq \int_\Omega \mathbb{1}_A(f - g) \, d\mu \leq 0.$$

Dabei gilt das erste Ungleichheitszeichen wegen der Nichtnegativität des Integranden und das zweite nach Voraussetzung. Nach Folgerung a) aus der Markov-Ungleichung gilt $\mathbb{1}_A(f - g) = 0$ μ-f.ü. und damit $\mu(A) = 0$, was zu zeigen war.

8.43 a) Wir können o.B.d.A. $\|g\|_\infty < \infty$ annehmen. Wegen $|g| \leq \|g\|_\infty$ μ-f.ü. gilt

$$\|fg\|_1 = \int |fg| \, d\mu \leq \int |f| \, \|g\|_\infty \, d\mu \leq \|g\|_\infty \int |f| \, d\mu.$$

b) Es sei o.B.d.A. $\|f\|_p < \infty$. Setzen wir $r := p/q > 1$ und $s := p/(p-q)$, so gilt $1/r + 1/s = 1$. Wendet man die Hölder-Ungleichung auf die Funktionen $|f|^q$ und 1 an, so folgt

$$\int |f|^q \, d\mu \leq \left(\int |f|^{qr} \, d\mu \right)^{1/r} \left(\int 1^s \, d\mu \right)^{1/s}$$
$$= \left(\int |f|^p \, d\mu \right)^{q/p} \mu(\Omega)^{(p-q)/p}$$

und somit

$$\|f\|_q = \left(\int |f|^q \, d\mu \right)^{1/q} \leq \left(\int |f|^p \, d\mu \right)^{1/p} \mu(\Omega)^{(p-q)/(pq)},$$

was zu zeigen war.

8.44 Wir können o.B.d.A. $\sum_{n=1}^\infty \|f_n\|_p < \infty$ annehmen. Es sei zunächst $p < \infty$. Wegen $f_n \geq 0$ gilt dann $(\sum_{n=1}^k f_n)^p \uparrow (\sum_{n=1}^\infty f_n)^p$ für $k \to \infty$, und der Satz von der monotonen Konvergenz liefert

$$\lim_{k \to \infty} \left\| \sum_{n=1}^k f_n \right\|_p = \left\| \sum_{n=1}^\infty f_n \right\|_p.$$

Nach der Minkowski-Ungleichung gilt für jedes k

$$\left\| \sum_{n=1}^k f_n \right\|_p \leq \sum_{n=1}^k \|f_n\|_p \leq \sum_{n=1}^\infty \|f_n\|_p.$$

Hieraus folgt die Behauptung. Im Fall $p = \infty$ ist

$$\mu \left(\sum_{n=1}^\infty f_n > \sum_{n=1}^\infty \|f_n\|_\infty \right) = 0$$

zu zeigen. Mit $a_n := \|f_n\|_\infty$ gilt für jedes $\varepsilon > 0$

$$\left\{ \sum_{n=1}^\infty f_n > \sum_{n=1}^\infty a_n + \varepsilon \right\} = \left\{ \sum_{n=1}^\infty f_n > \sum_{n=1}^\infty \left(a_n + \frac{\varepsilon}{2^n} \right) \right\}$$
$$\subseteq \bigcup_{n=1}^\infty \left\{ f_n > a_n + \frac{\varepsilon}{2^n} \right\}$$

und somit

$$\mu \left(\sum_{n=1}^\infty f_n > \sum_{n=1}^\infty a_n + \varepsilon \right) \leq \sum_{n=1}^\infty \mu \left(f_n > a_n + \frac{\varepsilon}{2^n} \right) = 0.$$

Lässt man ε gegen null streben, so folgt die Behauptung.

8.45 a) Aus $|f_n| \leq g$ μ-f.ü. folgt $|f_n|^p \leq g^p$ μ-f.ü. Wegen $\lim f_n = f$ μ-f.ü. erhalten wir $|f|^p \leq g^p$ μ-f.ü. und somit die μ-Integrierbarkeit von $|f|^p$.

b) Aus $\lim f_n = f$ μ-f.ü. folgt $|f_n - f|^p \to 0$ μ-f.ü. Für $p \geq 1$ gilt $|f_n - f|^p \leq 2^p |f_n|^p + 2^p |f|^p$ und somit $|f_n - f|^p \leq 2^{p+1} g^p$ μ-f.ü. Im Fall $p < 1$ gilt $|f_n - f|^p \leq |f_n|^p + |f|^p$ (vgl. Aufgabe 8.11) und somit $|f_n - f|^p \leq 2g^p$ μ-f.ü. Da g^p integrierbar ist, ergibt sich die Behauptung aus dem Satz von der dominierten Konvergenz.

8.46 Die im Hinweis gemachte Aussage folgt aus der Zerlegung $f = f^+ - f^-$ von f in Positiv- und Negativteil. Gibt es zu f^+ und f^- Funktionen $u, v \in \mathcal{F}$ mit

$$\|f^+ - u\|_p < \frac{\varepsilon}{2}, \quad \|f^- - v\|_p < \frac{\varepsilon}{2}, \tag{8.80}$$

Kapitel 8

so gilt für $p \geq 1$ aufgrund der Minkowski-Ungleichung $\|f - (u-v)\|_p \leq \|f^+ - u\|_p + \|f^- - v\|_p < \varepsilon$. Dabei gilt $u - v \in \mathcal{F}$. Im Fall $p < 1$ liefert (8.80) zusammen mit Ungleichung (8.45)

$$\|f - (u-v)\|_p^p \leq \|f^+ - u\|_p^p + \|f^- - v\|_p^p < 2 \cdot \left(\frac{\varepsilon}{2}\right)^p$$

und somit $\|f - (u-v)\|_p < 2^{1/p-1}\varepsilon$. Es kann also in der Tat o.B.d.A. der Fall $f \geq 0$ angenommen werden. Aufgrund des Satzes über die Approximation nichtnegativer messbarer Funktionen durch Elementarfunktionen gibt es eine isotone Folge (u_n) aus $\mathcal{E}^+$ mit $0 \leq u_n \uparrow f$. Wegen $f \in \mathcal{L}^p$ gilt auch $u_n \in \mathcal{L}^p$ und somit $u_n \in \mathcal{F}$ (letztere Aussage gilt, weil ein in der Darstellung einer Elementarfunktion eventuell auftretender Summand $0 \cdot \mathbb{1}_A$ mit $\mu(A) = \infty$ weggelassen werden kann). Wegen $0 \leq f - u_n \leq f$ liefert der Satz von der dominierten Konvergenz $\lim_{n\to\infty} \|f - u_n\|_p = 0$. Es gibt also ein $u \in \mathcal{F}$ mit $0 \leq u \leq f$ und $\|f - u\|_p < \varepsilon$.

8.47 a) Sind $A_1, \ldots, A_k$ paarweise disjunkte Mengen aus C, so gilt $d_n(A_1 + \ldots + A_k) = d_n(A_1) + \ldots + d_n(A_k)$, $n \geq 1$. Da $d(A_j) = \lim_{n\to\infty} d_n(A_j)$ für jedes j existiert, folgt $d\left(\sum_{j=1}^n A_j\right) = \sum_{j=1}^k d(A_j)$; also ist d endlich-additiv. Wegen $d(\{j\}) = 0$, $j \in \mathbb{N}$, gilt $1 = d(\mathbb{N}) \neq 0 = \sum_{j=1}^\infty d(\{j\})$, sodass d nicht σ-additiv ist.

b) Es gilt $d_n(A) = 1/2$ oder $d_n(A) = (n-1)/(2n)$ je nachdem, ob n gerade oder ungerade ist. Hieraus folgt $A \in C$, wobei $d(A) = 1/2$. Nach Konstruktion von $B = \{3, 4, 6, 8, 9, 11, 13, 15, 16, 18, \ldots\}$ unterscheidet sich $|B \cap \{1, \ldots, n\}|$ von $|A \cap \{1, \ldots, n\}|$ betragsmäßig um höchstens 1, und deshalb gelten auch $B \in C$ und $d(B) = 1/2$. Nun gilt $|G \cap [2^{2k}, 2^{2k+1}]| = 1 + 2^{2k-1}$ und folglich

$$d_{2^{2k+1}}(A \cap B) = \frac{1}{2^{2k+1}} \sum_{l=1}^k (1 + 2^{2l-1}) \to \frac{1}{3} \text{ bei } k \to \infty,$$

andererseits aber auch

$$d_{2^{2k}}(A \cap B) = \frac{1}{2^{2k}} \sum_{l=1}^{k-1} (1 + 2^{2l-1}) \to \frac{1}{6} \text{ bei } k \to \infty.$$

Somit kann $d_n(A \cap B)$ nicht konvergieren. Die Menge $A \cap B$ liegt also nicht in C.

c) Wäre C ein Dynkin-System, so müsste es – da jede einelementige Teilmenge von $\mathbb{N}$ zu C gehört – jede abzählbare Teilmenge von $\mathbb{N}$ enthalten und somit gleich der Potenzmenge von $\mathbb{N}$ sein. Da nach b) $A \cap B \notin C$ gilt, ist das nicht der Fall.

8.48 a) Es sei $G := \{B \in \mathcal{B}^k \mid \exists O \in \mathcal{O}^k \exists A \in \mathcal{A}^k$ mit $\mu(O \setminus A) < \varepsilon\}$. Es gilt $\mathbb{R}^k \in G$, da in obiger Definition $A = O = \mathbb{R}^k$ gesetzt werden kann. Gilt $B \in G$ und sind A und O wie in

der Definition von G gewählt, so gilt $O^c \subseteq B^c \subseteq A^c$, wobei $\mu(A^c \setminus O^c) = \mu(O \setminus A) < \varepsilon$. Da A^c und O^c als Komplemente einer abgeschlossenen bzw. einer offenen Menge offen bzw. abgeschlossen sind, folgt $B^c \in G$. Wir zeigen jetzt, dass G mit Mengen $B_1, B_2, \ldots$ auch deren Vereinigung $B := \bigcup_{n=1}^\infty B_n$ enthält (damit wäre G eine σ-Algebra). Es sei $\varepsilon > 0$ gegeben. Zu jedem $n \geq 1$ existieren ein $O_n \in \mathcal{O}^k$ und ein $A_n \in \mathcal{A}^k$ mit $A_n \subseteq B_n \subseteq O_n$ und $\mu(O_n \setminus A_n) < \varepsilon/2^{n+1}$. Die Menge $O := \bigcup_{n=1}^\infty O_n$ ist offen. Setzen wir $A := \bigcup_{n=1}^\infty A_n$, so ist A nicht unbedingt abgeschlossen, aber für die durch $C_n := \bigcup_{j=1}^n A_j$ definierte Folge (C_n) gilt $C_n \uparrow A$, und jede der Mengen C_n ist abgeschlossen. Da μ stetig von unten ist, gilt $\mu(C_n) \to \mu(A)$. Wegen $\mu(A) < \infty$ gibt es somit ein $m \in \mathbb{N}$ mit $\mu(A) - \mu(C_m) < \varepsilon/2$. Es folgt $C_m \subseteq B \subseteq O$, wobei

$$\mu(O \setminus C_m) = \mu(O \setminus A) + \mu(A \setminus C_m)$$
$$< \sum_{n=1}^\infty \mu(O_n \setminus A_n) + \frac{\varepsilon}{2} \leq \sum_{n=1}^\infty \frac{\varepsilon}{2^{n+1}} + \frac{\varepsilon}{2}$$
$$= \varepsilon.$$

Somit gilt auch $\bigcup_{n=1}^\infty B_n \in G$, sodass G eine σ-Algebra ist.

Wir zeigen jetzt, dass jede abgeschlossene Menge A zu G gehört. Es sei $O_n := \{x \in \mathbb{R}^k \mid \exists y \in A$ mit $\|x - y\| < 1/n\}$. Dann ist O_n offen, und es gilt $A \subseteq O_n$, $n \geq 1$. Außerdem gilt $O_n \downarrow A$ bei $n \to \infty$, denn $x \in \bigcap_{n=1}^\infty O_n$ bedeutet, dass x als Grenzwert einer konvergenten Folge (y_n) aus A in A liegt, da A abgeschlossen ist. Wegen der Endlichkeit von μ gibt es zu vorgegebenem $\varepsilon > 0$ ein n mit $\mu(O_n) - \mu(A) < \varepsilon$. Somit gilt $A \in G$, also $\mathcal{A}^k \subseteq G$. Da G eine σ-Algebra ist, folgt $\mathcal{B}^k \subseteq G$, was zu zeigen war.

b) Es sei $B \in \mathcal{B}^k$. Zu $\varepsilon > 0$ gibt es eine abgeschlossene Menge A mit $A \subseteq B$ und $\mu(B \setminus A) < \varepsilon/2$. Wegen $A \cap [-n, n]^k =: K_n \uparrow A$ sowie der Endlichkeit von μ gibt es ein $n \in \mathbb{N}$ mit $\mu(A) - \mu(K_n) < \varepsilon/2$. Wegen $K_n \in \mathcal{K}^k$ existiert also eine kompakte Menge K_n mit $K_n \subseteq B$ und $\mu(B) - \mu(K_n) < \varepsilon$. Hieraus folgt die Behauptung.

8.49 a) Es sei $M_i \in \mathcal{M}_i$, $i = 1, \ldots, n$. Wegen $M_1 \times \ldots \times M_n = \bigcap_{i=1}^n \pi_i^{-1}(M_i)$ und $\pi_i^{-1}(M_i) \in \sigma\left(\bigcup_{j=1}^n \pi_j^{-1}(\mathcal{M}_j)\right)$ für jedes i folgt die Behauptung.

b) Wir zeigen $\pi_1^{-1}(\mathcal{M}_1) \subseteq \sigma(\mathcal{M}_1 \times \cdots \times \mathcal{M}_n)$. Die Behauptung folgt dann aus Symmetriegründen. Wegen $\pi_1^{-1}(M_1) = M_1 \times \Omega_2 \times \ldots \times \Omega_n$ und $M_1 \times \Omega_2 \times \ldots \times \Omega_n = \bigcup_{k=1}^\infty M_1 \times M_{2k} \times \ldots \times M_{nk} \in \sigma(\mathcal{M}_1 \times \cdots \times \mathcal{M}_n)$ folgt $\pi_1^{-1}(\mathcal{M}_1) \subseteq \sigma(\mathcal{M}_1 \times \cdots \times \mathcal{M}_n)$, was zu zeigen war.

c) Wegen $\bigotimes_{j=1}^n \mathcal{A}_j = \sigma(\bigcup_{j=1}^n \pi_j^{-1}(\mathcal{A}_j))$ folgt „$\supseteq$" aus $\mathcal{A}_j \supseteq \mathcal{M}_j$, $j = 1, \ldots, n$, sowie a) und b). Für die umgekehrte Richtung sei $C := \sigma\left(\bigcup_{j=1}^n \pi_j^{-1}(\mathcal{M}_j)\right)$ gesetzt. Für festes i gilt $\pi_i^{-1}(\mathcal{M}_i) \subseteq C$ und somit nach (8.19) $\pi_i^{-1}(\sigma(\mathcal{M}_i)) = \pi_i^{-1}(\mathcal{A}_i) \subseteq C$, da C eine σ-Algebra ist. Es folgt $\bigcup_{i=1}^n \pi_i^{-1}(\mathcal{A}_i) \subseteq C$ und somit die Behauptung.

8.50 Die Richtung „⇐" folgt unmittelbar, da zu beliebig vorgegebenem $\varepsilon > 0$ jede μ-Nullmenge A die Eigenschaft $\nu(A) \leq \varepsilon$ besitzt. Die Implikation „⇒" beweisen wir durch Kontraposition und nehmen hierzu an, es gäbe ein $\varepsilon > 0$, sodass zu jedem $\delta > 0$ eine Menge A in $\mathcal{A}$ mit $\mu(A) \leq \delta$ und $\nu(A) > \varepsilon$ existierte. Dann gibt es eine Folge (A_n) von Mengen aus $\mathcal{A}$ mit $\mu(A_n) \leq 2^{-n}$ und $\nu(A_n) > \varepsilon$, $n \geq 1$. Setzen wir $A := \bigcap_{n=1}^{\infty} \bigcup_{k=n}^{\infty} A_k$ und $B_n := \bigcup_{k=n}^{\infty} A_k$, so gilt $A \subseteq B_n$, $n \geq 1$, und somit

$$\mu(A) \leq \mu(B_n) \leq \sum_{k=n}^{\infty} \mu(A_k) \leq \sum_{k=n}^{\infty} \frac{1}{2^k} = \frac{1}{2^{n-1}},$$

$n \geq 1$, also $\mu(A) = 0$. Da ν stetig von oben ist und $B_n \downarrow A$ gilt, liefern die Bedingung $\nu(\Omega) < \infty$ sowie $B_n \supseteq A_n$

$$\nu(A) = \nu\left(\bigcap_{n=1}^{\infty} B_n\right) = \lim_{n\to\infty} \nu(B_n) \geq \limsup_{n\to\infty} \nu(A_n) \geq \varepsilon,$$

was ein Widerspruch zu $\mu(A) = 0$ und $\nu \ll \mu$ ist.

8.51 Wegen $\nu \leq \mu$ gilt $\nu \ll \mu$, und somit gibt es nach dem Satz von Radon-Nikodým eine nichtnegative $\mathcal{A}$-messbare Funktion $g : \Omega \to \mathbb{R}$ mit $\nu = g\mu$. Es sei $A := \{g > 1\}$. Wir behaupten, dass $\mu(A) = 0$ gilt. Dann würde die Funktion $f := \mathbb{1}\{A^c\} \cdot g$ das Verlangte leisten, denn es wäre $0 \leq f \leq 1$ und $f = g$ μ-fast überall und damit $\nu = f\mu$. Nun gilt

$$\mu(A) = \int \mathbb{1}_A \, d\mu$$
$$\leq \int \mathbb{1}_A g \, d\mu = \int \mathbb{1}_A \, d\nu = \nu(A)$$

und damit $\mu(A) = \nu(A)$. Es ergibt sich

$$0 = \nu(A) - \mu(A) = \int \mathbb{1}_A(g-1) \, d\mu.$$

Wegen $\mathbb{1}_A(g-1) \geq 0$ folgt $\mathbb{1}_A(g-1) = 0$ μ-fast überall, also $\mu(\{\mathbb{1}_A(g-1) > 0\}) = 0$ und somit $\mu(\{\mathbb{1}_A > 0\}) = 0$. Die letzte Aussage ist zu $\mu(A) = 0$ äquivalent.

Kapitel 8

Willkommen zu den Springer Alerts

- Unser Neuerscheinungs-Service für Sie:
  aktuell *** kostenlos *** passgenau *** flexibel

Springer veröffentlicht mehr als 5.500 wissenschaftliche Bücher jährlich in gedruckter Form. Mehr als 2.200 englischsprachige Zeitschriften und mehr als 120.000 eBooks und Referenzwerke sind auf unserer Online Plattform SpringerLink verfügbar. Seit seiner Gründung 1842 arbeitet Springer weltweit mit den hervorragendsten und anerkanntesten Wissenschaftlern zusammen, eine Partnerschaft, die auf Offenheit und gegenseitigem Vertrauen beruht.

Die SpringerAlerts sind der beste Weg, um über Neuentwicklungen im eigenen Fachgebiet auf dem Laufenden zu sein. Sie sind der/die Erste, der/die über neu erschienene Bücher informiert ist oder das Inhaltsverzeichnis des neuesten Zeitschriftenheftes erhält. Unser Service ist kostenlos, schnell und vor allem flexibel. Passen Sie die SpringerAlerts genau an Ihre Interessen und Ihren Bedarf an, um nur diejenigen Information zu erhalten, die Sie wirklich benötigen.

Mehr Infos unter: springer.com/alert

Printed in the United States
By Bookmasters